Raspberry Pi クックブック

Simon Monk 著
水原 文 訳

オライリー・ジャパン

本書で使用するシステム名、製品名は、それぞれ各社の商標、または登録商標です。なお、本文中では、
TM、®、©マークは省略しています。

© 2014 O'Reilly Japan, Inc. Authorized translation of the English edition. © 2014 Simon Monk. This translation is
published and sold by permission of O'Reilly Media, Inc., the owner of all rights to publish and sell the same.

本書は、株式会社オライリー・ジャパンがO'Reilly Media, Inc.との許諾に基づき翻訳したものです。
日本語版の権利は株式会社オライリー・ジャパンが保有します。
日本語版の内容について、株式会社オライリー・ジャパンは最大限の努力をもって正確を期していますが、
本書の内容に基づく運用結果については、責任を負いかねますので、ご了承ください。

Raspberry Pi Cookbook

Simon Monk

Beijing · Cambridge · Farnham · Köln · Sebastopol · Tokyo

目次
Contents

はじめに ……………………………………………………………………… xiii

1 章　設定と管理 …………………………………………………………… **001**
　レシピ 1.1：Raspberry Pi のモデルを選択する ……………………………… 001
　レシピ 1.2：Raspberry Pi をケースに入れる ………………………………… 002
　レシピ 1.3：電源を選択する …………………………………………………… 003
　レシピ 1.4：オペレーティングシステムのディストリビューションを選択する …… 005
　レシピ 1.5：NOOBS を使って SD カードを作成する ……………………… 006
　レシピ 1.6：手作業で SD カードへ書き込む（Mac） ………………………… 008
　レシピ 1.7：手作業で SD カードへ書き込む（Windows） …………………… 010
　レシピ 1.8：手作業で SD カードへ書き込む（Linux） ……………………… 011
　レシピ 1.9：システムを接続する ……………………………………………… 012
　レシピ 1.10：DVI や VGA モニタを接続する ………………………………… 013
　レシピ 1.11：コンポジットビデオのモニタやテレビを使う ………………… 014
　レシピ 1.12：SD カードの容量をフルに使う ………………………………… 015
　レシピ 1.13：モニタ上の画面サイズを調整する ……………………………… 016
　レシピ 1.14：パフォーマンスを最大化する …………………………………… 018
　レシピ 1.15：パスワードを変更する …………………………………………… 020
　レシピ 1.16：Raspberry Pi がブート時に直接ウィンドウシステムを
　　　　　　　 起動するように設定する ………………………………………… 021
　レシピ 1.17：Raspberry Pi をシャットダウンする …………………………… 022
　レシピ 1.18：Raspberry Pi カメラモジュールをインストールする ………… 023

2 章　ネットワーク接続 …………………………………………………… **027**
　レシピ 2.1：有線 LAN へ接続する …………………………………………… 027
　レシピ 2.2：IP アドレスを知る ………………………………………………… 029
　レシピ 2.3：IP アドレスを静的に設定する …………………………………… 030
　レシピ 2.4：Raspberry Pi のネットワーク名を設定する …………………… 031
　レシピ 2.5：無線 LAN 接続を設定する ……………………………………… 032
　レシピ 2.6：コンソールケーブルで接続する ………………………………… 034
　レシピ 2.7：SSH を使って Raspberry Pi をリモート制御する ……………… 036
　レシピ 2.8：VNC を使って Raspberry Pi を遠隔操作する ………………… 037

- レシピ 2.9：Mac ネットワーク上でファイルを共有する ……………………… 039
- レシピ 2.10：Raspberry Pi の画面を Mac 上で共有する ………………… 041
- レシピ 2.11：Raspberry Pi をネットワーク接続ストレージとして使う ………… 042
- レシピ 2.12：ネットワークプリンタに印刷する ……………………………… 045

3 章　オペレーティングシステム …………………………………………047

- レシピ 3.1：グラフィカルにファイルを操作する ……………………………… 047
- レシピ 3.2：ターミナルセッションを開始する ………………………………… 048
- レシピ 3.3：ターミナルを使ってファイルシステム内を移動する ……………… 049
- レシピ 3.4：ファイルやフォルダをコピーする ………………………………… 053
- レシピ 3.5：ファイルやフォルダの名前を変更する …………………………… 054
- レシピ 3.6：ファイルを編集する ……………………………………………… 054
- レシピ 3.7：ファイルの内容を閲覧する ……………………………………… 056
- レシピ 3.8：エディタを使わずにファイルを作成する ………………………… 057
- レシピ 3.9：ディレクトリを作成する …………………………………………… 058
- レシピ 3.10：ファイルやディレクトリを削除する ……………………………… 058
- レシピ 3.11：スーパーユーザの特権でタスクを実行する …………………… 059
- レシピ 3.12：ファイルのパーミッションを理解する …………………………… 060
- レシピ 3.13：ファイルのパーミッションを変更する …………………………… 062
- レシピ 3.14：ファイルの所有者を変更する …………………………………… 063
- レシピ 3.15：画面をキャプチャする …………………………………………… 064
- レシピ 3.16：apt-get を使ってソフトウェアをインストールする ……………… 065
- レシピ 3.17：apt-get を使ってインストールされたソフトウェアを削除する …… 066
- レシピ 3.18：コマンドラインからファイルを取得する ………………………… 067
- レシピ 3.19：git を使ってソースコードを取得する …………………………… 068
- レシピ 3.20：起動の際、プログラムやスクリプトを自動的に実行する ……… 069
- レシピ 3.21：プログラムやスクリプトを、自動的に一定間隔で実行する …… 071
- レシピ 3.22：ファイルを見つける …………………………………………… 072
- レシピ 3.23：コマンドラインのヒストリー（履歴）を使う ……………………… 073
- レシピ 3.24：プロセッサの使用状況を監視する ……………………………… 074
- レシピ 3.25：ファイルアーカイブを取り扱う ………………………………… 076
- レシピ 3.26：接続された USB デバイスをリストする ………………………… 077

- レシピ3.27：コマンドラインの出力をファイルへリダイレクトする ……………… 077
- レシピ3.28：ファイルを連結する ……………………………………………………… 078
- レシピ3.29：パイプを使う ……………………………………………………………… 079
- レシピ3.30：ターミナルへの出力を隠す ……………………………………………… 079
- レシピ3.31：プログラムをバックグラウンドで実行する …………………………… 080
- レシピ3.32：コマンドのエイリアスを作成する ……………………………………… 081
- レシピ3.33：日付と時間を設定する …………………………………………………… 082
- レシピ3.34：SDカードの残り容量を確認する ……………………………………… 082

4章　ソフトウェア　085
- レシピ4.1：メディアセンターにする ………………………………………………… 085
- レシピ4.2：オフィスソフトウェアをインストールする …………………………… 087
- レシピ4.3：他のブラウザをインストールする ……………………………………… 089
- レシピ4.4：Pi Storeを利用する ……………………………………………………… 090
- レシピ4.5：ウェブカムサーバにする ………………………………………………… 091
- レシピ4.6：ゲーム機のエミュレータを動かす ……………………………………… 093
- レシピ4.7：Minecraftを動かす ……………………………………………………… 094
- レシピ4.8：OpenArenaを動かす …………………………………………………… 095
- レシピ4.9：Raspberry PiをFMトランスミッターにする ………………………… 096
- レシピ4.10：GIMPを使う …………………………………………………………… 097
- レシピ4.11：インターネットラジオ ………………………………………………… 098

5章　Pythonの基本　101
- レシピ5.1：Python 2とPython 3のどちらを使うか ……………………………… 101
- レシピ5.2：IDLEを使ってPythonプログラムを書く …………………………… 102
- レシピ5.3：Pythonコンソールを使う ……………………………………………… 104
- レシピ5.4：Pythonプログラムをターミナルから実行する ……………………… 105
- レシピ5.5：変数 ………………………………………………………………………… 105
- レシピ5.6：出力を表示する …………………………………………………………… 106
- レシピ5.7：ユーザからの入力を読み込む …………………………………………… 107
- レシピ5.8：算術演算 …………………………………………………………………… 107
- レシピ5.9：文字列を作成する ………………………………………………………… 108

レシピ 5.10：	文字列を連結（結合）する ……………………………………… 109
レシピ 5.11：	数値を文字列に変換する …………………………………………… 110
レシピ 5.12：	文字列を数値に変換する …………………………………………… 110
レシピ 5.13：	文字列の長さを求める ……………………………………………… 111
レシピ 5.14：	文字列を検索し、その位置を求める …………………………… 112
レシピ 5.15：	文字列の一部を抽出する …………………………………………… 112
レシピ 5.16：	文字列を置換する …………………………………………………… 113
レシピ 5.17：	文字列を大文字または小文字に変換する ……………………… 114
レシピ 5.18：	条件付きでコマンドを実行する ………………………………… 115
レシピ 5.19：	値を比較する ………………………………………………………… 116
レシピ 5.20：	論理演算子 …………………………………………………………… 117
レシピ 5.21：	決まった回数だけ命令を繰り返す ……………………………… 118
レシピ 5.22：	ある条件が満たされるまで命令を繰り返す …………………… 119
レシピ 5.23：	ループから脱出する ………………………………………………… 119
レシピ 5.24：	Python で関数を定義する ………………………………………… 120

6 章　Python のリストとディクショナリ ……………………………………… 123

レシピ 6.1：	リストを作成する …………………………………………………… 123
レシピ 6.2：	リストの要素へアクセスする …………………………………… 124
レシピ 6.3：	リストの長さを求める ……………………………………………… 124
レシピ 6.4：	リストに要素を追加する …………………………………………… 125
レシピ 6.5：	リストから要素を削除する ………………………………………… 126
レシピ 6.6：	文字列を解析してリストを作成する …………………………… 126
レシピ 6.7：	リスト上で反復処理を行う ………………………………………… 127
レシピ 6.8：	リストを数え上げる ………………………………………………… 128
レシピ 6.9：	リストをソートする ………………………………………………… 129
レシピ 6.10：	リストを分割する …………………………………………………… 130
レシピ 6.11：	リストへ関数を適用する …………………………………………… 131
レシピ 6.12：	ディクショナリを作成する ………………………………………… 131
レシピ 6.13：	ディクショナリへアクセスする ………………………………… 133
レシピ 6.14：	ディクショナリから要素を削除する …………………………… 134
レシピ 6.15：	ディクショナリ上で反復処理を行う …………………………… 134

7章　Pythonの高度な機能 ……………………………………………………… 137
- レシピ 7.1：数値をフォーマットする ……………………………………… 137
- レシピ 7.2：日付をフォーマットする ……………………………………… 138
- レシピ 7.3：2つ以上の値を返す …………………………………………… 139
- レシピ 7.4：クラスを定義する ……………………………………………… 139
- レシピ 7.5：メソッドを定義する …………………………………………… 141
- レシピ 7.6：継承 ……………………………………………………………… 142
- レシピ 7.7：ファイルへ書き込む …………………………………………… 143
- レシピ 7.8：ファイルから読み出す ………………………………………… 144
- レシピ 7.9：ピクリング ……………………………………………………… 145
- レシピ 7.10：例外の取り扱い ……………………………………………… 146
- レシピ 7.11：モジュールを使う …………………………………………… 148
- レシピ 7.12：乱数 …………………………………………………………… 149
- レシピ 7.13：PythonからHTTPリクエストを送る ……………………… 150
- レシピ 7.14：コマンドラインから引数を渡し、Pythonプログラムを実行する …… 151
- レシピ 7.15：Pythonから電子メールを送る ……………………………… 151
- レシピ 7.16：Pythonでシンプルなウェブサーバを作る ………………… 153

8章　GPIOの基本 ………………………………………………………………… 155
- レシピ 8.1：GPIOコネクタのピン配置 …………………………………… 155
- レシピ 8.2：Raspberry PiのGPIOを安全に使う ………………………… 156
- レシピ 8.3：RPi.GPIOをインストールする ……………………………… 157
- レシピ 8.4：I2Cをセットアップする ……………………………………… 158
- レシピ 8.5：I2Cツールを使う ……………………………………………… 159
- レシピ 8.6：SPIをセットアップする ……………………………………… 160
- レシピ 8.7：シリアルポートを開放する …………………………………… 161
- レシピ 8.8：PySerialをインストールしてPythonからシリアルポートを使う …… 162
- レシピ 8.9：Minicomをインストールしてシリアルポートをテストする …… 163
- レシピ 8.10：ジャンパ線を使ってブレッドボードと接続する ………… 164
- レシピ 8.11：Pi Cobblerを使ってブレッドボードと接続する ………… 166
- レシピ 8.12：抵抗2本で5V信号を3.3Vに変換する …………………… 167
- レシピ 8.13：レベル変換モジュールを使って5V信号を3.3Vに変換する …… 168

レシピ 8.14：電池から Raspberry Pi の電源を供給する ･････････････････････ 169
レシピ 8.15：LiPo 電池から Raspberry Pi の電源を供給する ････････････････ 171
レシピ 8.16：PiFace デジタルインタフェースボードを使う･･････････････････ 172
レシピ 8.17：Gertboard を使う ･･･ 176
レシピ 8.18：RaspiRobot ボードを使う ･･････････････････････････････････ 178
レシピ 8.19：Humble Pi プロトタイピングボードを使う ････････････････････ 180
レシピ 8.20：Pi Plate プロトタイピングボードを使う ･････････････････････ 181
レシピ 8.21：パドルターミナルブレークアウトボードを使う･････････････････ 185

9 章　ハードウェアの制御 ･･ 187
レシピ 9.1：LED を接続する ･･ 187
レシピ 9.2：LED の明るさを制御する ･･･････････････････････････････････ 189
レシピ 9.3：ブザーを鳴らす ･･ 192
レシピ 9.4：トランジスタを使って大電力 DC デバイスをスイッチする ････････ 193
レシピ 9.5：リレーを使って大電力デバイスをスイッチする ･････････････････ 195
レシピ 9.6：高電圧 AC デバイスを制御する･･････････････････････････････ 198
レシピ 9.7：スイッチをオン・オフするユーザインタフェースを作る ･････････ 199
レシピ 9.8：LED やモーターの電力を PWM で制御するユーザインタフェースを作る
　･･ 200
レシピ 9.9：RGB LED の色を変化させる ････････････････････････････････ 202
レシピ 9.10：LED をたくさん使う（チャーリープレキシング）･･････････････ 205
レシピ 9.11：アナログメーターをディスプレイとして使う ･････････････････ 208
レシピ 9.12：割り込みを使ったプログラミング･･････････････････････････ 209
レシピ 9.13：ウェブインタフェースから GPIO 出力を制御する ･･････････････ 212

10 章　モーター･･･ 217
レシピ 10.1：サーボモーターを制御する･････････････････････････････････ 217
レシピ 10.2：多数のサーボモーターを制御する ･･････････････････････････ 220
レシピ 10.3：DC モーターの速度を制御する･････････････････････････････ 223
レシピ 10.4：DC モーターの回転方向を制御する ･････････････････････････ 225
レシピ 10.5：ユニポーラステッピングモーターを使う ･････････････････････ 230
レシピ 10.6：バイポーラステッピングモーターを使う･･････････････････････ 234

レシピ 10.7：RaspiRobotボードを使ってバイポーラステッピングモーターを駆動する ……………………………………………………………………………… 236
レシピ 10.8：シンプルなロボットローバーを製作する …………………………… 238

11章　デジタル入力　243

レシピ 11.1：押しボタンスイッチを接続する ……………………………………… 243
レシピ 11.2：押しボタンスイッチで状態を切り替える …………………………… 245
レシピ 11.3：2ポジションのトグルスイッチやスライドスイッチを使う ……… 247
レシピ 11.4：3ポジションのトグルスイッチやスライドスイッチを使う ……… 249
レシピ 11.5：ボタンを押したときのチャタリングを除去したい ………………… 251
レシピ 11.6：外部プルアップ抵抗を使う …………………………………………… 253
レシピ 11.7：ロータリー（直交）エンコーダーを使う …………………………… 254
レシピ 11.8：キーパッド ……………………………………………………………… 258
レシピ 11.9：動きを検出する ………………………………………………………… 261
レシピ 11.10：Raspberry PiにGPSを接続する …………………………………… 262
レシピ 11.11：押されたキーを横取りする ………………………………………… 265
レシピ 11.12：マウスの動きを横取りする ………………………………………… 267
レシピ 11.13：リアルタイムクロックモジュールを使う ………………………… 269

12章　センサー　273

レシピ 12.1：抵抗性センサーを使う ………………………………………………… 273
レシピ 12.2：光を測定する …………………………………………………………… 277
レシピ 12.3：メタンを検出する ……………………………………………………… 278
レシピ 12.4：電圧を測定する ………………………………………………………… 280
レシピ 12.5：電圧を測定できるように分圧する …………………………………… 282
レシピ 12.6：抵抗性センサーとADCを使う ……………………………………… 285
レシピ 12.7：ADCを使って温度を測定する ……………………………………… 286
レシピ 12.8：加速度を測定する ……………………………………………………… 288
レシピ 12.9：デジタルセンサーを使って温度を測定する ………………………… 292
レシピ 12.10：距離を測定する ……………………………………………………… 294
レシピ 12.11：センサーの値を表示する …………………………………………… 297
レシピ 12.12：USBフラッシュドライブにログを書き込む ……………………… 298

13章　ディスプレイ 301
　レシピ 13.1：4ケタのLEDディスプレイを使う 301
　レシピ 13.2：I2C LEDマトリクスにメッセージを表示する 303
　レシピ 13.3：Pi-Liteを使う 306
　レシピ 13.4：アルファニューメリックLCD上にメッセージを表示する 308

14章　ArduinoとRaspberry Pi 313
　レシピ 14.1：Raspberry PiからArduinoをプログラムする 314
　レシピ 14.2：シリアルモニターを使ってArduinoと通信する 316
　レシピ 14.3：PyFirmataを設定してRaspberry PiからArduinoを制御する 318
　レシピ 14.4：Arduinoのデジタル出力をRaspberry Piから制御する 320
　レシピ 14.5：TTLシリアルでPyFirmataを使う 322
　レシピ 14.6：PyFirmataを使ってArduinoのデジタル入力を読み出す 324
　レシピ 14.7：PyFirmataを使ってArduinoのアナログ入力を読み出す 327
　レシピ 14.8：PyFirmataでアナログ出力（PWM）を使う 328
　レシピ 14.9：PyFirmataを使ってサーボを制御する 330
　レシピ 14.10：TTLシリアルでArduinoとカスタム通信を行う 332
　レシピ 14.11：I2CでArduinoとカスタム通信を行う 336
　レシピ 14.12：小型のArduinoをRaspberry Piに接続する 340
　レシピ 14.13：aLaModeボードとRaspberry Piを使う 341
　レシピ 14.14：Raspberry PiとaLaModeボードでArduinoシールドを使う 344
　レシピ 14.15：GertboardをArduinoインタフェースとして使う 345

付録A　パーツと機材 347
索引 354

はじめに

2011年の発売以来、Raspberry Piは非常に低コストなLinuxベースのコンピュータとして、また組み込みコンピューティングのプラットフォームとして位置付けられてきた。教育用にもホビー用にもよく使われており、リリース以来200万ユニットがすでに販売されている。

この本では、Raspberry Piを用いたさまざまなレシピを紹介する。その中にはRaspberry Piを最初に使う際に設定を行うためのレシピや、Pythonプログラミング言語を利用するためのレシピ、そしてセンサーやディスプレイ、モーターなどとRaspberry Piを組み合わせて使う数多くのレシピが含まれている。またこの本の最後の章では、Raspberry PiとArduinoボードとを組み合わせた使い方を説明している。

この本は、通常の本のように頭から順番に読んでいくこともできるし、あるいはアトランダムにレシピへアクセスしてもよいようにデザインされている。目次や索引から目的のレシピを探し出し、その場所から読み始めてもよい。そのレシピの前提として他の知識が必要となる場合には、他のレシピへのポインタが示してある。ちょうど料理の本で、基本のソースへのポインタを示してから、手の込んだ料理の作り方を説明するようなものだ。

Raspberry Piの世界は、変化が激しい。巨大で活発なコミュニティが存在し、新しいインタフェースボードやソフトウェアライブラリが常に開発され続けている。そこで、この本では特定のインタフェースボードやソフトウェアを利用する数多くの製作例に加えて、Raspberry Piのエコシステムの発展に伴う新しい技術を活用するための基礎知識も提供している。

おそらく読者が期待するとおり、この本には大量のコード（大部分はPythonプログラム）が付属している。これらのプログラムはすべてオープンソースであり、GitHubで入手できる。Raspberry Piクックブックのウェブサイト（http://www.raspberrypicookbook.com）からもリンクを貼っておいた。

ソフトウェアベースのレシピの大部分は、Raspberry Piしか必要としない。筆者としては、Raspberry PiのモデルBをお勧めする。Raspberry Piと提携するハードウェアを作るレシピでは、なるべく既存のモジュールや、ハンダ付け不要のブレッドボードとジャンパ線を活用して、ハンダ付けをしなくても試せるように心がけた。

ブレッドボードベースのプロジェクトをもっと頑丈に作りたい場合には、ハーフサイズのブレッドボードと同じように部品を配置できる、Adafruitで販売しているようなプロトタイピングボードをお勧めしたい。ブレッドボード上のデザインを、そのままハンダ付け

バージョンへ移し替えることができるからだ。

表記規則

本書では、原則として次の表記方法を採用している。

等幅（Constant width）
　プログラムリストや、本文中でプログラム要素（変数名、関数名、データベース、データ型、環境変数、文、キーワードなど）、ファイル名、そしてファイル拡張子を表記するために使われる。

> このアイコンはヒント、提案あるいは一般的な注意事項を示す。

このアイコンは警告、または注意が必要であることを示す。

このアイコンは、そのセクションに関連したビデオを紹介するためのものだ。

サンプルコードの使用について

　この本を補足する資料（コード例、練習問題など）は、http://www.raspberrypicookbook.com からダウンロードできる。

　本書の目的は、あなたの仕事の手助けをすることだ。基本的に、本書に掲載しているコードはあなたのプログラムや文書に使用してもかまわない。コードの大部分を転載する場合を除き、許可を求める必要はない。例えば、本書のコードの一部を使ったプログラムを作成するために、許可を求める必要はない。なお、オライリー・ジャパンから出版されている書籍のサンプルコードをCD-ROMとして販売・配布する場合には、そのための許可が必要となる。本書や本書のサンプルコードを引用して質問に答える場合にも、許可を求める必要はない。ただし、本書のサンプルコードのかなりの部分を製品マニュアルに転記するような場合には、そのための許可が必要となる。

　出典を明記する必要はないが、そうしていただければうれしい。出典にはSimon Monk著『Raspberry Pi Cookbook』（オライリー・ジャパン刊）のように、著者、タイトル、出版社などを記載していただきたい。

　サンプルコードの使用について、上記で許可している範囲を超えると感じられる場合は、

permissions@oreilly.com まで（英語で）ご連絡をいただきたい。

質問と意見

本書に関する意見や質問は、以下へ送ってほしい。

　　株式会社オライリー・ジャパン
　　〒160-0002　東京都新宿区坂町26番地27 インテリジェントプラザビル1F
　　電話：03-3356-5227
　　FAX：03-3556-5263
　　電子メール：japan@oreilly.co.jp

本書に関する技術的な質問や意見は、次の宛先へ電子メール（英文）を送ってほしい。

　　bookquestions@oreilly.com

O'Reillyに関するその他の情報については、次のオライリーのウェブサイトを参照してほしい。

　　http://www.oreilly.co.jp
　　Facebook: http://facebook.com/oreilly
　　Twitter: http://twitter.com/oreillymedia
　　YouTube: http://www.youtube.com/oreillymedia

謝辞

　Lindaには、彼女の忍耐とサポートに対して、いつもと変わらぬ感謝をささげる。

　また、技術レビュー者のDuncan Amos、Chaim Krause、そしてSteve Suehringにも感謝する。彼らのコメントは非常に有益だった。

　Rachel Roumeliotisは編集者として、このプロジェクトに偉大な働きをしてくれた。彼女の現実的なアプローチは共同作業を非常に円滑にし、またこのプロジェクトを非常に興味深いものにしてくれた。

　それから、O'Reillyのチームメンバーの皆さんにも感謝する。特に私がケンブリッジのオフィスで出会った人々は、私をとても温かく迎えてくれた。そしてもちろんNan Reinhardtにも、彼女の入念な校正作業について感謝したい。

モデル B+ について

日本語版の編集中に、Raspberry Pi モデル B+ 発売のニュースが飛び込んできた。モデル B と比べて価格は据え置きで機能は同等か向上しているので、今後はこのモデル B+ が主流となって行くと思われる。

詳細はブログ http://www.raspberrypi.org/introducing-raspberry-pi-model-b-plus に記載されているが、主な改善点は次の通り。

- GPIO 端子の追加。モデル B では 26 ピンだった GPIO が、14 ピン増えて 40 ピンになった。
- USB ポートの追加。モデル B では 2 個だった USB ポートが、2 個増えて 4 個になった。
- ストレージが microSD に。押し込んで取り外すタイプのソケットになり、基板からの出っ張りが少なくなった。
- 低消費電力。スイッチングレギュレータへの変更によって、消費電力を 0.5〜1W 削減。
- 音質の改良。オーディオ回路に専用低雑音電源を採用。
- フォームファクタの改良。コンポジットビデオ端子とオーディオ端子が 4 極ミニジャックに統合された。

プロセッサやメモリに関しては、モデル B と同じ仕様になっている。
GPIO の端子の配置は、以下のとおり。

```
                          J8
                    3.3V  ○ ○  5V
              SDA  GPIO2  ○ ○  5V
              SCL  GPIO3  ○ ○  GND
                   GPIO4  ○ ○  GPIO14  TxD
                     GND  ○ ○  GPIO15  RxD
                  GPIO17  ○ ○  GPIO18
                  GPIO27  ○ ○  GND
                  GPIO22  ○ ○  GPIO23
                    3.3V  ○ ○  GPIO24
             MOSI GPIO10  ○ ○  GND
             MISO  GPIO9  ○ ○  GPIO25
             SCLK GPIO11  ○ ○  GPIO8
                     GND  ○ ○  GPIO7
       一般利用禁止  ID_SD  ○ ○  ID_SC   一般利用禁止
                   GPIO5  ○ ○  GND
                   GPIO6  ○ ○  GPIO12
                  GPIO13  ○ ○  GND
                  GPIO19  ○ ○  GPIO16
                  GPIO26  ○ ○  GPIO20
                     GND  ○ ○  GPIO21
```

枠で囲った部分は、モデルBのGPIOと全く同じ配置になっている。モデルB+では利用できるGPIO端子が9本も増えているが、気を付けてほしいのが「一般利用禁止」と書いたID_SDとID_SCピンだ。これらのピンは、特殊なEEPROMを接続してハードウェアのコンフィグレーションを行うために使われる。通常の使い方をする場合には、何も接続してはいけない。

コンポジットビデオとオーディオが4極ジャックに統合されたが、オーディオ出力だけを接続したい場合には通常の3.5mmステレオミニプラグで大丈夫のようだ。ただし、コンポジットビデオ信号を取り出すには、4極ミニプラグを使う必要がある。端子の配置は、プラグの先端から音声左―音声右―GND―コンポジットビデオとなる。一般的に市販されているビデオカメラ用の4極ミニプラグは、先端から音声左（白）―コンポジットビデオ（黄）―GND―音声右（赤）となっているようなので、黄と赤のケーブルを入れ替えれば使えるはずだ。ただし、これ以外の配置になっている可能性もあるので十分注意してほしい（特に、GNDの位置が違っていると信号がショートしてしまうことになる）。

――訳者

1章　設定と管理

　Raspberry Piを買うということは、部品の搭載されたプリント基板を購入するということだ。これには、電源やオペレーティングシステムは含まれていない。
　この章のレシピは、読者がRaspberry Piを設定し、使えるようにするためのものだ。
　Raspberry Piには標準的なUSBキーボードやマウスが使えるので、大部分の設定については特に説明の必要はないだろう。したがってここでは、主にRaspberry Piに特有のタスクについて説明する。

レシピ1.1：Raspberry Piのモデルを選択する

▶課題
　Raspberry PiにはAとBという2つのモデルがある。どちらを使えばよいかわからない。

▶解決
　Raspberry Piをいろいろな用途に使いたいのであれば、モデルBのリビジョン2（最新）を購入すべきだ。モデルAの2倍のメモリを搭載しているので、たいていのタスクにはこちらのほうが向いている。しかし、ある特定のプロジェクトにRaspberry Piを組み込むのであれば、モデルAを使ってお金を多少節約するという選択肢もある。

▶解説
　図1-1に、モデルAとモデルBを並べて示した。

図1-1
Raspberry PiのモデルA（左）とモデルB（右）

図1-1を見てわかるように、どちらのモデルも回路基板は同じだが、モデルAにはUSBソケットが1つしかなく、またRJ45イーサネットソケットが存在しない。USBソケットの背後の、イーサネットコントローラチップがあるべき場所はハンダ付けパッドがむき出しになっている。表1-1に、モデルによる違いを示した。またこの表には、モデルB初期のリビジョン1のボード（すぐにリビジョン2に置き換わった）についても載せてある。リビジョン1とリビジョン2ではオーディオ用のソケットの色が異なる（リビジョン1のボードは黒、リビジョン2のボードは青い[*1]）のですぐに区別できる。[*2]

モデル	RAM	USBソケット	イーサネットポート
A	256MB	1	なし
B（リビジョン1）	256MB	2	あり
B（リビジョン2）	512MB	2	あり

表1-1
Raspberry Piのモデル

　Raspberry Piはどのモデルでも USB WiFiアダプタが使える（レシピ2.5）ので、ネットワークインタフェースのないモデルAでも問題はない。ただしモデルAの場合、唯一のUSBソケットがWiFiアダプタに占有されてしまうため、USBハブを使ってUSBソケットを増設する必要があるかもしれない。しかしモデルBのRaspberry Piであれば、USBソケットの1つにUSB WiFiアダプタを、もう1つにワイヤレスキーボード／マウスドングルを接続できる。

● 参考

　Raspberry Piモデルの詳細情報については、http://ja.wikipedia.org/wiki/Raspberry_Piを参照してほしい。[*3]

レシピ1.2：Raspberry Piをケースに入れる

● 課題

Raspberry Piをケースに入れたい。

● 解決

キットとして買う場合を除いて、Raspberry Piにはケースが付属しない。この状態で

[*1] 訳注：リビジョン2のボードでもオーディオ用ソケットが黒いものがある（訳者が入手したものもそうだった）。ボードのリビジョンをチェックする確実な方法は、OSをインストールしてから「cat /proc/cpuinfo」というコマンドを実行し、Revisionの値をhttp://elinux.org/RPi_HardwareHistoryの表と突き合わせてみることだ。ただし現実的には、現在入手できるRaspberry Piはほとんどすべてリビジョン2なので心配はいらないだろう。
[*2] 編注：モデルB+については、xviページを参照。
[*3] 訳注：この本で説明するRaspberry Piやその関連製品は、日本ではアールエスコンポーネンツ株式会社（http://jp.rs-online.com/web/）から購入できる。また、スイッチサイエンス（http://www.switch-science.com/）やアマゾン（http://www.amazon.co.jp/）などでも取り扱っている。

は回路基板の裏側に端子がむき出しになっていて、Raspberry Piを金属製のものに載せると簡単にショートしてしまうので、ちょっと不安だ。

　Raspberry Piを保護するために、ケースを購入するのがよいだろう。

● 解説

　ケースには次のようにさまざまな種類があり、その中から選択できる。

- 単純な2分割型の、はめ込み式のプラスチック製ケース
- VESAマウント対応のケース（モニタやテレビの背後に取り付けられる）
- レゴブロックスタイルのケース
- 3Dプリンタで製造されたケース
- レーザーカッターで切断された、組み立て式のアクリル製ケース

　どのケースを買うかは個人の好みで決めればよいが、次の2点は考慮する必要があるだろう。

- GPIOコネクタへアクセスする必要があるかどうか。これは、Raspberry Piへ外部の電子回路を接続しようと考えている場合には重要だ。
- ケースの通気性はよいか。これはRaspberry Piをオーバークロッキングしようと考えている場合（レシピ1.14）、あるいはビデオの再生やゲームなどで酷使しようと考えている場合には、発熱量が高くなるため重要だ。

● 参考

　Adafruitでは、Raspberry Pi用のケースを数多く取り揃えている（http://www.adafruit.com/index.php?main_page=adasearch&q=raspberry+pi+enclosure）。

　また、その他のRaspberry Pi販売店やeBayでも、さまざまなスタイルのケースが見つかるだろう。

レシピ1.3： 電源を選択する

● 課題

　Raspberry Piに使う電源を選びたい。

● 解決

　Raspberry Piに適した電源には、基本的な電気的特性として5V DC（直流）を700mA以上安定して供給できることが必要だ。また、マイクロUSBプラグが付いている必要もある。

　Raspberry Piと同じところから電源を購入する場合には、その販売店に聞けば

Raspberry Piに使える電源を教えてくれるはずだ。[*3]

WiFiドングルや、その他の電力を大量に消費するUSB周辺機器を使うつもりなら、容量が1.5Aか2Aはある電源を買うのがよいだろう。また、あまり低価格の電源は5V供給電圧が不正確だったり不安定だったりするかもしれないので、注意してほしい。

❯ 解説

このような電源やコネクタは、実はスマートフォンの充電器などにも多く使われている。マイクロUSBプラグ付きの電源であれば、まず間違いなく供給電圧は5Vだ（しかしチェックはすること）。そうであれば、十分な電流が供給できるかどうかが問題となる。

電源が十分な電流を供給できない場合、次のような問題が発生するおそれがある。

- 発熱や、火災のリスクがあるかもしれない。
- 故障してしまうかもしれない。
- 負荷が高い（たとえばRaspberry PiにWiFiドングルを接続して使う）場合に、電圧が低下してRaspberry Piがリセットされてしまうかもしれない。

そのため、700mA以上の電流が供給可能な電源を探してほしい。電源容量がmAではなくワット（W）で規定されている場合には、ワット数を5で割ればアンペア数が得られる。つまり、5V 10Wの電源は2A（2,000mA）を供給可能だ。

最大電流が2Aの電源だからといって、700mAの電源よりも電気代がたくさんかかるわけではない。Raspberry Piは、必要な分だけの電流を消費するからだ。

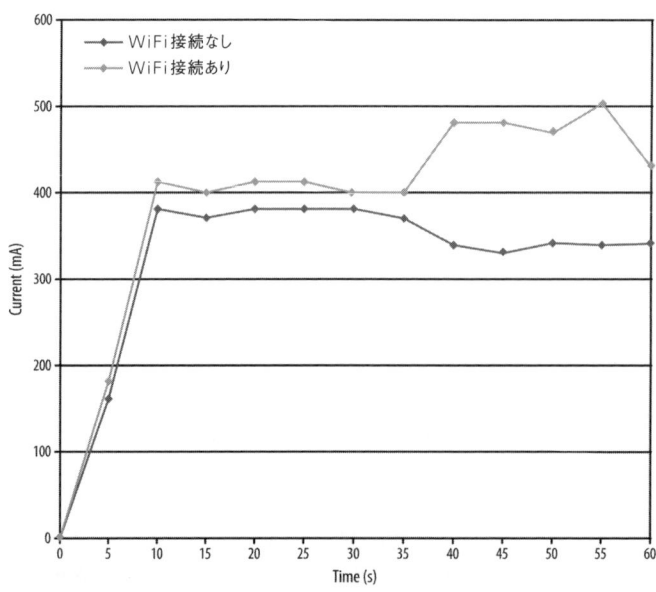

図1-2
Raspberry Pi起動時の消費電流

[*3] 訳注：Raspberry Pi用の1Aの電源アダプタは、アールエスコンポーネンツ（http://jp.rs-online.com/web/p/plug-in-power-supply/7646782/）やスイッチサイエンス（http://www.switch-science.com/catalog/1409/）などで購入できる。

図1-2に、Raspberry PiのモデルBリビジョン2の起動時の消費電流を測定した結果を示す。このRaspberry PiはRaspian Wheezyディストリビューションを使ってHDMIビデオ接続をしている。測定したのはWiFi接続がある場合とない場合だ。

見てわかるように、電流が実際に500mAを超えることはほとんどない。しかし、ここではプロセッサにはあまり負荷がかかっていない。もしHDビデオの再生を始めれば、電流はかなり増加することになるだろう。電源に関しては、通常は余裕を持った選択をするのが望ましい。

● 参考

Raspberry Piがシャットダウンした際に電源をオフにするモジュールは、http://www.pi-supply.com/で購入できる。

レシピ1.4: オペレーティングシステムのディストリビューションを選択する

● 課題

Raspberry Piのディストリビューションには、さまざまな種類がある。どれを使えばよいかわからない。

● 解決

この課題への回答は、Raspberry Piを使って何をしたいかによって変わってくる。

Raspberry Piを使ってハードウェアの作品を作り上げるつもりなら、Raspbianか、AdafruitのOccidentalisを使うのがよいだろう。RaspbianはRaspberry Piで最もよく使われている公式ディストリビューションだが、Occidentalisにはハードウェアのハッキングを始めるまでのセットアップの手間が少ないという利点がある。[*4]

Raspberry Piをメディアセンターとして使うつもりなら、まさにそのためのディストリビューションがいくつか存在する（レシピ4.1を参照してほしい）。

この本では、ほとんどの場合Raspbianディストリビューションを使って説明するが、レシピの大部分はDebianベースのどのディストリビューションでも動作するはずだ。

● 解説

SDカード、特にほとんどのディストリビューションで推奨されている4GBのSDカードはそれほど高価なものではないので、いくつかディストリビューションを取得して試してみるのがよいだろう。その際、個人的なファイルはUSBフラッシュドライブに入れる

[*4] 訳注：「参考」に示したURLにも記載があるとおり、翻訳時点でOccidentalisの最新のバージョン0.2には、Hynix社製RAMチップを搭載したRaspberry Piでは動作しないという問題があるので、注意してほしい。実際、訳者の入手したボードにもまさにこのHynix社製メモリチップが搭載されており、さまざまな方法でOccidentalisのインストールを試してみたが、ブートさえしなかった。したがって少なくとも現時点では、Occidentalis以外のディストリビューションを使うのが賢明だろう。

ようにしておけば、毎回SDカードにコピーする手間が省ける。

これから説明するレシピのどれかをSDカードへ書き込む場合には、SDカードスロットのあるコンピュータ（たいていのラップトップにはあるはずだ）を使うか、安価なUSB接続のSDカードリーダを購入する必要があることに注意してほしい。

◯参考

Raspberry Piディストリビューションの公式なリスト（http://www.raspberrypi.org/downloads）、Occidentalis（http://learn.adafruit.com/adafruit-raspberry-pi-educational-linux-distro/occidentalis-v0-dot-2）も参考にしてほしい。

レシピ1.5： NOOBS[*5]を使ってSDカードを作成する

◯課題

NOOBSを使ってSDカードを作成したい。

◯解決

http://www.raspberrypi.org/downloads からNOOBSアーカイブをダウンロードし、展開してSDカードへ書き込む。[*6]

> NOOBSは自分の必要とするソフトウェアをダウンロードするため、ネットワーク接続のないRaspberry PiモデルAを使っている場合には、オペレーティングシステム全体をインストールするレシピのどれか（レシピ1.6、1.7、あるいは1.8）を使うのがよいだろう。[*7]

NOOBSアーカイブファイルをダウンロードしたら、それを展開してフォルダの中身をSDカードへコピーする。アーカイブがNOOBS_v1_2_1のような名前のフォルダへ展開された場合には、そのフォルダ自体ではなく、フォルダの中身をSDカードのルートへコピーする必要があることに注意してほしい。

展開されたNOOBSファイルを含むSDカードをRaspberry Piへ挿入して、Raspberry

[*5] 訳注：NOOBSはNew Out Of the Box Softwareの略だが、「初心者」という意味もある。複数のOSをインストールして切り替えて起動したり、ブート時にシフトキーを押すことでOSを再インストールできるので、初心者以外の人にも便利だ。
[*6] 訳注：NOOBS書き込み済みのSDカードを購入するという方法もある。たとえばアールエスコンポーネンツではNOOBSをバンドルしたRaspberry Piを販売しているし、他の販売店でもNOOBS書き込み済みのSDカードを購入できる。なお、翻訳時点で最新のNOOBSバージョン1.3.4の場合、4GBのSDカードでは空き容量が足りずにRaspbianがインストールできなかった。今後、OSの容量は増えることはあっても減ることは考えにくいので、8GBのSDカードを使うのが安全だろう。
[*7] 訳注：訳者の試した限りでは、ネットワーク接続なしでRaspbianは問題なくインストールできた。
[*8] 訳注：NOOBSはケーブルが接続されていなくてもHDMIポートへ出力しようとするので、コンポジットで出力したい場合にはキーボードから［4］を押す必要がある。

Piの電源を入れてみよう。ブート時に、図1-3に示すようなウィンドウが表示されるはずだ。[8]

この画面から、インストールしたいディストリビューションが選択できる。Raspbianがデフォルトとして選択されているので、最初はこれを試してみるのがよいだろう。

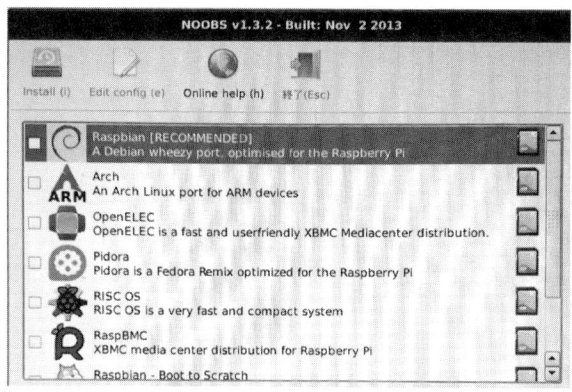

図1-3
NOOBSの最初の画面[9]

SDカードが上書きされるという警告メッセージ（これは問題ない）が表示された後、SDカードへのディストリビューションのインストールの進捗状況とともに、そのディストリビューションに関して役立つ情報が表示される（図1-4）。

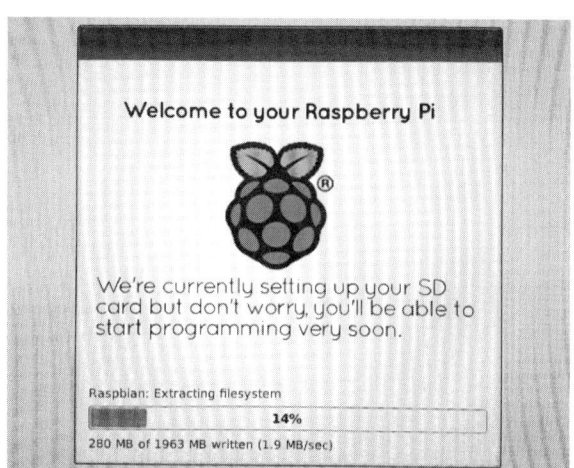

図1-4
NOOBSがSDカードを上書きしているところ

ファイルのコピーが完了すると、「OS(es) Installed Successfully」というメッセージが表示される。ここでリターンを入力すると、Raspberry Piがリブートした後にraspi_configが自動的に実行され、新規インストールの構成が行われる（レシピ1.12）。

---

[9] 訳注：ここでデフォルトの言語とキーボードの配列を選択でき、その設定はインストールされたOSにも引き継がれるようなので、ここで選択しておくのがよいだろう。左上の［Install］ボタンを押すとインストールが始まる。

▶解説

　　NOOBをSDカードへ正しくインストールするためには、FATでフォーマットされている必要がある。たいていのSDカードはFATフォーマット済みで販売されているはずだ。古いカードを再利用するなど、FATでフォーマットする場合には、リムーバブルメディアをフォーマットするためのオペレーティングシステム附属ツールを使えばよい。

　　もう1つの方法として、Raspberry PiファウンデーションはSDカードアソシエーションのフォーマッティングツール（https://www.sdcard.org/downloads/formatter_4/）を推奨している。これはMacとWindowsの両方で利用できる。[*10]

▶参考

　　オペレーティングシステムのイメージ全体をSDカードへ書き込む手順は、レシピ1.6、1.7、あるいは1.8を参照してほしい。

レシピ1.6：手作業でSDカードへ書き込む（Mac）

▶課題

　　Raspberry Piは通常、オペレーティングシステムなしで販売されている。Macを使ってオペレーティングシステムのディストリビューションをSDカードへ書き込みたい。

▶解決

　　選択したディストリビューションのisoディスクイメージをダウンロードする（レシピ1.4）。次に、ユーティリティスクリプトを使ってisoイメージファイルをSDカードへ書き込む。

　　SDカードに書き込むためのユーティリティプログラムには、さまざまなものがあるが、一例としてGitHubから入手できるもの（https://github.com/RayViljoen/Raspberry-PI-SD-Installer-OS-X）を使って説明する。

1. ユーティリティプログラムをダウンロードして、zipファイルをどこか便利な場所に展開する。
2. ダウンロードしたisoイメージファイルをこのフォルダへコピーする。ここでは`Occidentalis_v02.iso`という名前だとしよう。
3. 接続されている外部ハードディスクやUSBフラッシュドライブがあればすべてイジェクトし、SDカードを挿入する。
4. ターミナルセッションを開き、（cdコマンドで）インストーラフォルダのディレクト

[*10] 訳注：クイックスタートガイド（http://www.raspberrypi.org/wp-content/uploads/2012/04/quick-start-guide-v2_1.pdf）ではWindowsの場合、SDカードアソシエーションのフォーマッティングツールを使うことが推奨されている（Windows付属のツールでは、Windowsが認識できないパーティションはフォーマットされないため）。なお、NOOBSのドキュメント（https://github.com/raspberrypi/noobs/blob/master/README.md）では、［オプション設定］ボタンから［論理サイズ調整］をオンにしてフォーマットすることが推奨されている。

リへ移動して、次のコマンドを実行する。

```
$ sudo ./install Occidentalis_v02.iso
```

異なるisoイメージファイルを利用している場合には、それに応じてファイル名を読み替えてほしい。このコマンドでSDインストーラが起動され、図1-5のような画面が表示されるはずだ。

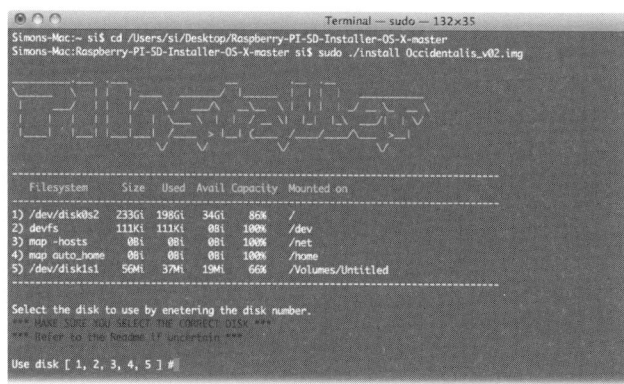

図1-5
SDカードへの書き込み（Mac）

ここで、書き込むSDカードを指定する必要がある。SDカード以外のリムーバブルストレージメディアをすべてイジェクトしておいたのは、このためだ。ここで間違ったデバイス番号を選んでしまうと、そのディスクドライブがこのプログラムによってすべて上書きされてしまう。事前にSDカードに対応するデバイス番号を確認しておいてほしい。

SDカードを指定し、問題がなければ書き込みが始まる。これには通常、数分間かかる。

● 解説

すでにディストリビューションがインストールされた、フォーマット済みのSDカードを購入することもできる。しかし最新のバージョンでないこともあるので、手動でSDカードへ書き込む方法を知っておけば役に立つだろう。

書き込むSDカードを選ぶ際には、少なくとも4GBのものを選んでほしい。

● 参考

NOOBSを使ってSDカードにisoイメージファイルを書き込む方法については、レシピ1.5も参照してほしい。

All the (*)Ware（http://alltheware.wordpress.com/2012/12/11/easiest-way-sd-card-setup/）では、MacからSDカードへ書き込むためのもう1つのユーティリティを提供している。

SDカードへの書き込みについての詳細は、http://elinux.org/RPi_Easy_SD_Card_Setupを参照のこと。

レシピ1.7：手作業でSDカードへ書き込む（Windows）

●課題

Raspberry Piは通常、オペレーティングシステムなしで販売されている。Windows PCを使ってオペレーティングシステムのディストリビューションをSDカードへ書き込みたい。

●解決

選択したディストリビューションのisoディスクイメージをダウンロードする（レシピ1.4）。次に、Fedora ARMインストーラを使ってisoイメージファイルをSDカードへ書き込む。

まず、Fedora ARMインストーラ（http://fedoraproject.org/wiki/Fedora_ARM_Installer）をダウンロードする。これは、Windows Vista以降でしか動作しないことに注意してほしい。[*11]

- zipファイルをどこか便利な場所（たとえばデスクトップ）に展開する。
- 接続されている外部ハードディスクやUSBフラッシュドライブがあればすべてイジェクトし、SDカードを挿入する。
- 管理者権限を持つユーザとしてfedora-arm-installer.exeを実行する。

このツールは、使いやすいユーザインタフェースを持っている（図1-6）。

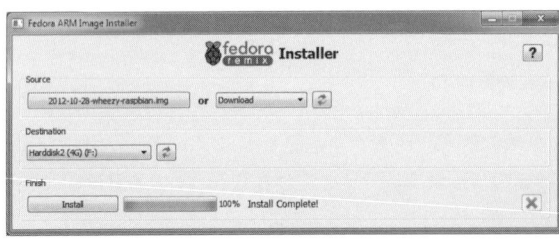

図1-6
SDカードへの書き込み（Windows）

[Source]にダウンロードしたisoファイルの場所を入力し、[Destination]ドロップダウンからSDカードを選択する。念のため、もう一度他のディスクドライブではなくSDカードを選択していることを確認してから、[Install]をクリックする。

●解説

すでにディストリビューションがインストールされた、フォーマット済みのSDカードを購入することもできる。しかし最新のバージョンでないこともあるので、手動でSDカー

[*11] 訳注：Raspberry Piのダウンロードページ（http://www.raspberrypi.org/downloads）では、Win32DiskImager（http://sourceforge.net/projects/win32diskimager/）の使用が推奨されている。また訳者がWindows 7で試した限りでは、Fedora ARMインストーラの動作はかなり不安定だった。

ドへ書き込む方法を知っておけば役に立つだろう。

書き込むSDカードを選ぶ際には、少なくとも4GBのものを選んでほしい。

◯参考

NOOBSを使ってSDカードイメージを書き込む方法については、レシピ1.5も参照してほしい。

SDカードへの書き込みについての詳細やオプションについては、http://elinux.org/RPi_Easy_SD_Card_Setupを参照のこと。

レシピ1.8：手作業でSDカードへ書き込む（Linux）

◯課題

Raspberry Piは通常、オペレーティングシステムなしで販売されている。Linux PCを使ってオペレーティングシステムのディストリビューションをSDカードへ書き込みたい。

◯解決

選択したディストリビューションのisoディスクイメージをダウンロードする（レシピ1.4）。次に、UbuntuのImageWriterを使ってisoイメージファイルをSDカードへ書き込む。[*12] Ubuntu以外のLinuxディストリビューションの場合には、NOOBSを使うことを検討してみてほしい（レシピ1.5）。

まず、ターミナルセッションを開いて次のコマンドを実行し、ImageWriterツールをインストールする。

```
$ sudo apt-get install usb-imagewriter
```

このツールは、使いやすいユーザインタフェースを持っている（図1-7）。[*13]

[Write Image]にダウンロードしたisoイメージファイルの場所を入力し、[to]ドロップダウンからSDカードを選択する。念のためもう一度、他のディスクドライブではなくSDカードを選択していることを確認してから、[Write to Device]をクリックする。

[*12] 訳注：Ubuntuのusb-imagewriterというパッケージは、翻訳時点で最新のバージョンであるSaucyには存在しないが、長期サポート（LTS）版のPreciseには存在するので、こちらを使って検証を行った。レシピ1.7のFedora ARMインストーラにはLinuxバージョンもあるので、RedHat系のLinuxでは（Debian系でもalienを使ってインストールすれば）これが使えるはずだ。また、コマンドラインからddコマンドを使って書き込むこともできる。詳細については「参考」に記載したURLを参照してほしい。
[*13] 訳注：このツールを起動するには、ターミナルセッションから次のように入力する。

```
$ sudo imagewriter
```

なお、「$」はシステムがコマンド入力を受け付け可能な状態にあることを示すために出力するプロンプトで、ユーザがこれを入力する必要はない。

図1-7
SDカードへの書き込み(Linux)

●解説

すでにディストリビューションがインストールされた、フォーマット済みのSDカードを購入することもできる。しかし最新のバージョンでないこともあるので、手動でSDカードへ書き込む方法を知っておけば役に立つだろう。

書き込むSDカードを選ぶ際には、少なくとも4GBのものを選んでほしい。

●参考

NOOBSを使ってSDカードにisoイメージファイルを書き込む方法については、レシピ1.5も参照してほしい。

SDカードへの書き込みの詳細やオプションについては、http://elinux.org/RPi_Easy_SD_Card_Setupを参照のこと。

レシピ1.9：システムを接続する

●課題

Raspberry Piに必要なものはすべてそろったので、接続して使いたい。

●解決

Raspberry Piを作品に組み込んだりメディアセンターとして使ったりするのでなければ、キーボードとマウスやモニタ、そしておそらくWiFiドングルも接続する必要がある。これらを合計すると接続数は3を超えるため、Raspberry PiモデルBであっても十分な数のUSBソケットを確保するためには、USBハブを接続する必要があるだろう。

図1-8に、典型的なRaspberry Piシステムの構成を示す。

●解説

ワイヤレスキーボードとマウスの両方を1つのUSBドングルで提供できる場合には、もう一方の空いたUSBソケット(Raspberry PiモデルBを使っている場合)にWiFiド

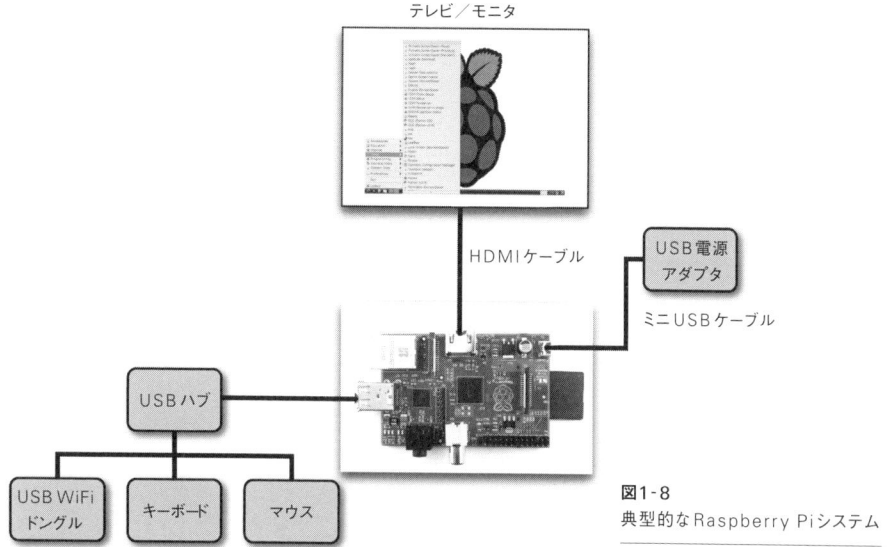

図1-8
典型的なRaspberry Piシステム

ングルが接続できる。しかし、外部USBディスクやUSBフラッシュドライブを接続するときのことを考えて、USBハブを用意しておけば役に立つだろう。

　Raspberry Piには、有線でも無線でも、ほとんどのキーボードやマウスが接続できる。ただし例外として、BluetoothワイヤレスキーボードやマウスはRaspberry Piでは使えない。

◎参考

　公式Raspberry Piクイックスタートガイド（http://www.raspberrypi.org/quick-start-guide）

レシピ1.10：DVIやVGAモニタを接続する

◎課題

　HDMIコネクタのないモニタをRaspberry Piと接続して使いたい。

◎解決

　この問題に直面した人は多い。幸いなことに、DVIやVGA入力はあるがHDMIコネクタがないモニタに接続するためのアダプタが購入できる。

　DVIアダプタは非常に簡単で安く買える。「HDMI DVI 変換」で検索してみれば、5ドル以下のものが見つかるだろう。

◉ 解説

　VGAアダプタの場合、信号をデジタルからアナログへ変換する電子回路が必要なので、もう少し複雑になる。そのため、ボックスの付いていないケーブルだけのものには気を付けたほうがよい。公式の変換機はPi-Viewという名前で、Raspberry Piの販売店なら取り扱っているはずだ。Pi-Viewには、Raspberry Piでの動作がテストされ、確認されているという利点がある。インターネットでもっと安価なものが見つかるかもしれないが、うまく動作する保証はない。[*14]

◉ 参考

　変換アダプタを探す際のヒントがelinuxに掲載されている（http://elinux.org/RPi_VerifiedPeripherals#HDMI-.3EVGA_converter_boxes）。

レシピ1.11：コンポジットビデオのモニタやテレビを使う

◉ 課題

　低解像度のコンポジットモニタ上ではテキストが読みにくい。Raspberry Piの解像度を小さな画面に合わせて調整したい。

◉ 解決

　Raspberry PiにはHDMIとコンポジットビデオという2種類のビデオ出力がある。HDMIのほうがずっと高品質なので、コンポジットビデオをメインの画面として使うつもりなら、もう一度考え直したほうがいいかもしれない。

　たとえば、本当に小さな画面が必要でそのようなモニタを使う場合には、ビデオ出力をその画面に合わせるために多少の調整が必要だ。/boot/config.txtファイルにいくつか変更を行う必要がある。Raspberry Pi上では、ターミナルセッションで次のコマンドを実行すると、このファイルを編集することができる。

```
$ sudo nano /boot/config.txt
```

　テキストの文字が小さすぎて読めず、HDMIモニタを持っていない場合には、Raspberry PiからSDカードを抜いてコンピュータへ挿入し、このファイルを編集することもできる。この場合、ファイルはSDカードのトップレベルディレクトリに存在する[*15]ので、PC上のテキストエディタを使って変更する。

[*14] 訳注：Raspberry Pi用のHDMI→VGA変換アダプタは、日本国内ではアールエスコンポーネンツ（http://jp.rs-online.com/web/p/digital-video-monitor-cable-assemblies/7781882/）やスイッチサイエンス（http://www.switch-science.com/catalog/1201/）などで購入できる。スイッチサイエンスから購入できるAdafruitのアダプタに関しては、/boot/config.txtの例がhttp://www.adafruit.com/products/1151#Technical_Detailsに掲載されている。

[*15] 訳注：これは、レシピ1.6から1.8を使って、イメージファイルを直接SDカードへ書き込んだ場合。NOOBSを使ってOSをインストールした場合、少なくともWindowsからはトップレベルにはOSの/bootディレクトリの内容でなく、NOOBS関連のファイルが見える。

編集には、使用するモニタの画面の解像度を知っておく必要がある。小さなディスプレイの場合、320×240ピクセルであることが多い。ファイル/boot/config.txtの中で次の2行を見つける。

```
#framebuffer_width=1280
#framebuffer_height=720
```

この2行の先頭の「#」を取り除いて設定を有効にし、数値を画面の幅と高さに変更する。次の例では、幅を320、高さを240に変更している。[*16]

```
framebuffer_width=320
framebuffer_height=240
```

ファイルを保存してRaspberry Piを再起動する。画面はだいぶ見やすくなっているはずだ。また、画面の周辺に太い余白が表示されているかもしれない。これを調整する方法については、レシピ1.13を参照してほしい。

● 解説

よく見かける安価なCCTVモニタは、レトロなゲームコンソール（レシピ4.6）などを作る際にぴったりだ。しかし、これらのモニタの解像度は非常に低いことが多い。

● 参考

コンポジットモニタを使うためのチュートリアルは、Adafruitにも掲載されている（http://learn.adafruit.com/using-a-mini-pal-ntsc-display-with-a-raspberry-pi）。

また、HDMIビデオ出力を使う際に画面サイズを調整する方法については、レシピ1.13と図1-10も参照してほしい。

レシピ1.12： SDカードの容量をフルに使う

● 課題

Raspberry Piのオペレーティングシステムをsdカードに書き込んだ場合、インストールするイメージによってパーティションサイズが固定されているため、SDカードの全領域を使うことができない。このため、新しいファイルを書き込むための領域が足りなくなる。[*17]

[*16] 訳注：次のような行があれば、先頭に「#」を挿入してコメントアウトしておくこと。

```
hdmi_force_hotplug=1
```

これをしないと、ケーブルが接続されていなくてもHDMIポートへ画像が出力され、コンポジットには何も出力されなくなってしまう。また、NOOBSでRaspberry Piをブートした場合、コンポジットに出力させるにはキーボードから[4]を入力する必要がある。

[*17] 訳注：最新のNOOBSを使ってOSをインストールした場合には、自動的に領域が拡張されるようだ。

◯解決

これを解決するためには、raspi-configツールを実行する必要がある。このプログラムは、Raspberry Piに新しいSDカードを挿入してブートした最初のタイミングで自動的に実行される。後から構成を変更したい場合には、ターミナルセッションを開いて次のコマンドを実行すればよい。

```
$ sudo raspi-config
```

上下カーソルキーで「1 Expand Filesystems」を選択し、タブキーで「Select」を選択してEnterキーを押す（図1-9）。

確認メッセージが表示された後、Raspberry Piを再起動して変更を有効にする。
再起動後、SDカードの全容量が使えるようになっているはずだ。

◯解説

特にルートパーティションは一時ファイルの保存に使われるため、調整しておく価値がある。しかし文書や個人ファイルはUSBフラッシュドライブに保存するようにしておけば、オペレーティングシステムを更新した際に転送する必要もなくなる。

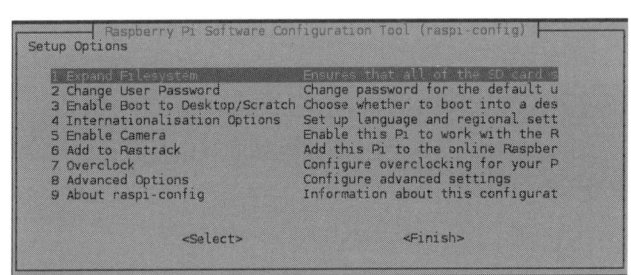

図1-9
ルートパーティションの調整

◯参考

raspi-configツールの詳しい解説は、http://elinux.org/RPi_raspi-configにある。

レシピ1.13： モニタ上の画面サイズを調整する

◯課題

Raspberry Piをモニタへ最初に接続した際に、文字が画面からはみ出してしまって読めなかったり、スクリーンいっぱいに画面が表示されなかったりする。

◯解決

文字が画面からはみ出している場合には、raspi-configツールを使ってオーバースキャンを無効にする。

これを行うには、まずターミナルセッションを開いて次のコマンドを実行し、raspi-configを実行する。

```
$ sudo raspi-config
```

それから上下カーソルキーで「8 Advanced Options」を選択し、さらに「A1 Overscan」を選択してオーバースキャンを「Disable（無効）」にする（図1-10）。

画面の周囲に太い余白が見えるという問題には、次のコマンドを使って/boot/config.txtファイルを編集して、この余白を減らす（あるいは、完全になくす）ことができる。[*18]

```
$ sudo nano /boot/config.txt
```

オーバースキャンに関するセクションを探してほしい。変更の必要な4つの行は、図1-11の真ん中に示してある。

これらの行を有効にするには、まず各行の先頭にある「#」を取り除く必要がある。

次に、試行錯誤しながら、画面がモニタになるべくぴったり収まるよう設定を変更する。余白を減らすには、4つの数字をマイナスにする必要があることに注意してほしい。最初は、すべて-20から始めてみるのがよいだろう。

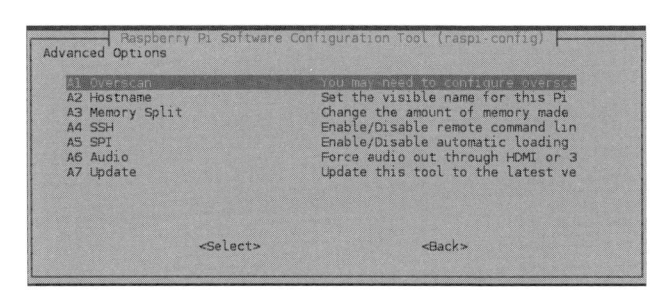

図1-10
オーバースキャンをオフにする

図1-11
オーバースキャンの調整

[*18] 訳注：最近のモニタは画像の自動調整機能があるのが普通なので、先にそちらを試してから、調整しきれなかった場合に/boot/config.txtファイルを編集する、という作戦を取るのがよいだろう。

▶ 解説

解像度の変更結果を確かめるために、何度もRaspberry Piを再起動するのは面倒だ。幸い、この作業は1度しかする必要がない。多くのモニタやテレビは、まったく調整をしなくても、きれいに表示してくれる。

▶ 参考

raspi-configツールの詳しい解説は、http://elinux.org/RPi_raspi-configにある。

レシピ1.14：パフォーマンスを最大化する

▶ 課題

Raspberry Piの動作が遅いようなので、オーバークロッキングして動作を高速化したい。

▶ 解決

Raspberry Piのクロック周波数を上げれば、多少は動作も速くなる。ただし、こうすることによって消費電力は増加し、温度も高くなる（以下の解説を参照）。

ここで説明するオーバークロッキングの手法は、「ダイナミックオーバークロッキング」と呼ばれる。自動的にRaspberry Piの温度を監視して、熱くなりすぎた場合にはクロックを元のスピードまで落とす仕組みだ。

Raspberry Piをオーバークロッキングするには、ターミナルから次のコマンドを実行し、raspi-configツールを実行する。

```
$ sudo raspi-config
```

メニューから「7 Overclock」オプションを選択すると、警告メッセージの後、図1-12のオプションが表示される。

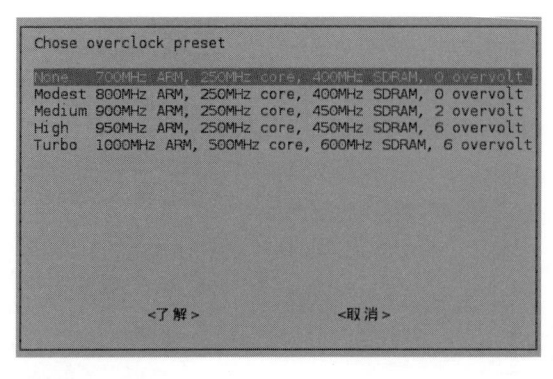

```
Chose overclock preset
 None    700MHz ARM, 250MHz core, 400MHz SDRAM, 0 overvolt
 Modest  800MHz ARM, 250MHz core, 400MHz SDRAM, 0 overvolt
 Medium  900MHz ARM, 250MHz core, 450MHz SDRAM, 2 overvolt
 High    950MHz ARM, 250MHz core, 450MHz SDRAM, 6 overvolt
 Turbo   1000MHz ARM, 500MHz core, 600MHz SDRAM, 6 overvolt




               <了解>              <取消>
```

図1-12
オーバークロッキングのオプション

ここでオプションを選択する。もしRaspberry Piが不安定になったり突然ハングアップするようになったりした場合には、もっと控えめなオプションを選択するか、noneに

戻してオーバークロッキングをオフにする必要があるかもしれない。

● 解説

オーバークロッキングによって、パフォーマンスが劇的に向上する場合もある。ケースなしのRaspberry PiモデルBのリビジョン2を15度の室温で測定してみた。

テストプログラムは、次に示すPythonスクリプトだ。これは単純にプロセッサをいじめるだけで、SDカードへの書き込みやグラフィックスなど、コンピュータの他の機能を使うものではない。しかし、Raspberry Piのオーバークロッキングの結果をテストしたい場合、純粋なCPU性能のよい目安にはなるはずだ。

```
import time

def factorial(n):
  if n == 0:
    return 1
  else:
    return n * factorial(n-1)

before_time = time.clock()
for i in range(1, 10000):
  factorial(200)
after_time = time.clock()

print(after_time - before_time)
```

表1-2に、このテストの結果を示すので見てほしい。

	スピードテスト	消費電流	温度（℃）
700 MHz	15.8秒	360 mA	27
1 GHz	10.5秒	420 mA	30

表1-2
オーバークロッキング

ご覧のとおり、パフォーマンスは33％向上したが、それと引き換えに消費電流は増加し、温度もわずかに高くなっている。[*19]

Raspberry Piの中心部にある大きなチップにヒートシンクを装着して、冷却を助けることもできる。ヒートシンクの中には、実際にはチップと熱伝導性コンパウンドで接触していない、見かけだけのものもあるので注意してほしい。通気性のよいケース（レシピ1.2）も、効果があるだろう。Raspberry Piに水冷装置を取り付けた人もいるが、率直に言って、これはやりすぎだ。

[*19] 訳注：CPUの性能がボトルネックになっている場合はオーバークロッキングが有効だが、ファイルの読み書き速度を向上させるには高速なSDカードを使うと効果がある。Class 10と表記されたものを選ぶのがよいだろう。

❷ 参考

raspi-configツールの詳しい解説は、http://elinux.org/RPi_raspi-configにある。

レシピ1.15：パスワードを変更する

❷ 課題

デフォルトで、Raspberry Piのパスワードはraspberryとなっている。これを変更したい。

❷ 解決

raspi-configツールを使ってパスワードを変更できる。ターミナルから次のコマンドを実行し、raspi-configツールを実行する（レシピ3.2を参照）。

```
$ sudo raspi-config
```

メニューから「2 Change User Password」オプションを選択し、図1-13に示すプロンプトにしたがう。

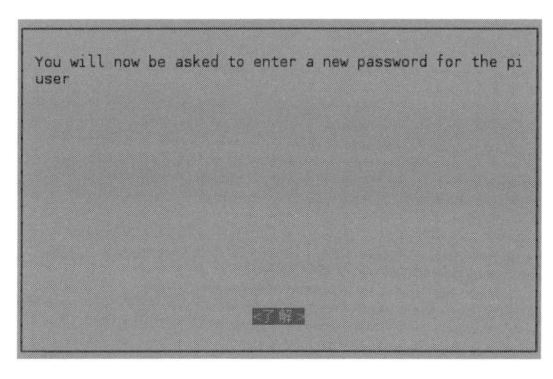

図1-13
パスワードの変更

パスワードの変更は、Raspberry Piを再起動する必要なく、即座に有効となる。

❷ 解説

また、ターミナルセッションから単純にpasswdコマンドを実行することによって、パスワードを変更することもできる。

```
$ passwd
Changing password for pi.
(current) UNIX password:
Enter new UNIX password:
Retype new UNIX password:
passwd: password updated successfully
```

> ◉ 参考
>
> raspi-configツールの詳しい解説は、http://elinux.org/RPi_raspi-configにある。

レシピ1.16：Raspberry Piがブート時に直接デスクトップを起動するように設定する

◉ 課題

Raspberry Piをリブートするたびに、ログインしてデスクトップを手作業でスタートさせなくてはならない。これを自動化したい。

◉ 解決

raspi-configツールを使ってブート時の挙動を変更し、Raspberry Piに自動的にログインしてデスクトップを起動させることができる。[20] ターミナルから次のコマンドを実行し、raspi-configツールを実行する。

```
$ sudo raspi-config
```

メニューから「3 Enable Boot to Desktop/Scratch」オプションを選択し、図1-14に示すプロンプトにしたがう。

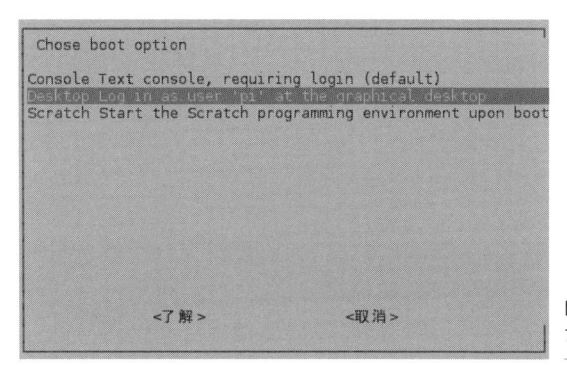

図1-14
ブート時に自動的にデスクトップを開始する

ブートオプションの変更を行った後、プロンプトにしたがってRaspberry Piを再起動し、変更を有効にする。

◉ 解説

Raspberry Piに自動的にログインしてデスクトップ環境を起動させることには、セキュリティ上問題があることは明らかだ。しかしRaspberry Piは個人のコンピュータとして使われることが一般的であるため、通常は便利さが不利益を上回る。

---

[20] 訳注：自動的にログインしてデスクトップをスタートするだけでなく、Scratchプログラミング環境を起動することもできる。

参考

`raspi-config`ユーティリティの詳しい解説は、http://elinux.org/RPi_raspi-config にある。

レシピ1.17：Raspberry Piをシャットダウンする

課題

Raspberry Piをシャットダウンしたい。

解決

デスクトップの右下にある、赤い［ログアウト］（Logout）ボタンをクリックする。すると、次のオプションが表示されるはずだ（図1-15）。

- **シャットダウン（Shutdown）**
  Raspberry Piをシャットダウンする。Raspberry Piを再起動するには、電源ケーブルを抜いて挿し直す必要がある。
- **再起動（Reboot）**
  Raspberry Piを再起動する。
- **ログアウト（Logout）**
  ログアウトし、もう一度ログインできるようにログイン情報を入力するプロンプトを表示する。
- **キャンセル（Cancel）**
  気が変わって、Raspberry Piを使い続けたくなった場合にはこのボタンを押す。

図1-15
Raspberry Piのシャットダウン

コマンドラインから次のコマンドを実行することによって、シャットダウンすることもできる。

```
$ sudo halt
```

ターミナルからシャットダウンする際には、図1-16のようなメッセージが表示される。これは本来マルチユーザ向けのオペレーティングシステムであるLinuxが、Raspberry

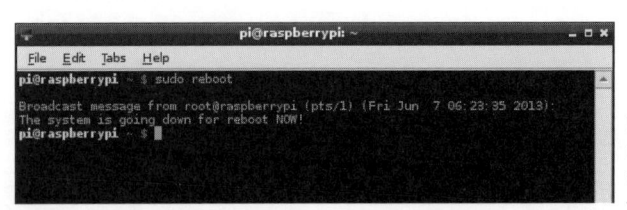

図1-16
Raspberry Piをターミナルからシャットダウンするところ

Piに接続しているすべてのユーザに警告するためだ。

> **解説**

多くのコンピュータのシャットダウンとは異なり、Raspberry Piをシャットダウンしても電源はオフにならない。もともと低電力のデバイスが、さらに低電力のモードに入るだけだ（しかしRaspberry Piが自分の電源を制御することはできない）。

> **参考**

Raspberry Piがシャットダウンした際に電源をオフにするモジュールは、http://www.pi-supply.com/で購入できる。

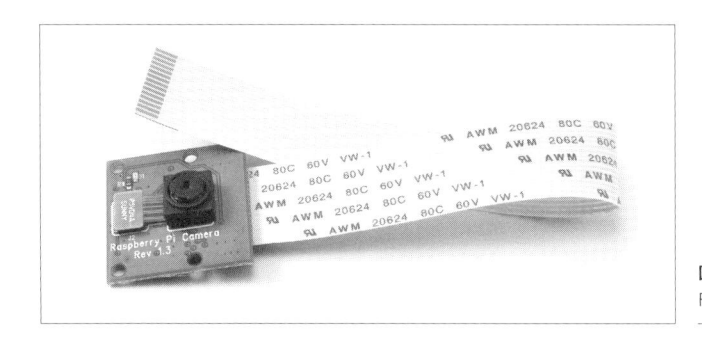

レシピ1.18：Raspberry Piカメラモジュールをインストールする

> **課題**

Raspberry Piカメラモジュール（350ページの「モジュール」を参照）を使いたい。

> **解決**

Raspberry Piカメラモジュール（図1-17）は、リボンケーブルでRaspberry Piに接続する。

図1-17
Raspberry Piカメラモジュール

このケーブルは、イーサネットソケットの後ろにある専用のコネクタにつなぐ。取り付けるには、コネクタの両側にあるレバーを持ち上げてロックを解除し、それからケーブルの接続端子がイーサネットソケットの反対側を向くようにして、ケーブルをスロットに差し込む。コネクタのレバーを押し込んで元の位置に戻し、ケーブルをしっかりとロックする（図1-18）。

> ⚠️ カメラモジュールのパッケージには、静電気に弱いと書かれている。そのため取り扱う前には、たとえばPCの金属製ケースなどの接地されたものに触って、静電気を放電させること。

図1-18
Raspberry Piカメラモジュールの取り付け

カメラモジュールを使うには、ソフトウェアの構成が必要となる。最も簡単なのは、raspi-configを使う方法だ（レシピ1.12）。raspi-configユーティリティを実行するには、ターミナルから次のコマンドを入力する。

```
$ sudo raspi-config
```

すると、図1-19のようなオプションのリストが表示されるはずだ。

図1-19
raspi-config構成オプション

「5 Enable Camera」というオプションがリストの中にない場合には、ターミナル（レシピ3.2）から次のコマンドを実行してオペレーティングシステムを更新する必要がある。

```
$ sudo apt-get update
$ sudo apt-get upgrade
```

これを行うためには、インターネット接続が必要だ。2番目のコマンドは、完了までに数分間かかるかもしれない。完了したら、Raspberry Piをシャットダウンする（レシピ1.17）。

Raspberry Piを再起動し、raspi-configを実行すると、カメラを有効にするオプションが表示されているはずだ（図1-20）。

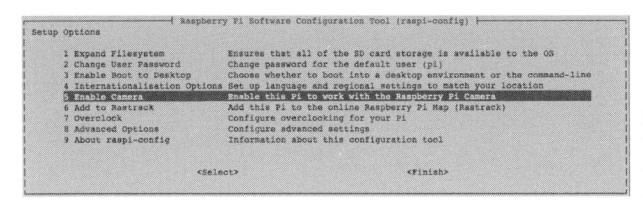

図1-20
更新後のraspi-config構成オプション

静止画像やビデオをキャプチャするには、raspiStillとraspividというコマンドを使う。

静止画像を1つキャプチャするには、次のようにraspiStillを使えばよい。

```
$ raspistill -o image1.jpg
```

約5秒間プレビュー画面が表示された後、写真が撮影されてimage1.jpgという名前で現在のディレクトリに保存される。

ビデオをキャプチャするには、raspividコマンドを使う。

```
$ raspivid -o video.h264 -t 10000
```

最後の数字には、録画時間（この場合には10秒）をミリ秒単位で指定する。

● 解説

raspiStillとraspividには、それぞれ膨大なオプションがある。どちらのコマンドも引数を指定せずに入力すると、利用できるオプションを示すヘルプオプションが表示される。

カメラモジュールを使って、高解像度の静止画像やビデオの録画が可能だ。

カメラの主要な性能は次のとおり。

- 5メガピクセルのセンサー
- 固定焦点のf/2レンズ
- 静止画像の解像度：1,920×1,080
- ビデオ：1080p 30fps

カメラモジュールの代わりに、USBウェブカムを使うこともできる（レシピ4.5）。[21]

● 参考

RaspiCamのドキュメント（http://www.farnell.com/datasheets/1730389.pdf）には、raspiStillとraspividの説明も含まれている。

---

[21] 訳注：Raspberry Piカメラモジュールは、アールエスコンポーネンツ（http://jp.rs-online.com/web/p/video-modules/7757731/）やスイッチサイエンス（http://www.switch-science.com/catalog/1432/）などから購入できる。

2章　ネットワーク接続

Raspberry Piは、インターネットと接続するようにデザインされている。インターネットとの通信はRaspberry Piの主要な特長の1つであり、ホームオートメーションやウェブサーバ、あるいはネットワーク監視など、さまざまな利用の可能性を広げるものだ。

この接続はイーサネットケーブルを使って有線で行うこともできる（これは少なくともモデルBの場合に当てはまる）し、USB WiFiモジュールを利用して接続することも可能だ。

Raspberry Piをネットワークに接続すると、別のコンピュータから遠隔操作ができるようにもなる。これは、Raspberry Pi自体が手の届かない場所にある場合や、キーボードやマウスやモニタが接続されていない場合に、とても役に立つ。

この章ではRaspberry Piをインターネットへ接続し、ネットワーク経由でリモートコントロールするレシピを紹介する。

レシピ2.1：有線LANへ接続する

● 課題

有線LAN接続を利用してRaspberry Piをインターネットへ接続したい。

● 解決

まず、Raspberry PiモデルAの場合に問題となるのはイーサネットのRJ45コネクタがないことだ。この場合には無線USBアダプタを使ってインターネットへアクセスするのがよいだろう（レシピ2.5を参照）。

Raspberry PiモデルBの場合には、イーサネットケーブルをRJ45ソケットに差し込み、反対側をネットワークハブ（以下、ハブ）あるいはルータの空いているLANポートに接続する（図2-1）。

Raspberry PiがLANへ接続されると、Raspberry Pi上のステータスLED［LINK］が点滅を始めるはずだ。

● 解説

RaspbianとOccidentalisの（実際にはRaspberry Pi用のほとんどすべての）ディストリビューションは、どんなネットワークにもDHCP（動的ホスト構成プロトコル）を利

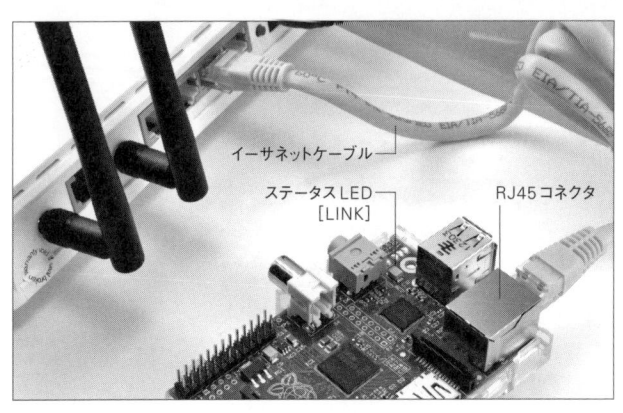

図2-1
Raspberry Piをハブへ接続したところ

用して接続するようにあらかじめ設定されている。このため、LAN上でDHCPが有効になっていれば、IPアドレスが自動的に割り当てられる。

ハブに接続した際にRaspberry PiのステータスLED［LINK］が点灯しない場合には、間違ってハブの**アップリンク**ポートへ接続していないことをチェックしてほしい。それでもうまくいかなければケーブルを変えてみてほしい。[*1]

LEDは点滅するのにRaspberry Piのブラウザからインターネットへ接続できない場合には、ハブの管理コンソールでDHCPが有効になっていることをチェックしてみてほしい。図2-2に示すようなオプションがあるはずだ。

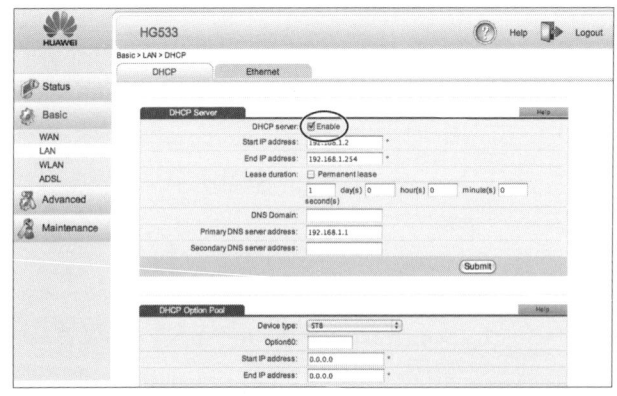

図2-2
ハブでHDCPを有効にする

▶参考

無線LANへの接続については、レシピ2.5を参照してほしい。

[*1] 訳注：**クロス**ケーブルを使っていないこともチェックしてほしい。通常、ネットワーク機器への接続に使用するのは**ストレート**ケーブルだ。

レシピ2.2：IPアドレスを知る

◉ 課 題

Raspberry Piをウェブサーバとして接続したり、ファイルを交換したり、SSH（レシピ2.7）やVNC（レシピ2.8）を用いて遠隔操作するために、IPアドレスを知りたい。

IPアドレスは、ネットワーク内でコンピュータのネットワークインタフェースを一意に識別する、4つの数から構成される値だ。4つの数はドットで分けられる。

◉ 解 決

Raspberry PiのIPアドレスを知るには、ターミナルウィンドウで次のコマンドを実行する。

```
$ sudo ifconfig
eth0      Link encap:Ethernet  HWaddr b8:27:eb:d5:f4:8f
          inet addr:192.168.1.16  Bcast:192.168.255.255  Mask:255.255.0.0
          UP BROADCAST RUNNING MULTICAST  MTU:1500  Metric:1
          RX packets:1114 errors:0 dropped:1 overruns:0 frame:0
          TX packets:1173 errors:0 dropped:0 overruns:0 carrier:0
          collisions:0 txqueuelen:1000
          RX bytes:76957 (75.1 KiB)  TX bytes:479753 (468.5 KiB)

lo        Link encap:Local Loopback
          inet addr:127.0.0.1  Mask:255.0.0.0
          UP LOOPBACK RUNNING  MTU:16436  Metric:1
          RX packets:0 errors:0 dropped:0 overruns:0 frame:0
          TX packets:0 errors:0 dropped:0 overruns:0 carrier:0
          collisions:0 txqueuelen:0
          RX bytes:0 (0.0 B)  TX bytes:0 (0.0 B)

wlan0     Link encap:Ethernet  HWaddr 00:0f:53:a0:04:57
          inet addr:192.168.1.13  Bcast:192.168.255.255  Mask:255.255.0.0
          UP BROADCAST RUNNING MULTICAST  MTU:1500  Metric:1
          RX packets:38 errors:0 dropped:0 overruns:0 frame:0
          TX packets:28 errors:0 dropped:0 overruns:0 carrier:0
          collisions:0 txqueuelen:1000
          RX bytes:6661 (6.5 KiB)  TX bytes:6377 (6.2 KiB)
```

このifconfigの実行結果を見ると、Raspberry Piは2つのネットワークに接続されていることがわかる。1つはIPアドレスが192.168.1.16の有線LAN（eth0）、もう1つはIPアドレスが192.168.1.13の無線LAN（wlan0）だ。

◉ 解 説

これを見てわかるように、Raspberry Piは2つ以上のIPアドレス（つまり、ネットワーク接続ごとに1つずつ）を持つことができる。有線と無線の両方の接続ポートを使用している場合には、2つのIPアドレスが存在することになる。しかし通常は、両方ではなくど

ちらか片方だけを使って接続することになるだろう。

　IPアドレスを知るもう1つの方法は、接続しているハブの管理コンソールへアクセスして管理ページを開き、ルーティングテーブルを見ることだ。そこに`raspberrypi`という名前のデバイスがあって、その隣にIPアドレスが表示されているはずだ。

▶参考

　Wikipedia（http://ja.wikipedia.org/wiki/IP_address）には、IPアドレスに関するさまざまな情報が掲載されている。

レシピ2.3：IPアドレスを静的に設定する

▶課題

Raspberry Piに、IPアドレスを静的に設定したい。

▶解決

　有線の接続の場合でも無線の接続の場合でも、Raspberry PiにIPアドレスを設定するには設定ファイル`/etc/network/interfaces`を編集する必要がある。

　次のコマンドを使って、`/etc/network/interfaces`を開く。

```
$ more /etc/network/interfaces
```

このように表示されるはずだ。

```
iface lo inet loopback

iface eth0 inet dhcp

iface wlan0 inet dhcp
    wpa-ssid "ssidgoeshere"
    wpa-psk "passwordgoeshere"
```

これを編集するには、次のコマンドを入力する。

```
$ sudo nano /etc/network/interfaces
```

　有線接続の場合には`eth0`のセクションを、無線接続の場合には`wlan0`のセクションを変更する。

　まず、使用するIPアドレスを決める。接続するLANで使用可能な、そしてどのマシンでも使われていないIPアドレスを選ぶ必要がある。

　次に、ファイルの内容を変更する。`dhcp`を`static`に変更し、次のような行を追加する。

```
        address 192.168.1.16
        netmask 255.255.255.0
        gateway 192.168.1.1
```

　変更後のファイルは次のようになるはずだ。ここでは、インタフェースeth0にIPアドレス192.168.1.16を静的に割り当てている。

```
iface lo inet loopback

iface eth0 inet static
    address 192.168.1.16
    netmask 255.255.255.0
    gateway 192.168.1.1

iface wlan0 inet dhcp
    wpa-ssid "ssidgoeshere"
    wpa-psk "passwordgoeshere"
```

　ほとんどのネットワークでは、ネットマスクは255.255.255.0に設定し、ゲートウェイはハブのIPアドレスに設定することになる。ハブのIPアドレスは、その管理コンソールへ接続する際に指定するIPアドレスだ。
　ファイルを編集し保存した後で、Raspberry Piを再起動すると変更が有効となる。

● 解説
　LAN内のIPアドレスは、通常192.168.1.16のような数値だ。最後の値は、コンピュータごとに異なる。他にローカルIPアドレスによく見られる数値には10.0.0.16のようなものもある。

● 参考
　Wikipedia（http://ja.wikipedia.org/wiki/IP_address）には、IPアドレスに関するさまざまな情報が掲載されている。

レシピ2.4： Raspberry Piのネットワーク名を設定する

● 課題
　Raspberry Piのネットワーク名を、「raspberrypi」から変更したい。

● 解決
　Raspberry Piのネットワーク名を変えるのは簡単だ。2つのファイルを変更すればよい。
　まず、ファイル/etc/hostnameを編集する。そのためには、ターミナルウィンドウを開いて次のコマンドを入力すればよい。

```
$ sudo nano /etc/hostname
```

ファイルの中で「raspberrypi」となっている部分を好きな名前に変更する。これは、句読点や特殊文字を含まない1つの単語でなくてはならない。「_（アンダースコア）」も使わないこと。[*2]

そして、次のコマンドでファイル/etc/hostsをエディタで開く。

```
$ sudo nano /etc/hosts
```

ファイルの内容は次のようになっている。

```
127.0.0.1       localhost
::1             localhost ip6-localhost ip6-loopback

fe00::0         ip6-localnet
ff00::0         ip6-mcastprefix
ff02::1         ip6-allnodes
ff02::2         ip6-allrouters
127.0.1.1       raspberrypi
```

最後の行の現在の名前（「raspberrypi」）を、新しい名前に変更する。

Raspberry Piを再起動すると、LAN上の別のコンピュータから新しい名前で見えるようになっているはずだ。

◉解説

特にネットワーク上に2台以上のRaspberry Piがある場合には、名前を変更しておくのが便利だ。

◉参考

Raspberry PiのIPアドレスを変更する方法については、レシピ2.3を参照してほしい。

レシピ2.5： 無線LAN接続を設定する

◉課題

USB無線アダプタを使って、Raspberry Piをインターネットへ接続したい。

◉解決

Raspbianの最新バージョンを使っている場合、デスクトップ上にWiFi Configユーティリティへのショートカットがあるので、無線接続の設定はとても簡単だ。最新のディ

[*2] 訳注：ただし、すぐ下の例にもあるように、「-（マイナス記号）」は使用できる。

ストリビューションを使っていない場合には、まず最新のものへ更新してほしい（レシピ1.4から1.8を参照）。

　適合USBアダプタ（たいていのものは適合している）をRaspberry PiのUSBソケットへ差し込んで、WiFi Configユーティリティを起動して（図2-3）、[Scan]ボタンをクリックするとアクセスポイントが検索される。接続したいアクセスポイントをダブルクリックして、PSKフィールドへパスワードを入力する。[*3]

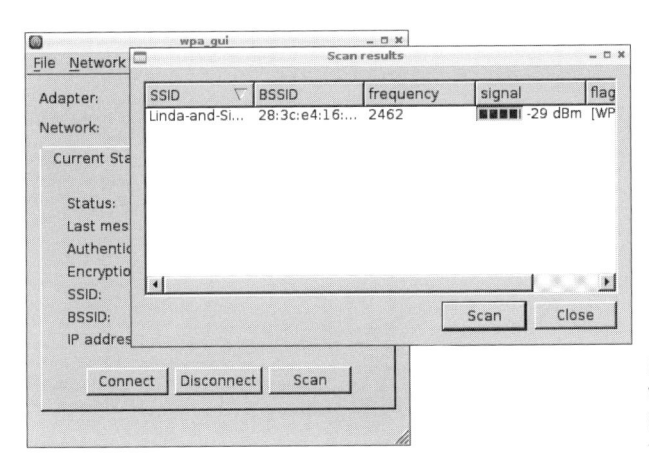

図2-3
WiFi Configがネットワークを検索しているところ

　最後に、[Connect]ボタンをクリックすればネットワークへ接続される。

● 解説

　USB WiFiアダプタはかなりの電力を消費するので、もしRaspberry Piが突然リブートしたりブートに失敗したりする場合には、もっと容量の大きい電源に交換する必要があるかもしれない。1.5Aか、それ以上の電源を使うようにしてほしい。

　キーボードとマウスも使っている場合、USBソケットが足りなくなるかもしれない。その場合には、USBハブを使えばよい。このとき、アダプタから電源を供給するセルフパワー型のUSBハブを使えば、電力の問題も解決できるだろう。

● 参考

　有線接続については、レシピ2.1も参照してほしい。Raspberry Piに適合するWiFiアダプタのリストは、http://elinux.org/RPi_VerifiedPeripheralsにある。

---

*3　訳注：訳者はバッファローのWLI-UC-AG301Nという（少々古めの）USB WiFiアダプタを使用して、問題なく無線LANへ接続することができた。上記の手順を補足すると、パスワードを入力した後に[Add]ボタンをクリックしてアクセスポイントのウィンドウを閉じ、次に[Close]ボタンをクリックしてスキャン結果のウィンドウを閉じる。

レシピ2.6： コンソールケーブルで接続する

◉課題
ネットワーク接続が利用できない場合に、別のコンピュータからRaspberry Piを遠隔操作したい。

◉解決
コンソールケーブルを使ってRaspberry Piに接続すればよい。

コンソールケーブルは、「ヘッドレス」つまりキーボードやマウスやモニタなしで利用されるRaspberry Piには非常に便利なものだ。図2-4に示すコンソールケーブルは、Adafruitから入手できる。[*4]

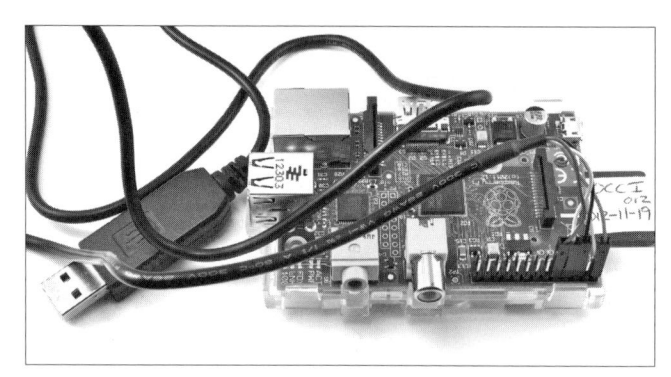

図2-4
コンソールケーブル

コンソールケーブルを接続する手順を次に示す。

1. 図2-4に示すように、赤い線を右下のピン（5V）に接続する。
2. ピンを1個飛ばして、黒い線をGNDに接続する。
3. 白い線を、黒い線の左（TXD）に接続する。
4. 緑の線を、白い線の左（RXD）に接続する。

コンソールケーブルの赤い線は5V電源で、Raspberry Pi自体の動作には十分な電力を供給してくれるが、あまり多くのデバイスは接続できないことにも注意してほしい。

WindowsやMacの場合、コンソールケーブル用のドライバをインストールする必要がある。Windows用はhttp://www.prolific.com.tw/US/ShowProduct.aspx?p_id=225&pcid=41 から、Mac用はhttp://sourceforge.net/projects/osx-pl2303/ から入手できる。

[*4] 訳注：日本では、スイッチサイエンス（http://www.switch-science.com/catalog/1196/）などから購入できる。

MacからRaspberry Piへ接続するには、ターミナルを実行して次のコマンドを入力する。

```
$ screen /dev/cu.PL2303-00001004 115200
```

正確なデバイス名は違っているかもしれないが、cu.Pと入力してタブキーを押せば、自動的に補完してくれる。接続されてからエンターキーを押せば、Raspberry Piのログインプロンプトが表示されるはずだ（図2-5）。デフォルトのユーザ名とパスワードは、それぞれpiとraspberryとなっている。

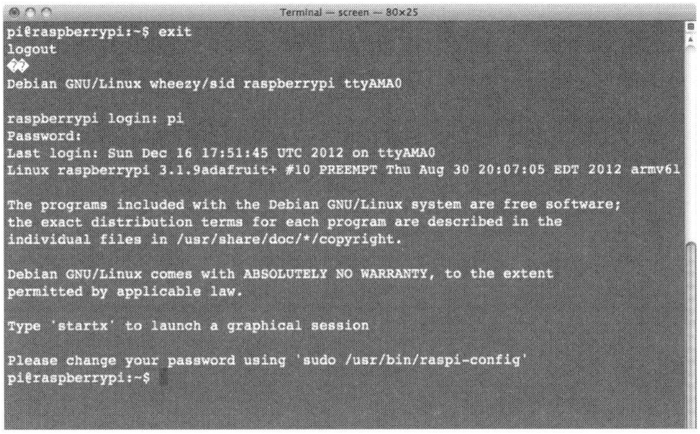

図2-5
シリアルコンソールからのログイン

WindowsコンピュータからRaspberry Piへ接続する場合には、Putty（http://www.putty.org）というターミナルソフトウェアをダウンロードする必要がある。[5]

Puttyを実行した際、「Connection type（接続タイプ）」をSerialに、「Speed（スピード）」を115200に変更すること。また「Serial Line（シリアルポート）」を、ケーブルが使っているCOMポートに設定する必要がある。これはCOM7になっていることが多いが、これでうまくいかなければWindowsのデバイスマネージャーを使って調べてほしい。

[Open]ボタンをクリックしてエンターキーを押すと、ターミナルセッションが開始され、ログインプロンプトが表示されるはずだ。[6]

◉解説

コンソールケーブルはRaspberry Piの電源供給と遠隔操作の両方の役に立つので、荷物を軽くしたい場合にとても便利だ。

◉参考

シリアルコンソールの使い方については、Adafruitのチュートリアル（http://learn.adafruit.com/adafruits-raspberry-pi-lesson-5-using-a-console-cable）に詳しく書か

---

[5] 訳注：オリジナルのPuttyは日本語に完全には対応していないが、hdk氏によって日本語化されたPuTTYjp（http://hp.vector.co.jp/authors/VA024651/PuTTYkj.html）などが利用できる。またTeraTerm（http://sourceforge.jp/projects/ttssh2/）もよく使われている。

[6] 訳注：日本語を表示させるには、文字セットをUTF-8に設定する必要がある。

れている。AdafruitではコンソールケーブルもFF売している。

レシピ2.7： SSHを使ってRaspberry Piをリモート制御する

▶課題

セキュアシェル（SSH）を使って、離れた場所にある別のコンピュータからRaspberry Piへ接続したい。

▶解決

Raspberry PiでSSHを設定するには、`raspi_config`ツールを使うのが最も簡単だ。これは、RaspbianでRaspberry Piを最初にブートアップした際に起動される。またターミナルで次のコマンドを入力すれば、いつでも起動できる。

```
$ sudo raspi-config
```

「8 Advanced Options」を選択し、さらに「A4 SSH」を選択して、これをEnable（有効）にする。

> Raspbianの新しいバージョンではSSHは自動的に有効化されるので、設定を変更する必要はない。

Raspberry Piへ接続するコンピュータがMacやLinuxの場合には、ターミナルウィンドウを開いて次のコマンドを入力すればよい。

```
$ ssh 192.168.1.12 -l pi
```

ここで指定するIPアドレスは、Raspberry PiのIPアドレスだ（レシピ2.2）。表示されるプロンプトに対してパスワードを入力すれば、Raspberry Piへログインできる（図2-6）。

Windowsコンピュータから接続するには、Putty（図2-5）を使ってSSHセッションを開始する必要がある。

▶解説

SSHは、離れた場所にあるコンピュータへ接続するために非常によく使われる方法だ。Raspberry Piで実行できるコマンドは、すべてセキュアシェルから使用できる。名前が示すとおり、通信が暗号化されるのでセキュア（安全）である。

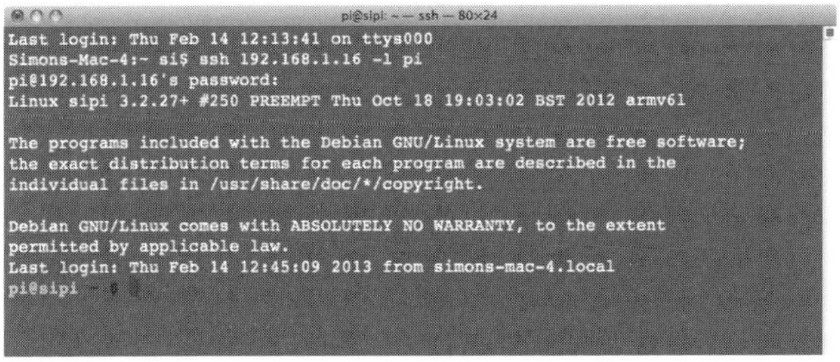

図2-6
SSHからのログイン

おそらく唯一の欠点は、コマンドラインインタフェースであって、グラフィカルな環境を提供してくれないことだろう。離れた場所からRaspberry Piのデスクトップ環境へアクセスする必要があるなら、VNCを使うことになる（レシピ2.8）。

●参考

Adafruitのチュートリアル（http://learn.adafruit.com/adafruits-raspberry-pi-lesson-6-using-ssh）も参考にしてほしい。

レシピ2.8： VNCを使ってRaspberry Piを遠隔操作する

●課題

WindowsやMacから、Raspbianのグラフィカルなデスクトップを使いたい。

●解決

VNC（仮想ネットワーク接続）サーバをインストールする。

Raspberry Piへのターミナルセッション（またはSSHセッション）を開き、次のコマンドを実行する。

```
$ sudo apt-get update
$ sudo apt-get install tightvncserver
```

これでVNCサーバ（TightVNC Server）がインストールできた。実行するには次のコマンドを使う。

```
$ vncserver :1
```

最初に起動した際には、新しいパスワードの作成を要求するプロンプトが表示される。リモートからの接続については常に、このパスワードを入力しないとRaspberry Piへのアクセスが許可されない。

リモートのコンピュータからRaspberry Piへ接続するには、VNCクライアントをインストールする必要がある。よく使われているのはRealVNC（http://www.realvnc.com）

だが、TightVNCでも大丈夫だ。

　MacやPCでクライアントプログラムを実行する際には、接続しようとしているVNCサーバのIPアドレス（Raspberry PiのIPアドレス）の入力が求められる。IPアドレスの後に「:1」を入力すると、番号1のディスプレイへ接続したいという意味になる。

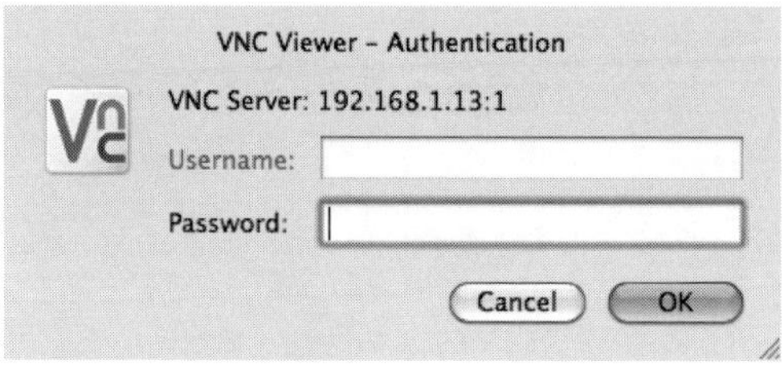

図2-7　VNCサーバへのログイン

　次に、パスワードを要求するプロンプトが表示される。これは、先ほどTightVNC Serverをインストールした後に設定したパスワードなので、通常のRaspberry Piのパスワードと同じとは限らないことに注意してほしい（図2-7）。

● 解説

　たいていのことはSSHでできるが、Raspberry Piのデスクトップ環境にアクセスできるようにしておけば便利なこともある。

　Raspberry Piを再起動した際にVNCサーバを自動的にスタートさせたい場合には、次のようにすればよい。

```
$ cd /home/pi
$ cd .config
$ mkdir autostart
$ cd autostart
$ nano tightvnc.desktop
```

そしてこのファイルに、次の設定を貼り付ける。

```
[Desktop Entry]
Type=Application
Name=TightVNC
Exec=vncserver :1
StartupNotify=false
```

　Raspberry Piを自動的にログインしてデスクトップ環境が立ち上がるように設定しておけば、リブート時にVNCサーバが自動的に立ち上がるようになる。

● 参考

　Adafruitのチュートリアル（http://learn.adafruit.com/adafruit-raspberry-pi-lesson-7-remote-control-with-vnc）も参考にしてほしい。

レシピ2.9： Macネットワーク上でファイルを共有する

●課題

MacのFinder上のコンピュータのリストにRaspberry Piが表示されるようにして、Finderを使ってRaspberry Piへ接続し、ファイルシステムをブラウズできるようにしたい。

●解決

Mac OS Xオペレーティングシステムには、ネットワーク上のファイルをFinderで閲覧する機能が組み込まれている（図2-8）。しかし、MacのFinderに表示できるようにするためには、Raspberry Piにいくつかの構成変更を行わなくてはならない。

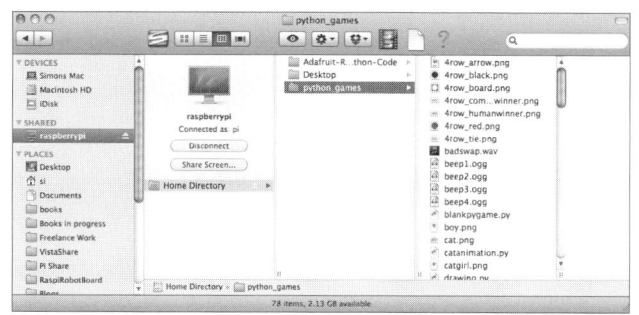

図2-8
Mac Finder上のRaspberry Pi

まず、Raspberry PiのIPアドレスを知っておく必要がある（レシピ2.2）。
Raspberry Pi上で次のコマンドを実行し、netatalkをインストールする。

```
$ sudo apt-get install netatalk
```

次にMacへ戻り、Finderのメニューから［移動］（Go）→［サーバへ接続］（Connect to Server）を選択し、サーバのアドレスとして**afp://192.168.1.16**を入力する（このIPアドレスは使用するRaspberry Piのものを入力すること）。そして［接続］（Connect）をクリックすると、ログインプロンプトが表示されるはずだ。筆者の場合、ログインプロンプトを出すためにはRaspberry Piをリブートする必要があった。

ユーザ名piとパスワード（デフォルトはraspberry）でログインすると、FinderにRaspberry Pi上のホームディレクトリの内容が表示されるはずだ。

さて、Raspberry Piの構成をもう少し変更してみよう。

```
$ sudo apt-get install avahi-daemon
$ sudo update-rc.d avahi-daemon defaults
```

そして、次のコマンドを入力する。

```
$ sudo nano /etc/avahi/services/afpd.service
```

このファイルに、次のコードを貼り付ける。

```
<?xml version="1.0" standalone='no'?><!--*-nxml-*-->
<!DOCTYPE service-group SYSTEM "avahi-service.dtd">
<service-group>
    <name replace-wildcards="yes">%h</name>
    <service>
        <type>_afpovertcp._tcp</type>
        <port>548</port>
    </service>
</service-group>
```

デーモンを起動するために、次のコマンドを入力する。[*7]

```
$ sudo /etc/init.d/avahi-daemon restart
```

Macに戻ると、Raspberry PiがFinderから見えるようになっているはずだ。

●解説

MacとRaspberry Piとの間でファイルを簡単にやり取りできるのはとても便利だ。つまり、キーボードやマウスやモニタを接続しなくても、Raspberry Pi上のファイルを使えるようになる。

またRaspberry Pi上のファイルを、まるでMacにあるかのように開くこともできる。これには、TextMateなどのお気に入りのMacのテキストエディタでRaspberry Pi上のファイルを編集できるという利点がある。

WindowsやLinuxを使っている場合、Raspberry PiをNAS（ネットワーク接続ストレージ）として動作するように構成してファイルを共有することもできる。レシピ2.11を参照してほしい。

●参考

ここで説明した手順は、「4DC5」のチュートリアル（http://4dc5.com/2012/06/12/setting-up-vnc-on-raspberry-pi-for-mac-access/）から引用したものだ。これには、Matt RichardsonとShawn Wallaceの著書『Raspberry Piをはじめよう』（オライリー・ジャパン）がオリジナルのソースとしてクレジットされている。

[*7] 訳注：ここで「avahi-daemon disabled because there is a unicast .local domain」というエラーメッセージが表示されてデーモンが起動できない場合は、「sudo rm /var/run/avahi-daemon/disabled-for-unicast-local」としてから、もう一度試してみてほしい。

レシピ2.10：Raspberry Piの画面をMac上で共有する

❷ 課題

VNCは設定してあるが、あたかもネットワーク上のもう1台のMacであるかのように、Raspberry Piの画面を共有したい。

❷ 解決

まず、レシピ2.8にしたがってVNCをインストールする。また、レシピ2.9も完了させておく必要がある。

そして、次のコマンドを入力する。

```
$ sudo nano /etc/avahi/services/rfb.service
```

このファイルに、次のコードを貼り付ける。

```
<?xml version="1.0" standalone='no'?>
<!DOCTYPE service-group SYSTEM "avahi-service.dtd">
<service-group>
    <name replace-wildcards="yes">%h</name>
    <service>
        <type>_rfb._tcp</type>
        <port>5901</port>
    </service>
</service-group>
```

そして、次のコマンドを入力する。[8]

```
$ sudo /etc/init.d/avahi-daemon restart
```

すると、図2-9のように［画面を共有］（Share Screen）オプションが表示されるはずだ。パスワードのプロンプトが表示されたら、通常のRaspberry Piのパスワードではなく、VNC用のパスワードを入力してほしい。

図2-9
Mac Finderで共有されたRaspberry Piの画面

❷ 解説

このレシピは、Raspberry Piの画面を共有するプロセスをちょっと便利にした

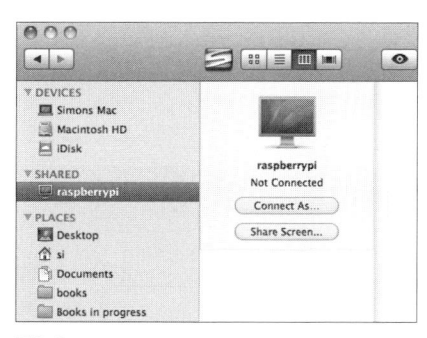

---

[8] 訳注：ここで「avahi-daemon disabled because there is a unicast .local domain」というエラーメッセージが表示されてデーモンが起動できない場合は、「sudo rm /var/run/avahi-daemon/disabled-for-unicast-local」としてから、もう一度試してみてほしい。

ものだ。

　ネットワーク上に2台以上のRaspberry Piがある場合、違う名前を付けてネットワーク上で区別できるようにしておく必要がある（レシピ2.4）。

　WindowsやLinuxを使っている場合でも、VNCを使ってRaspberry Piに接続することは可能だ（レシピ2.8）。

▶参考

　ここで説明した手順は、「4DC5」のチュートリアル（http://4dc5.com/2012/06/12/setting-up-vnc-on-raspberry-pi-for-mac-access/）から引用したものだ。これには、Matt RichardsonとShawn Wallaceの著書『Raspberry Piをはじめよう』（オライリー・ジャパン）がオリジナルのソースとしてクレジットされている。

レシピ2.11：Raspberry Piをネットワーク接続ストレージとして使う

▶課題

　ネットワーク上のコンピュータからRaspberry Piに接続された大容量のUSBドライブへアクセスできるようにして、Raspberry Piをネットワーク接続ストレージ（NAS）として使いたい。

▶解決

　この課題を解決するには、Sambaをインストールして構成すればよい。これを行うために、まず、次のコマンドを実行する。

```
$ sudo apt-get install samba
$ sudo apt-get install samba-common-bin
```

　Raspberry PiにUSBハードディスクを接続しよう。自動的に/mediaフォルダへマウントされるはずだ。これは、次のコマンドを使ってチェックできる。

```
$ cd /media
$ ls
```

　ドライブをフォーマットした際に付けた名前で、ドライブがリストされるはずだ。またRaspberry Piがリブートした際には、常に自動的にマウントされる。

　次に、このドライブをネットワーク上で共有できるように構成する必要がある。これを行うために、まずSambaのユーザ（pi）を追加する。次のコマンドとパスワードを入力してほしい。

```
$ sudo smbpasswd -a pi
New SMB password:
Retype new SMB password:
Added user pi.
```

またファイル/etc/samba/smb.confも変更する必要があるので、次のコマンドを入力する。

```
$ sudo nano /etc/samba/smb.conf
```

まず探してほしいのは、ファイルの先頭付近にある次の行だ。

```
workgroup = WORKGROUP
```

Windowsマシンから接続する予定があるときにだけ、これを変更する必要がある。これはWindowsのワークグループ名にしなくてはならない。Windows XPでは、デフォルトは「MSHOME」だ。それ以降のWindowsでは「HOME」だ（ただし、使用するWindowsネットワークをチェックすること）。

次に変更が必要なのは、ファイルのずっと後ろのほうにあるAuthenticationセクションだ。次の行を探してほしい。

```
# security = user
```

先頭の「#」を削除して、セキュリティをオンにする。

最後に、ファイルの最後までスクロールして、次の設定を追加してほしい。

```
[USB]
path = /media/NAS *9
comment = NAS Drive
valid users = pi
writeable = yes
browseable = yes
create mask = 0777
public = yes
```

ファイルを保存して、次のコマンドを入力してSambaを再起動する。

```
$ sudo /etc/init.d/samba restart
```

すべてうまくいっていれば、USBドライブはネットワーク上で共有されているはずだ。

❷ 解説

Macからこのドライブへ接続するには、Finderのメニューから［移動］（Go）→［サー

---

*9 訳注：ここでは、USBドライブの名前が「NAS」であると仮定している。それ以外の名前を付けた場合には、「path =」以降をそれに合わせて変更すること。

バへ接続］（Connect to Server）を選択する。次に、サーバアドレスのフィールドへ`smb://raspberrypi/USB`を入力し、［接続］（Connect）をクリックする。ログインダイアログボックスが表示されるはずだ。ここで、ユーザ名を`pi`に変更する必要がある（図2-10）。

　Windowsマシンから NASへ接続する場合、正確な手順はWindowsのバージョンによって変わってくる。しかし、基本的にはどこかの時点でネットワークアドレスを入力する必要があるので、その際には`\\raspberrypi\USB`と入力すればよい（図2-11）。

図2-10　Mac Finder からNASへの接続

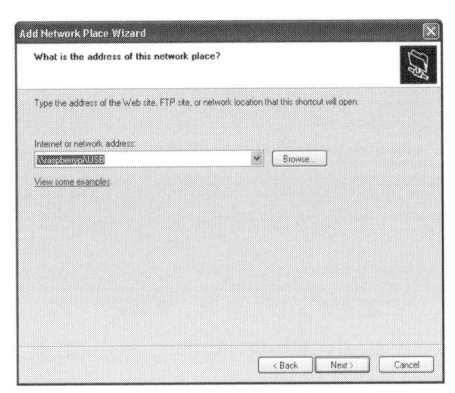

図2-11　WindowsからNASへの接続

　次にユーザ名とパスワードを要求するプロンプトが表示されるので、これらを入力するとNASディスクが使えるようになる（図2-12）。

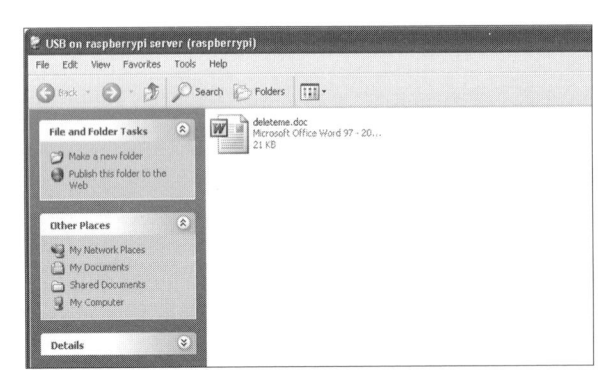

図2-12
Windows上でNASをブラウズしているところ

　Linuxの場合には、次のコマンドでNASドライブがマウントできるはずだ。

```
$ sudo mkdir /pishare
$ sudo smbmount -o username=pi,password=raspberry //192.168.1.16/USB /pishare
```
[*10]

◉ 参考

Raspberry Piのネットワーク名を、たとえば「piNAS」のようにすぐわかるものに変更しておいたほうがよいかもしれない（レシピ2.4）。

レシピ2.12： ネットワークプリンタに印刷する

◉ 課題

Raspberry Piを使って、ネットワークプリンタに印刷したい。

◉ 解決

CUPS（Common Unix Printing System）を使う。

まず、ターミナルで次のコマンドを入力してCUPSをインストールする。これには多少時間がかかるかもしれない。[*11]

```
$ sudo apt-get install cups
```

次のコマンドを入力して、CUPSの管理者権限を得る。

```
$ sudo usermod -a -G lpadmin pi
```

CUPSは、ウェブインタフェースを使って構成する。CUPS管理ページはMidoriやDilloウェブブラウザではうまく動作しないが、Iceweaselでは大丈夫だ。次のコマンドを入力すれば、Iceseaselブラウザがインストールできる。[*12]

```
$ sudo apt-get install iceweasel
```

[Start]メニューの[Internet]グループから[Iceweasel]を起動し、アドレス http://localhost:631 を開く。

[Administaration]タブをクリックし、[Add Printer]オプションを選択する。すると、ネットワーク上、またはRaspberry PiのUSBポートに直接接続されているプリンタのリストが表示されるはずだ（図2-13）。

その後、表示されるダイアログにしたがってプリンタを設定する。

◉ 解説

設定し終わったら、AbiWord（レシピ4.2）を起動してプリンタをテストしてみてほしい。何か文字を入力して印刷しようとすると、さっき追加したプリンタが表示されるはず

[*10] 訳注：ここでは、Raspberry PiのIPアドレスが192.168.1.16であると仮定している。レシピ2.2でIPアドレスを調べ、使用するRaspberry PiのIPアドレスに置き換えること。
[*11] 訳注：ここで（パッケージ間の依存関係のため）大量のパッケージがインストールされることになる。「続行しますか？」と聞かれたら「Y」と答えて、パッケージのインストールが完了するのを待とう。
[*12] 訳注：訳者が試したところ、Midoriブラウザを使っても（多少の表示上の問題はあったものの）CUPSに新規プリンタを追加し、印刷できた。

だ（図2-14）。

> **参考**
>
> CUPSの公式ウェブサイト（http://www.cups.org/）も参考にしてほしい。

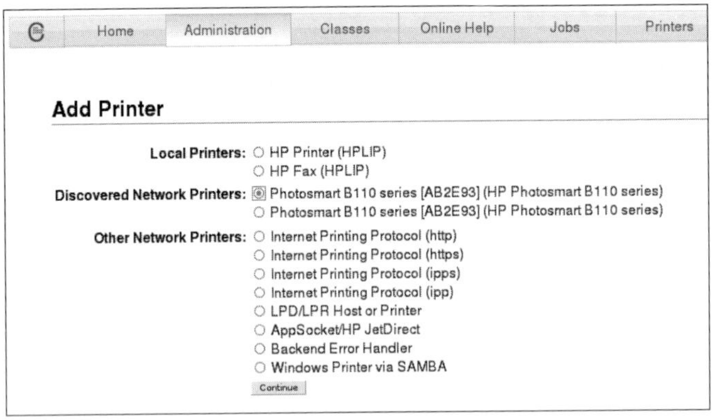

図2-13
CUPSでプリンタを見つける

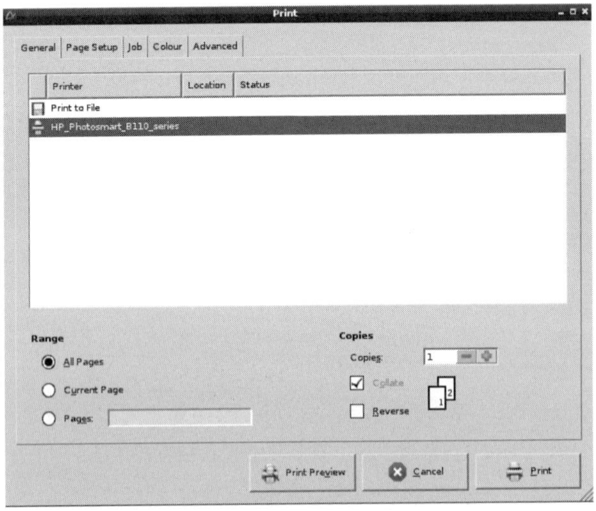

図2-14
AbiWordからの印刷

3章 | オペレーティングシステム

この章では、Raspberry Piで使われているLinuxオペレーティングシステムをさまざまな角度から見ていく。多くのレシピでは、コマンドラインを使用する。

レシピ3.1： グラフィカルにファイルを操作する

▶課題
MacやPCのように、グラフィカルなインタフェースを使ってファイルを操作したい。

▶解決
ファイルマネージャを使う。

このプログラムは、[スタート] メニューの [アクセサリ]（Accessories）グループの中にあるはずだ（図3-1）。

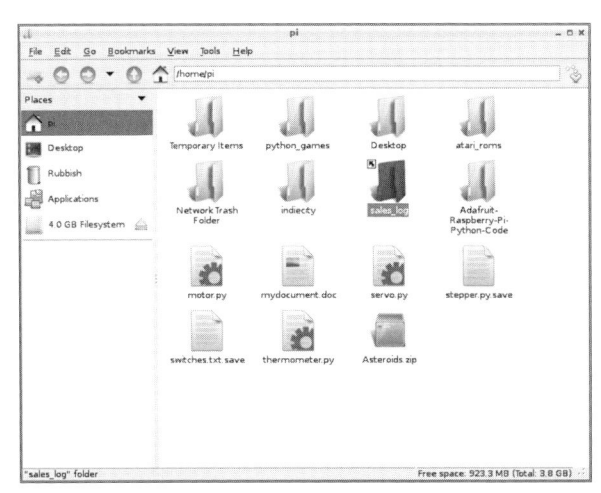

図3-1
ファイルマネージャ

▶解説
ファイルマネージャの左側にはマウントされているボリュームが表示されるので、USBフラッシュメモリや外付けUSBドライブを接続すれば、ここに表示されるはずだ。

中央の部分には現在のフォルダに存在するファイルが表示される。ツールバーのボタンを使って、あるいは上部のファイルパス領域にフォルダの場所を入力して、フォルダを行き来できる。

ファイルを右クリックすると、そのファイルに適用できるオプションが表示される（図3-2）。

●参考

レシピ3.4も参考にしてほしい。

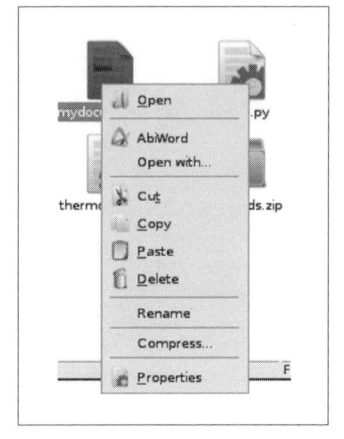

図3-2　ターミナルセッションを開始する

レシピ3.2： ターミナルセッションを開始する

●課題

Raspberry Pi上で、ターミナルからテキストコマンドを実行したい。

●解決

デスクトップ上のLX Terminalをダブルクリックする（図3-3）。デスクトップにショートカットがなければ、[スタート] メニューの [アクセサリ]（Accessories）グループからもLX Terminalを開くことができる。

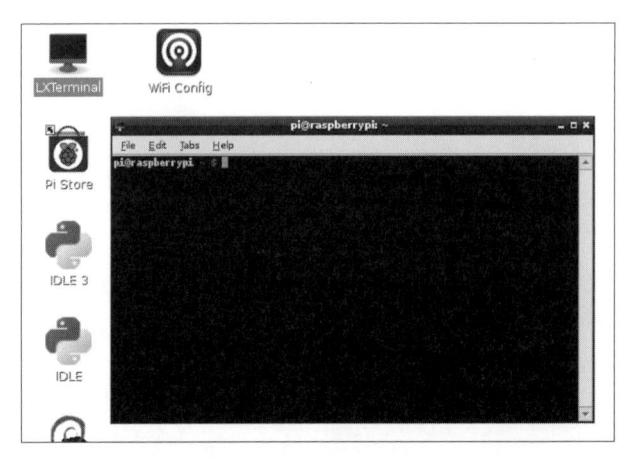

図3-3
LX Terminalを開いたところ

●解説

LX Terminalは、ホームディレクトリ（/home/pi）で起動する。

ターミナルセッションは、好きなだけたくさん開くことができる。異なるディレクト

リでいくつか開いておけば、いちいちcdを使ってディレクトリを移動する（レシピ3.3）必要がなくなるので便利だ。

> **参考**
>
> 次のセクション（レシピ3.3）では、ターミナルを使ってディレクトリ構造の中を移動する方法を説明する。

レシピ3.3： ターミナルを使ってファイルシステム内を移動する

> **課題**
>
> ターミナルでディレクトリを変更しファイルシステム内を移動する方法を知りたい。

> **解決**
>
> ファイルシステム内を移動する際、主に使うコマンドはcd（change directoryの略）だ。cdの後には、移動したい先のディレクトリを指定する。[*1] これは現在のディレクトリに対する**相対**パスであっても、ファイルシステム内の位置を示す**絶対**パスであってもよい。50ページの「解説」も参考にしてほしい。
>
> 現在のディレクトリを知るには、pwd（print working directoryの略）コマンドを使えばよい。

> **解説**
>
> いくつか例を示してみよう。ターミナルセッションを開いた際、次のようなプロンプトが表示されているはずだ。

```
pi@raspberrypi ~ $
```

コマンドを実行するたびに表示されるこのプロンプト（pi@raspberrypi ~ $）は、ユーザ名（pi）とコンピュータ名（raspberrypi）を教えてくれる。また~という文字は、ホームディレクトリ（/home/pi）を意味する。したがって、どんな場合でも次のコマンドを実行すれば、現在のディレクトリをホームディレクトリへ変更できることになる。[*2]

```
$ cd ~
```

[*1] 訳注：引数を何も指定せずにcdを実行すると、ホームディレクトリ（/home/pi）へ移動する。
[*2] 訳注：先ほど説明したように、実際にはcdだけでよい。

> この本を通して、先頭に「$」が付いていれば、その行ではコマンドを入力することを示す。コマンドラインから返ってくる応答については、行頭に何も付けずにそのとおりに表示する。

先ほどのコマンドで、ディレクトリがホームディレクトリに変更されたことを確かめるには、pwdコマンドを使う。

```
$ pwd
/home/pi
```

ディレクトリ構造の中で1つ上のレベルに上がるには、次のように..（ドット2つ）という特別な引数をcdの後に指定する。

```
$ cd ..
$ pwd
/home
```

すでに気付いていると思うが、ある特定のファイルやディレクトリへのパスは、単語を/で区切ったものになる。したがって、ファイルシステム全体のルート（根本）は/であり、/の中のhomeというディレクトリへアクセスするには/homeとすればよいことになる。同様に、その中のpiというディレクトリを指すには、/home/piとすればよい。パスの最後の/は省略できる。

また、パスは絶対パス（/で始まる、ルートからの完全なパスを指定する）であってもよいし、現在の作業ディレクトリからの相対パスであってもよい（この場合にはパスは/以外の文字で始まる）。

自分のホームディレクトリの中のファイルへは読み書きどちらのアクセスも可能だが、システムファイルやアプリケーションが保存されている場所では一部のファイルへのアクセスが読み出しのみに制限される。これを無視することもできる（レシピ3.11）が、十分な注意が必要だ。

次のコマンドを入力して、ディレクトリ構造の**ルート**を調べてみよう。

```
$ cd /
$ ls
bin   dev   home  lost+found  mnt   proc  run   selinux  sys   usr
boot  etc   lib   media             opt   root  sbin     srv   tmp   var
```

ls（listの略）コマンドは、ルートディレクトリ（/）の下にあるすべてのファイルとディレクトリを教えてくれる。ここにhomeディレクトリ（さっきまではこの下にいた）が表示されていることがわかるだろう。

コマンドを使って、これらのディレクトリの1つの中に入ってみよう。

```
$ cd etc
$ ls
adduser.conf           hosts.deny            polkit-1
alternatives           hp                    profile
apm                    iceweasel             profile.d
apparmor.d             idmapd.conf           protocols
apt                    ifplugd               pulse
asound.conf            init                  python
```

　ここで、いくつか気が付くことがある。1つは、一度に画面上に収まる数よりも多くのファイルとフォルダが存在することだ。この場合、ターミナルウィンドウの横にあるスクロールバーを使って、上下に移動できる。

　次に、ファイルとフォルダが色分けされていることがわかる。ファイルは白で、ディレクトリは青で表示される。

　タイピングが大好きな人は別として、タブキーを使えば入力の手間が省けて便利だ。ファイルの名前の最初の部分を入力してからタブキーを押せば、自動補完機能がファイル名を補完してくれる。たとえば、networkというディレクトリへ移動したい場合、cd netwとだけ入力してタブキーを押せばよい。netwで始まるファイルやディレクトリは他にないので、タブキーで自動補完が行われる。

　入力した文字だけではファイルやディレクトリ名が一意に決まらない場合には、タブキーを押すとそこまでの入力と一致する候補のリストが表示される。したがって、netとだけ入力してタブキーを押せば、次のようなことになるだろう。

```
$ cd net
netatalk/ network/
```

　lsの後に引数を指定すると、リストする範囲を限定することができる。/etcディレクトリの下で、次のコマンドを実行してみよう。

```
$ ls f*
fake-hwclock.data fb.modes fstab fuse.conf

fonts:
conf.avail conf.d fonts.conf fonts.dtd

foomatic:
defaultspooler direct filter.conf

fstab.d:
pi@raspberrypi /etc $
```

　*文字は、ワイルドカードと呼ばれる。lsの後にf*を指定すると、fで始まるものす

べてをリストせよ、という意味になる。

　その結果は便利なことに、まず/etc配下のfで始まるファイルをすべてリストし、それからfで始まるすべてのディレクトリの内容をリストしてくれる。

　ワイルドカードがよく使われるのは、特定の拡張子を持つファイルをすべてリストする際だ（たとえば、`ls *.docx`）。

　Linuxの慣習として（その他の多くのオペレーティングシステムでも）、ユーザの目から隠しておきたいファイルにはピリオドで始まる名前を付ける。そのような名前の付いたファイルやフォルダは、次のように`ls`に`-a`オプションを付けない限り、表示されない。[*3]

```
$ cd ~
$ ls -a
.                               Desktop              .pulse
..                              .dillo               .pulse-cookie
Adafruit-Raspberry-Pi-Python-Code  .dmrc             python_games
.advance                        .emulationstation    sales_log
.AppleDB                        .fltk                servo.py
.AppleDesktop                   .fontconfig          .stella
.AppleDouble                    .gstreamer-0.10      stepper.py.save
Asteroids.zip                   .gvfs                switches.txt.save
atari_roms                      indiecity            Temporary Items
.bash_history                   .local               thermometer.py
.bash_logout                    motor.py             .thumbnails
.bashrc                         .mozilla             .vnc
.cache                          mydocument.doc       .Xauthority
.config                         Network Trash Folder .xsession-errors
.dbus                           .profile             .xsession-errors.old
```

ご覧のとおり、ホームディレクトリにあるファイルやフォルダの大部分は隠されている。

▶ 参考

レシピ3.11も参考にしてほしい。

[*3] 訳注：疑問を持った方のために説明しておくと、最初に表示されている `.` は、「このディレクトリ自体」を意味する。

レシピ 3.4： ファイルやフォルダをコピーする

● 課題
ターミナルセッションを使って、ファイルをコピーしたい。

● 解決
cpコマンドを使って、ファイルやディレクトリをコピーする。

● 解説
もちろん、ファイルマネージャを使い、右クリックでメニューを出してコピーやペーストを行うこともできる（レシピ3.1）。

ターミナルセッションでコピーを行う最も単純な例として、ワーキングディレクトリにあるファイルのコピーを作成してみよう。cpコマンドの後、最初にコピーするファイルを指定し、その後に新しいファイルの名前を指定する。

たとえば、次の例ではmyfile.txtという名前のファイルを作成し、それからそのコピーをmyfile2.txtという名前で作成している。>を使ってファイルを作成するやり方については、レシピ3.8で詳しく説明する。

```
$ echo "hello" > myfile.txt
$ ls
myfile.txt
$ cp myfile.txt myfile2.txt
$ ls
myfile.txt myfile2.txt
```

この例では、両方のファイルのパスは現在の作業ディレクトリにあるが、ファイルのパスはファイルシステムのどこに指定してもよい（ただし、そこへの書き込み権限を持っている必要がある）。次の例では、元のファイルを/tmp領域にコピーしている。/tmpは一時ファイルの置き場所なので、重要なファイルをここに置いてはいけない。

```
$ cp myfile.txt /tmp
```

この例では、2番目の引数には新しいファイルのディレクトリのみを指定し、新しいファイルの名前は指定していないことに注意してほしい。こうすると、myfile.txtのコピーが/tmpディレクトリに、同じ名前（myfile.txt）で作成される。

1つのファイルだけでなく、たくさんのファイルや、もしかすると他のディレクトリを含む、ディレクトリ全体をコピーしたい場合もあるだろう。そのような場合には、-r（recursive［再帰］の略）オプションを使う必要がある。こうすると、ディレクトリとその内容すべてがコピーされる。

```
$ cp -r mydirectory mydirectory2
```

ファイルやフォルダをコピーする際、権限（パーミッション）がない場合にはコマンド結果にそれが表示される。これを解決するには、コピー先のフォルダのパーミッションを変更する（レシピ3.12）か、スーパーユーザの権限でファイルをコピーする（レシピ3.11）必要がある。

▶参考
レシピ3.5と3.12も参考にしてほしい。

レシピ3.5：ファイルやフォルダの名前を変更する

▶課題
ターミナルセッションを使って、ファイルの名前を変更したい。

▶解決
mvコマンドを使って、ファイルやディレクトリの名前を変更する。

▶解説
mv（move［移動］の略）コマンドの使い方はcpコマンドと似ているが、複製を作るのではなく、単純に移動対象のファイルやフォルダの名前が変更されるという点が異なる。

たとえば、my_file.txtの名前をmy_file.rtfに変更するには、次のコマンドを使えばよい。

```
$ mv my_file.txt my_file.rtf
```

ディレクトリの名前を変える場合も同様だ。また、この場合にはレシピ3.4のように-rオプションを使う必要はない。ディレクトリの名前を変えるということは、暗黙のうちに、その内容すべてを新しい名前のディレクトリに移動することを意味するからだ。

▶参考
レシピ3.4と3.12も参考にしてほしい。

レシピ3.6：ファイルを編集する

▶課題
設定ファイルを変更するため、コマンドラインからエディタを起動したい。

◆ 解決

大部分のRaspberry Piディストリビューションにはnanoエディタが含まれているので、これを使う。

◆ 解説

nanoを使うには、nanoの後に編集したいファイルの名前またはパスを指定すればよい。ファイルが存在しない場合には、エディタの中で保存する際に作成される。しかし、そのためにはファイルを書き込むディレクトリへの書き込みパーミッションが必要だということには注意してほしい。

ホームディレクトリから**nano my_file.txt**というコマンドを入力すると、my_file.txtというファイルを編集または作成することができる。図3-4に、nanoの画面を示す。

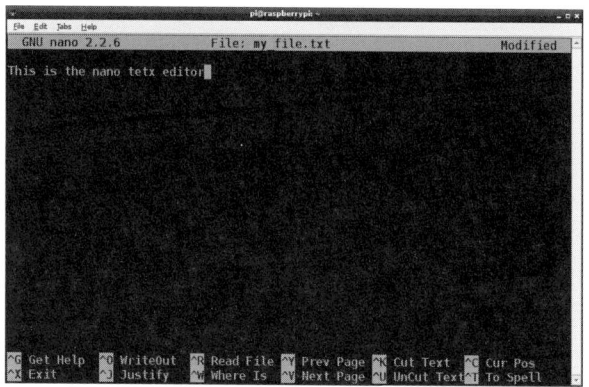

図3-4
nanoを使ってファイルを編集する

マウスを使ってカーソルを動かすことはできないので、代わりにカーソルキーを使ってほしい。

画面の一番下にはコマンドがいくつか表示されている。これらはコントロールキー（Ctrl）と、表示されている文字とを一緒に押すことによって実行できる。大部分はあまり使う機会がないだろう。よく使われるコマンドは、次の4つだ。

・**Ctrl-X**

終了。nanoを終了する前にファイルを保存するかどうかというプロンプトが表示される。

・**Ctrl-V**

次ページ。下向き矢印だと思ってほしい。これを使うと、大きなファイルの中を画面単位で移動することができる。

・**Ctrl-Y**

前ページ。

・**Ctrl-W**

検索。テキスト検索ができる。

またかなり原始的なカットアンドペーストのオプションも存在するが、現実的には右クリックで表示されるメニューから通常のクリップボードを使うほうが簡単だろう（図3-5）。

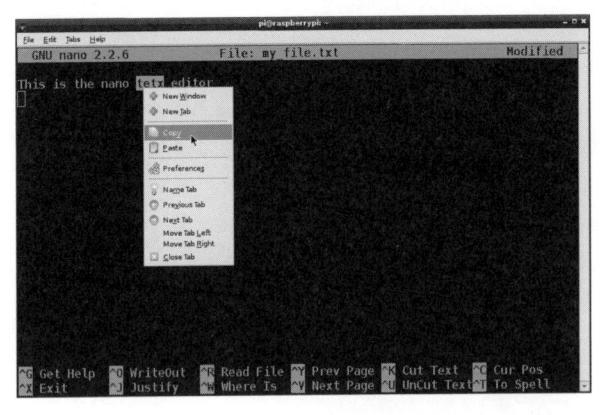

図3-5
nanoの中でクリップボードを使う

このクリップボードを使えば、たとえばブラウザなど、別のウィンドウとの間でのコピーやペーストも可能だ。

変更内容を保存してnanoを終了するには、Ctrl-Xコマンドを使う。ファイルを保存する場合には、プロンプトに対してYと入力する。nanoはデフォルトのファイル名を表示してくれるので、必要に応じてファイル名を変更してからエンターキーを押せば、ファイルを保存してから終了する。

変更を破棄して終了するには、Yの代わりにNと入力すればよい。

◉参考

エディタは、個人の好みが大きく分かれる分野だ。nano以外にも、Linuxで利用できるエディタのほとんどは、Raspberry Piでも動作する。vim（viの改良版）エディタはLinux界にファンが多いし、人気のあるRaspberry Piディストリビューションにも含まれている。しかし、これは初心者にとって使いやすいエディタではない。起動方法はnanoと同様だが、コマンド名としてnanoではなくviを指定する。vimの使い方については、http://newbiedoc.sourceforge.net/text_editing/vim.html.en に詳しく説明されている。

レシピ3.7：ファイルの内容を閲覧する

◉課題

小さなファイルの内容を、編集せずに閲覧したい。

▶解決

`cat`や`more`コマンドを使って、ファイルの内容を閲覧する。
`more`を使った例を示す。

```
$ more myfile.txt
This file contains
some text
```

▶解説

`cat`コマンドは、ファイルの内容をすべて一度に（たとえ画面に収まりきらなくても）表示する。

`more`コマンドは、一度に画面1枚分だけのテキストを表示してくれる。スペースキーを押すと、次の画面が表示される。

▶参考

`cat`コマンドは、いくつかのファイルの内容を連結（concatenate）するために使うこともできる（レシピ3.28）。

`more`と同様によく使われるもう1つのコマンドが`less`だ。`less`は`more`と似ているが、前に進むだけでなく後ろに戻ることもできる。

レシピ3.8：エディタを使わずにファイルを作成する

▶課題

エディタを使わずに、中身が1行だけのファイルを作成したい。

▶解決

`>`と`echo`コマンドを使って、たとえば次のように、コマンドラインに入力した内容をファイルへリダイレクト（送り込む）する。

```
$ echo "file contents here" > test.txt
$ more test.txt
file contents here
```

⚠️ `>`を既存のファイルに使うとその内容が上書きされてしまうので、注意してほしい。[*4]

▶解説

このやり方は、てばやくファイルを作成するのに便利だ。[*5]

[*4] 訳注：`>`の代わりに`>>`を使うと、既存のファイルを上書きするのではなく、末尾に追加することができる。

▶ 参考

エディタを使わずにファイルの内容を見る方法については、レシピ3.7を参照してほしい。> を使って、その他のシステム出力を取り込む方法については、レシピ3.27を参照してほしい。

レシピ3.9：ディレクトリを作成する

▶ 課題

ターミナルを使って、新しいディレクトリを作成したい。

▶ 解決

mkdirコマンドで、新しいディレクトリを作成する。

▶ 解説

ディレクトリを作るには、mkdirコマンドを使う。次の例を試してみてほしい。

```
$ cd ~
$ mkdir my_directory
$ cd my_directory
$ ls
```

新しいディレクトリを作成するディレクトリには、書き込みパーミッションが必要だ。

▶ 参考

ターミナルを使ってファイルシステム内を移動するための一般的な情報については、レシピ3.3を参照してほしい。

レシピ3.10：ファイルやディレクトリを削除する

▶ 課題

ターミナルを使って、ファイルやディレクトリを削除したい。

▶ 解決

rm（remove［削除］の略）コマンドで、ファイルやディレクトリをその内容ごと削除する。このコマンドを使う際には、十分に注意してほしい。

---

*5 訳注：空の（全く中身のない）ファイルを作るには、touchコマンドを使う。

● 解説

1個のファイルの削除は、簡単で安全だ。次の例では、ファイル my_file.txt をホームディレクトリから削除している。

```
$ cd ~
$ rm my_file.txt
$ ls
```

削除を実行するディレクトリには、書き込みパーミッションが必要だ。

また、ファイルの削除にはワイルドカード*を使うこともできる。次の例では、現在のディレクトリに存在する my_file. で始まるファイルがすべて削除される。

```
$ rm my_file.*
```

また、次のように入力すれば、そのディレクトリに存在するファイルをすべて削除できる。

```
$ rm *
```

あるディレクトリとその内容すべて（サブディレクトリを含む）を再帰的に削除したい場合には、-r オプションを使う。

```
$ rm -r mydir
```

> ⚠ ターミナルウィンドウからファイルを削除する場合には、ゴミ箱などの安全装置は存在せず、いったん削除したファイルを復活させることはできないことに注意してほしい。また、一般的にどのコマンドにもいえることだが、確認は行われず、削除は即座に行われることにも注意してほしい。このことは、特に sudo コマンド（レシピ3.11）と組み合わせて使用する場合には、破滅的な結果をもたらすおそれがある。

● 参考

レシピ3.3も参照してほしい。

ファイルやフォルダを間違って削除したくなければ、rmに確認を行わせるように、コマンドエイリアスに設定することもできる（レシピ3.32）。

レシピ3.11：スーパーユーザの特権でタスクを実行する

● 課題

十分な権限がないため、一部のコマンドが実行できない。スーパーユーザの特権でコマンドを実行したい。

● 解決

sudo（superuser do）コマンドを使えば、スーパーユーザの特権でアクションを行

うことができる。使い方は、コマンドの前にsudoを付けるだけだ。

● 解説

通常、コマンドライン上で実行したいタスクの大部分は、スーパーユーザの特権がなくても実行できる。この例外としてよくあるのは、新しいソフトウェアをインストールしたり、設定ファイルを編集したりする場合だ。

たとえば、`apt-get update`コマンドを使おうとすると、次のようにパーミッション拒否メッセージが表示されることになる。

```
$ apt-get update
E: ロックファイル /var/lib/apt/lists/lock をオープンできません - open (13: 許可がありません )
E: ディレクトリ /var/lib/apt/lists/ をロックできません
E: ロックファイル /var/lib/dpkg/lock をオープンできません - open (13: 許可がありません )
E: 管理用ディレクトリ (/var/lib/dpkg/) をロックできません。root 権限で実行していますか？
```

最後の「root 権限で実行していますか？（are you root?）」というメッセージが、この謎を解くカギだ。同じコマンドにsudoを付けて実行すれば、コマンドの実行は成功する。

```
$ sudo apt-get update
取得:1 http://mirrordirector.raspbian.org wheezy InRelease [12.5 kB]
ヒット http://archive.raspberrypi.org wheezy InRelease
取得:2 http://mirrordirector.raspbian.org wheezy/main Sources [6,241 kB]
ヒット http://archive.raspberrypi.org wheezy/main armhf Packages
無視 http://archive.raspberrypi.org wheezy/main Translation-en_GB
無視 http://archive.raspberrypi.org wheezy/main Translation-en
40% [2 Sources 2,504 kB/6,241 kB 40%]
...
```

● 参考

ファイルのパーミッションについて、さらに詳しく理解するにはレシピ3.12を参照してほしい。

apt-getを使ってソフトウェアをインストールする方法については、レシピ3.16を参照してほしい。

レシピ3.12：ファイルのパーミッションを理解する

● 課題

ファイルをリストすると、ファイル名の他に変な文字が表示される。これらが何を意味しているか知りたい。

◉ **解決**

ファイルやディレクトリに関連するパーミッションと所有者情報を見るには、lsコマンドに-lオプションを付けて実行する。

◉ **解説**

lsに-lオプションを付けて実行すると、次のような結果が表示される。

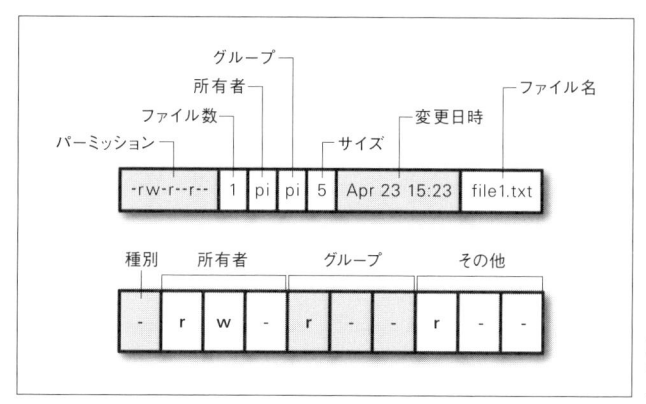

```
$ ls -l
total 16
-rw-r--r-- 1 pi pi    5 Apr 23 15:23 file1.txt
-rw-r--r-- 1 pi pi    5 Apr 23 15:23 file2.txt
-rw-r--r-- 1 pi pi    5 Apr 23 15:23 file3.txt
drwxr-xr-x 2 pi pi 4096 Apr 23 15:23 mydir
```

図3-6
ファイルのパーミッション

図3-6に、表示される情報のセクションごとの意味を示した。最初のセクションにはパーミッションが含まれている。2番目のセクションの1という数字（図では「ファイル数」となっている）は、リンクされているファイルの数だ。このフィールドは、ディレクトリの場合には通常、2となる。ファイルの場合には、ほとんどの場合1だ。次の2つのセクション（両方ともpiとなっている）は、ファイルの所有者とグループだ。サイズ（5番目のセクション）は、ファイルのバイト数を示している。次の変更日時は、ファイルが編集されたり変更されたりした場合に変化する。最後は、ファイルまたはディレクトリの実際の名前だ。

パーミッションの文字列は、種別、所有者、グループ、そして「その他」の4つに分割できる。最初のセクションはファイルの種別だ。ディレクトリの場合にはdという文字になる。通常のファイルの場合、ここは-になる。

次のセクションの3つの文字は、そのファイルの所有者のパーミッションを規定している。それぞれの文字は、オンかオフかのフラグだ。たとえば所有者に読み出しパーミッションがある場合には、最初の文字がrとなる。書き込みパーミッションがある場合には、2番目の文字がwとなる。3番目の文字は、この例では-になっているが、そのファイル（プログラムまたはスクリプト）を所有者が実行可能である場合にはxとなる。

3番目のセクションは、同じく3つのフラグだが、所有者と同じグループ内の任意のユー

ザに対して適用される。ユーザはグループに所属することができる。この例では、このファイルの所有者はユーザpiであり、グループpiに属している。したがって、グループpiに属する任意のユーザは、ここに規定されたパーミッションにしたがうことになる。

最後のセクションは、ユーザpiでもなく、グループpiにも所属しない、他の任意のユーザに対するパーミッションを規定している。

ほとんどの人はpi以外のユーザとしてRaspberry Piを使うことはないだろうから、最初のセクションのパーミッションが最も重要となる。

◉ 参考

ファイルのパーミッションを変更するには、レシピ3.13を参照してほしい。

レシピ3.13：ファイルのパーミッションを変更する

◉ 課題

ファイルのパーミッションを変更したい。

◉ 解決

chmodコマンドを使って、ファイルのパーミッションを変更する。

◉ 解説

ファイルのパーミッションを変更したい理由のよくある例としては、読み出し権限しかないファイルを編集する必要がある場合や、ファイルに**実行権限**を付与してプログラムやスクリプトとして実行できるようにしたい場合などがある。

chmodコマンドを使えば、ファイルに権限を付与したり削除したりすることができる。パラメータの指定方法は2通りある。1つは8進数を使う方法で、もう1つはテキストベースの方法だ。ここでは、理解しやすいテキストベースの方法を説明する。

chmodへの最初のパラメータは行うべき変更パラメータで、2番目にはその変更が適用されるべきファイルやフォルダを指定する。変更パラメータは最初の文字が対象とするユーザー（所有者、グループ、または「その他」）、2つ目が後述するパーミッションへの操作（+と-と=が、付与と削除と変更を意味する）、そして3つ目が権限の種別という形になっている。

たとえば、次のコードでは、ファイルの所有者に対する実行（x）権限をファイルfile2.txtに付与する。

```
$ chmod u+x file2.txt
```

ここでディレクトリのリストを取ってみると、このファイルにxパーミッション（実行権限）が付与されていることがわかる。

```
$ ls -l
total 16
-rw-r--r-- 1 pi pi 5 Apr 23 15:23 file1.txt
-rwxr--r-- 1 pi pi 5 Apr 24 08:08 file2.txt
-rw-r--r-- 1 pi pi 5 Apr 23 15:23 file3.txt
drwxr-xr-x 2 pi pi 4096 Apr 23 15:23 mydir
```

グループや「その他」のユーザに対する実行権限を付与したい場合には、それぞれgとoを使えばよい。文字aを使うと、全員にそのパーミッションを付与するという意味になる。

●参考

ファイルのパーミッションの基礎知識については、レシピ3.12を参照してほしい。

ファイルの所有者を変更するには、レシピ3.13を参照してほしい。

レシピ3.14：ファイルの所有者を変更する

●課題

ファイルの所有者を変更したい。

●解決

chown（change ownerの略）コマンドを使って、ファイルやディレクトリの所有者を変更する。

●解説

レシピ3.12で見てきたように、すべてのファイルやディレクトリには所有者とグループの両方が関連付けられている。Raspberry Piの大部分の利用者はユーザpiしか使っていないので、グループについてはあまり気にする必要はないだろう。

しかし、ときどき、pi以外のユーザでインストールされたファイルがシステムに見つかることがある。この場合、そのファイルの所有者をchownコマンドを使って変更できる。

ファイルの所有者を変更するには、chownの後に所有者とグループをコロンで区切って指定し、その後にファイル名を指定する。

所有者の変更には、スーパーユーザ特権が必要となることが多いだろう。その場合には、コマンドの前にsudoを付ければよい（レシピ3.11）。

```
$ sudo chown root:root file2.txt
$ ls -l
total 16
-rw-r--r-- 1 pi   pi      5 Apr 23 15:23 file1.txt
-rwxr--r-- 1 root root    5 Apr 24 08:08 file2.txt
-rw-r--r-- 1 pi   pi      5 Apr 23 15:23 file3.txt
drwxr-xr-x 2 pi   pi   4096 Apr 23 15:23 mydir
```

> **参考**
>
> ファイルのパーミッションの基礎知識については、レシピ3.12を参照してほしい。
> ファイルのパーミッションを変更するには、レシピ3.13を参照してほしい。

レシピ3.15：画面をキャプチャする

> **課題**
>
> Raspberry Piの画面をキャプチャし、ファイルに保存したい。

> **解決**
>
> scrotという、ちょっとおもしろい名前のスクリーンキャプチャソフトウェアをインストールして使う。

> **解説**
>
> scrotをインストールするには、ターミナルから次のコマンドを実行する。

```
$ sudo apt-get install scrot
```

単純に画面のキャプチャを取るには、scrotコマンドだけを入力すればよい。即座にプライマリ画面の画像が取得され、現在のディレクトリ内に2013-04-25-080116_1024x768_scrot.pngのような名前のファイルに保存される。

開いた状態のメニューなど、通常はウィンドウがフォーカスを失うと消えてしまうようなもののスクリーンショットを取りたいこともあるだろう。そのような場合には、-dオプションを使ってキャプチャを取得するまでの待ち時間を指定できる。待ち時間は、秒を単位として指定する。

```
$ scrot -d 5
```

画面全体をキャプチャした場合、その後でGIMP（レシピ4.10）などの画像編集ソフトウェアを使ってトリミングすることもできるが、最初から画面の一部だけをキャプチャできれば便利だ。そのためには-sオプションを使う。

まずこのオプションを付与してコマンドを入力し、それからキャプチャしたい画面の領域をマウスでドラッグすればよい。

```
$ scrot -s
```

保存されるファイルの名前には、キャプチャ画像のピクセル単位の大きさが含まれている。

> **参考**
>
> scrotコマンドには、他にも複数画面のキャプチャや、保存ファイルのフォーマットの変更など、多数のオプションがある。次のコマンドを入力すれば、scrotのマニュア

ルが表示される。

```
$ man scrot
```

apt-getを使ったインストールに関しては、レシピ3.16で詳しく説明しているので参照してほしい。

レシピ3.16：apt-getを使ってソフトウェアをインストールする

▶ 課題
コマンドラインからソフトウェアをインストールしたい。

▶ 解決
ターミナルセッションからソフトウェアをインストールするために最もよく使われるツールはapt-getだ。

このコマンドはスーパーユーザとして実行する必要があるため、基本フォーマットは次のようになる。

```
$ sudo apt-get install <ソフトウェア名>
```

つまり、たとえばワープロソフトAbiWordをインストールするには、次のコマンドを入力すればよい。

```
$ sudo apt-get install abiword
```

▶ 解説
パッケージマネージャapt-getは、利用可能なソフトウェアのリストを管理している。このリストはお使いのRaspberry Piオペレーティングシステムのディストリビューションに含まれているが、おそらく最新のものではない。そのため、インストールしようとしたソフトウェアが「見つかりません」とapt-getにいわれてしまった場合には、次のコマンドを実行して、このリストを更新してほしい。

```
$ sudo apt-get update
```

このリストと、インストールされるソフトウェアパッケージはすべてインターネットから取り込まれるので、Raspberry Piがインターネットに接続されている必要がある。

> 更新時に「E: Problem with MergeList /var/lib/dpkg/status」
> のようなエラーが発生した場合には、次のコマンドを実行してみてほしい。
>
> ```
> sudo rm /var/lib/dpkg/status
> sudo touch /var/lib/dpkg/status
> ```

ファイルをダウンロードしてインストールする必要があるため、インストールには多少の時間がかかる。インストール時には、デスクトップ上にショートカットが作成されたり、スタートメニューにプログラムグループが作成されたりする場合もある。

インストールしたいソフトウェアを探すには、apt-cache searchの後にabiwordなどの検索文字列を指定すればよい。すると、検索文字列にマッチしたインストール可能なパッケージの一覧が表示される。

● 参考

必要のなくなったプログラムを削除してスペースを空けるには、レシピ3.17を参照してほしい。

また、GitHubからソースコードをダウンロードする方法については、レシピ3.19を参照してほしい。

レシピ3.17：apt-getを使ってインストールされたソフトウェアを削除する

● 課題

apt-getを使ってさまざまなソフトウェアをインストールした後で、そのうちいくつかを削除したくなった。

● 解決

apt-getにはパッケージを削除するためのremoveオプションがあるが、この方法はapt-get installでインストールされたパッケージにしか使えない。

たとえば、AbiWordを削除したいなら、次のコマンドを使えばよい。

```
$ sudo apt-get remove abiword
```

● 解説

このようにしてパッケージを削除しても、必ずしもすべてを削除してくれるとは限らない。ソフトウェアのパッケージには、前提として別のパッケージがインストールされている必要があることが多いからだ。これらを削除するには、次のようにautoremoveオプショ

ンを使えばよい。

```
$ sudo apt-get autoremove abiword
$ sudo apt-get clean
```

apt-get cleanオプションは、ソフトウェアが削除された後の使われていないパッケージのインストール用ファイルを片付けてくれる。

● 参考

apt-getを使ったパッケージのインストールに関しては、レシピ3.16を参照してほしい。

レシピ3.18：コマンドラインからファイルを取得する

● 課題

ウェブブラウザを使わずに、インターネットからファイルをダウンロードしたい。

● 解決

wgetコマンドを使ってインターネットからファイルを取得する。

```
$ wget http://www.icrobotics.co.uk/wiki/images/c/c3/Pifm.tar.gz
--2013-06-07 07:35:01--  http://www.icrobotics.co.uk/wiki/images/c/c3/
Pifm.tar.gz
Resolving www.icrobotics.co.uk (www.icrobotics.co.uk)...
155.198.3.147
Connecting to www.icrobotics.co.uk (www.icrobotics.
co.uk)|155.198.3.147|
:80... connected.
HTTP request sent, awaiting response... 200 OK
Length: 5521400 (5.3M) [application/x-gzip]
Saving to: `Pifm.tar.gz'

100%[=====================================================>] 5,521,400
601K/s

2013-06-07 07:35:11 (601 KB/s) - `Pifm.tar.gz' saved [5521400/5521400]
```

URLに特殊文字が含まれている場合には、二重引用符で囲むのがよいだろう。この例のURLは、レシピ4.9のものだ。

● 解説

ソフトウェアをインストールする際、wgetを使ってファイルを取得することが指示される場合がある。ブラウザを使ってファイルを見つけてダウンロードし、それから必要な場所にコピーするよりも、コマンドラインからダウンロードしたほうが便利な場合が多い

からだ。

　wgetコマンドの引数にはダウンロードするURLを指定し、ダウンロードされたファイルは現在のディレクトリに置かれる。これは通常、何らかの種類のアーカイブファイルをダウンロードするために使われるが、どんなウェブページのダウンロードにも使える。

▶参考

　apt-getを使ったインストールに関しては、レシピ3.16で詳しく説明してあるので参照してほしい。
　ブラウザの選択と使用方法に関しては、レシピ4.3を参照してほしい。

レシピ3.19：gitを使ってソースコードを取得する

▶課題

　Pythonライブラリなど一部のソフトウェアは、GitリポジトリのURLで提供されていることがある。これをRaspberry Piで取得できるようにしたい。

▶解決

　Gitリポジトリのコードを使うには、Gitをダウンロードし、git cloneコマンドを使ってファイルを取得する必要がある。

▶解説

　Gitは、ソースコード管理システムの1つだ。Gitをインストールするには、次のコマンドを使う。

```
$ sudo apt-get install git
```

　Gitがインストールされたら、cloneコマンドを使って必要なソースコードファイルを取得できる。書き込み権限のあるディレクトリの中でこれを行う分には、スーパーユーザである必要はない。
　たとえば、次のコマンドでこの本のすべてのサンプルソースコードが取得できる。

```
$ git clone https://github.com/simonmonk/raspberrypi_cookbook.git
```

▶参考

　Gitについてはhttp://www.git-scm.com/を、GitホスティングサービスGitHubについてはhttps://github.com/を参照してほしい。
　また、レシピ3.16も参考にしてほしい。

レシピ3.20: 起動の際、プログラムやスクリプトを自動的に実行する

▶課題
Raspberry Piがリブートするたびに、スクリプトやプログラムが自動的に実行されるように設定したい。

▶解決
大部分のRaspberry Piディストリビューションの基盤となっているDebian Linuxは、依存関係ベースのメカニズムを用いて起動時のコマンド実行を自動化している。これを使うにはちょっとしたコツが必要で、init.dという名前のフォルダに実行したいスクリプトやプログラムの設定ファイルを作成する必要がある。

▶解説
次の例では、ホームディレクトリにあるPythonスクリプトを実行させる方法を示している。このスクリプトは何でもよいが、この例ではレシピ7.16で詳しく説明する簡単なPythonウェブサーバをスクリプトから実行している。

この手順は、次のとおりだ。

1. initスクリプトを作成する。
2. このinitスクリプトを実行可能にする。
3. システムに、このinitスクリプトのことを知らせる。

まず、initスクリプトを作成しよう。これは/etc/init.d/フォルダに作成する必要がある。このスクリプトの名前は何でもよいが、この例ではmy_serverと呼ぶことにしよう。

次のコマンドで、nanoを使って新しいファイルを作成する。

```
$ sudo nano /etc/init.d/my_server
```

次のコードをエディタのウィンドウへ貼り付け、ファイルを保存してほしい。[*6]

```
#! /bin/sh
# /etc/init.d/my_server

### BEGIN INIT INFO
# Provides: my_server
# Required-Start: $remote_fs $syslog $network
# Required-Stop: $remote_fs $syslog $network
# Default-Start: 2 3 4 5
# Default-Stop: 0 1 6
```

```
# Short-Description: Simple Web Server
# Description: Simple Web Server
### END INIT INFO

export HOME
case "$1" in
  start)
    echo "Starting My Server"
    sudo /usr/bin/python /home/pi/myserver.py 2>&1 &
    ;;
  stop)
    echo "Stopping My Server"
    PID=`ps auxwww | grep myserver.py | head -1 | awk '{print $2}'`
    kill -9 $PID
    ;;
  *)
    echo "Usage: /etc/init.d/my_server {start|stop}"
    exit 1
    ;;
esac
exit 0
```

　スクリプトの実行を自動化するにはこのようにいろいろな作業が必要だが、その大部分は定型文のコードだ。別のスクリプトを実行するには、このスクリプトにならって、説明と実行したいPythonファイルの名前だけを変更すればよい。

　次の手順は、このファイルを所有者から実行可能とすることだ。これは次のコマンドで行う。

```
$ sudo chmod +x /etc/init.d/my_server
```

　これで、プログラムをサービスとして設定できた。ブートシーケンスの一部として自動実行させるように設定する前に、次のコマンドを使ってうまくいくかどうかテストしてみよう。

```
$ /etc/init.d/my_server start
Starting My Server
Bottle v0.11.4 server starting up (using WSGIRefServer())...
Listening on http://192.168.1.16:80/
Hit Ctrl-C to quit.
```

　この実行結果で大丈夫なら、最後に、次のコマンドを使って、いま定義したばかりの新しいサービスをシステムに通知する。

```
$ sudo update-rc.d my_server defaults
```

---

*6　訳注：原文では「#! /bin/sh」がコメント行の後に書かれていたが、これは先頭行に書かないと意味がないので、コメント行と位置を入れ替えた。

> 参考
>
> ファイルとフォルダのパーミッションの変更については、レシピ3.13を参照してほしい。

レシピ3.21：プログラムやスクリプトを、自動的に一定間隔で実行する

> 課題

スクリプトを1日1回、あるいは一定の間隔で実行したい。

> 解決

Linuxのcrontabコマンドを使う。

このためには、Raspberry Piが時刻と日付を知っている必要があり、したがってネットワークへの接続か、RTC（リアルタイムクロック）が必要となる。レシピ11.13を参照してほしい。

> 解説

crontabコマンドを使えば、イベントが一定の間隔で発生するようにスケジュールすることができる。1日1回でも1時間に1回でも、あるいは曜日によって異なる複雑なパターンも定義できる。これは、夜中に実行させたいバックアップタスクに便利だ。

次のコマンドを使って、イベントのスケジュールを編集することができる。

```
$ crontab -e
```
[*7]

実行したいスクリプトやプログラムがスーパーユーザ権限で実行される必要がある場合には、crontabコマンドの前にsudoを付ける（レシピ3.11）。

最初の行は、crontabの行のフォーマットを示すコメント行だ。これらの数字は順番に、分、時間、日、月、曜日を示し、その後に実行させたいコマンドを書く。

数字の場所に*があれば、それは「すべて」という意味になる。ここに数字を書けば、その分・時間・日にだけ実行される。

つまり、毎日午前1時ちょうどにスクリプトを実行させたければ、図3-7に示すような行を追加すればよい。

```
# m h  dom mon dow   command
0 1 * * * /home/pi/myscript.sh
```

```
^G Get Help   ^O WriteOut   ^R Read File   ^Y Prev Page   ^K Cut Text    ^C Cur Pos
^X Exit       ^J Justify    ^W Where Is    ^V Next Page   ^U UnCut Text  ^T To Spell
```

図3-7
crontabの編集

[*7] 訳注：最後の-eを忘れないように。これがないと、既存のスケジュールが上書きされてしまう。

次のように数字を範囲指定すれば、土日を除く平日にだけ、午前1時にスクリプトを実行させることができる。

```
0 1 * * 1-5 /home/pi/myscript.sh
```

スクリプトを特定のディレクトリで実行させる必要があれば、次のようにセミコロン（;）で区切って複数のコマンドを書くことができる。

```
0 1 * * * cd /home/pi; python mypythoncode.py
```

▶参考

crontabのマニュアルは、次のコマンドで表示できる。

```
$ man crontab
```

レシピ3.22： ファイルを見つける

▶課題

システムのどこかにあるはずのファイルを見つけたい。

▶解決

Linuxのfindコマンドを使う。

▶解説

findコマンドは、指定されたディレクトリの中で検索を行い、ファイルが見つかればその場所を表示してくれる。

```
$ find /home/pi -name gemgem.py
/home/pi/python_games/gemgem.py
```

ディレクトリツリーのもっと上位から検索を開始することもできる。ファイルシステム全体のルート（/）を指定してもよい。しかし、そうすると検索にはずっと長い時間がかかるようになるし、またエラーメッセージも出力されることになるだろう。行の最後に`2>/dev/null`を追加すれば、そのようなエラーメッセージをリダイレクトして表示させないようにすることもできる。

つまり、ファイルシステム全体を検索するには、次のコマンドを使えばよい。

```
$ find / -name gemgem.py 2>/dev/null
/home/pi/python_games/gemgem.py
```

また、次のようにfindにワイルドカードを使うこともできる。

```
$ find /home/pi -name match* *8
/home/pi/python_games/match4.wav
/home/pi/python_games/match2.wav
/home/pi/python_games/match1.wav
/home/pi/python_games/match3.wav
/home/pi/python_games/match0.wav
/home/pi/python_games/match5.wav
```

▶参考

findコマンドには、これ以外にも高度な検索機能が数多く存在する。findのマニュアルを表示するには、次のコマンドを使う。

```
$ man find
```

レシピ3.23：コマンドラインのヒストリー（履歴）を使う

▶課題

以前にコマンドラインに入力したコマンドを入力せずに、繰り返し実行したい。

▶解決

上下カーソルキーを使って、コマンドヒストリーから以前実行したコマンドを選択するか、historyコマンドとgrepを組み合わせて以前のコマンドを見つける。

▶解説

上カーソルキーを押すと、直前に実行したコマンドにアクセスできる。押すたびに、さらに前のコマンドが表示される。もし行き過ぎてしまった場合には、下カーソルキーを押すと戻ることができる。

選択したコマンドの実行をキャンセルしたければ、Ctrl-Cを使う。

長い間使っていると、コマンドヒストリーが大きくなり、昔使ったコマンドを見つけるのが難しくなる。historyコマンドを使えばずっと以前のコマンドを見つけることができる。

```
$ history
    1  sudo nano /etc/init.d/my_server
    2  sudo chmod +x /etc/init.d/my_server
    3  /etc/init.d/my_server start
    4  cp /media/4954-5EF7/sales_log/server.py myserver.py
    5  /etc/init.d/my_server start
    6  sudo apt-get update
```

---

8 訳注：実際には「」がシェルに解釈されてしまわないように、引数を単一引用符（'）で囲むか、*をバックスラッシュ（\）でエスケープする必要がある。

```
    7  sudo apt-get install bottle
    8  sudo apt-get install python-bottle
```

ただ、こうするとコマンドヒストリーがすべて表示されるので、多すぎて見つけるのが大変だ。対策として、historyコマンドをgrepコマンドへ**パイプ**することによって、検索文字列と一致する結果だけを表示させることができる。

つまり、たとえばいままで実行したapt-getコマンド（レシピ3.16）をすべて見たい場合には、次のようにすればよい。

```
$ history | grep apt-get
    6  sudo apt-get update
    7  sudo apt-get install bottle
    8  sudo apt-get install python-bottle
   55  history | grep apt-get
```

ヒストリーの項目にはそれぞれ番号が付いているので、目的の行が見つかったら、次のように！の後にそのヒストリー番号を入力すれば、該当のコマンドを実行することができる。

```
$ !6
sudo apt-get update
ヒット http://mirrordirector.raspbian.org wheezy InRelease
ヒット http://mirrordirector.raspbian.org wheezy/main armhf Packages
ヒット http://mirrordirector.raspbian.org wheezy/contrib armhf Packages
.....
```

▶参考

コマンドではなくファイルを見つける方法については、レシピ3.22を参照してほしい。

レシピ3.24： プロセッサの使用状況を監視する

▶課題

Raspberry Piの動作が少し遅く感じるので、何が原因で遅くなっているのかを知りたい。

▶解決

［スタート］メニューの［システムツール］（System Tools）プログラムグループにある、［タスクマネージャ］（Task Manager）ユーティリティを使う（図3-8）。

［タスクマネージャ］を使って、CPUやメモリの使用状況を見ることができる。またプロセスを右クリックしてポップアップメニューから［kill］オプションを選択してkillする（強制終了させる）こともできる。

ウィンドウ上部に表示されている2つのグラフは、CPUとメモリの使用状況を示している。

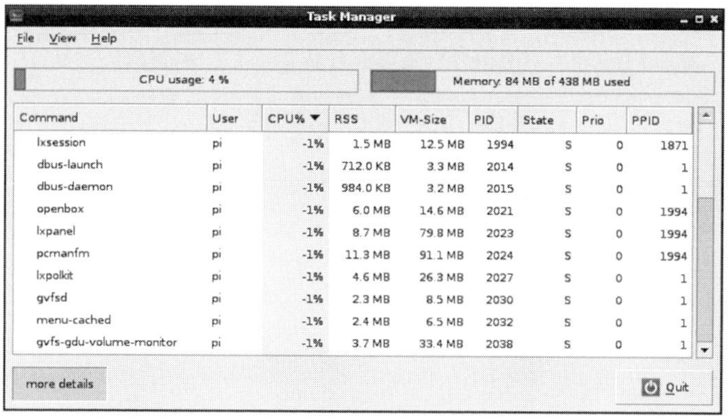

図3-8
タスクマネージャ

その下にはプロセスの一覧が表示され、それぞれCPUの何パーセントを使っているのかがわかる。

● 解説

コマンドラインからこの種の情報を見たい場合は、Linuxのtopコマンドを使って、同様にプロセッサとメモリのデータや、最もリソースを使っているプロセスを表示できる（図3-9）。それからkillコマンドを使ってプロセスをkillすればよい。これにはスーパーユーザ権限が必要となることがある。

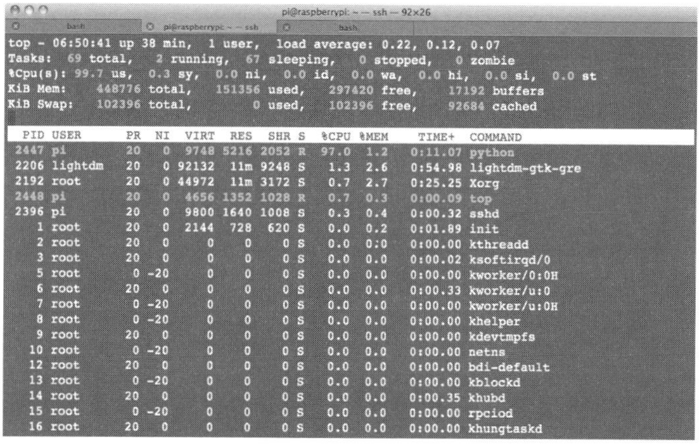

図3-9
topコマンドを使ってリソースの使用状況を見る

この例では、topのプロセス一覧から、PythonプログラムがCPUの97%を使用していることがわかる。最初の列が、プロセスID（2447）を示している。このプロセスをkillするには、次のコマンドを実行する。

```
$ kill 2447
```

このようにして重要なオペレーティングシステムのプロセスをkillしてしまうことも十分あり得るが、もしそうなってしまってもRaspberry Piの電源を切って再投入すれば正

常な動作に戻るはずだ。

topでは直接見えないプロセスが実行されている場合もある。この場合には、psコマンドを使って実行中のすべてのプロセスを表示させ、その結果をgrepコマンドへパイプする（レシピ3.29）ことによって、関心のある項目を拾い出すことができる。

たとえば、CPUを食いつぶしているPythonプロセスのプロセスIDを見つけるには、次のコマンドを実行すればよいだろう。

```
$ ps -ef | grep "python"
pi 2447 2397 99 07:01 pts/0 00:00:02 python speed.py
pi 2456 2397 0 07:01 pts/0 00:00:00 grep --color=auto python
```

この場合、Pythonプログラムspeed.pyのプロセスIDは2447だ。2番目の行は、grepコマンドそのもののプロセスを示している。

killコマンドの仲間に、killallコマンドがある。このコマンドは引数にマッチするプロセスをすべてkillしてしまうため、十分に注意して使ってほしい。たとえば、次のコマンドはRaspberry Pi上で実行されているPythonプログラムをすべてkillすることになる。

```
$ sudo killall python
```

▶参考

top、ps、grep、kill、そしてkillallのマニュアルページも参照してほしい。マニュアルページは、次のようにmanの後にコマンド名を入力すれば表示できる。

```
$ man top
```

レシピ3.25：ファイルアーカイブを取り扱う

▶課題

圧縮されたファイルをダウンロードしたので、これを展開したい。

▶解決

ファイル種別によって、tarまたはgunzipコマンドを使う必要がある。

▶解説

展開したいファイルの拡張子が.gzだけの場合、次のコマンドで展開できる。

```
$ gunzip myfile.gz
```

また、Linuxのtarユーティリティを使ってアーカイブされ、gzipによってmyfile.tar.gzのような名前のファイルに圧縮された、ディレクトリを含むファイル（**tarball**

と呼ばれる）を見かけることも多い。

tarballから元のファイルやフォルダを取り出すには、tarコマンドを使う。

```
$ tar -xzf myfile.tar.gz
```

▶参考

tarについての詳細はマニュアルページを参照してほしい。これは man tar というコマンドで表示できる。

レシピ3.26： 接続されたUSBデバイスをリストする

▶課題

差し込んだUSBデバイスが、Linuxによって認識されていることを確認したい。

▶解決

lsusbコマンドを使う。これによって、Raspberry PiのUSBポートに接続されたすべてのデバイスがリストされる。

```
$ lsusb
Bus 001 Device 002: ID 0424:9512 Standard Microsystems Corp.
Bus 001 Device 001: ID 1d6b:0002 Linux Foundation 2.0 root hub
Bus 001 Device 003: ID 0424:ec00 Standard Microsystems Corp.
Bus 001 Device 004: ID 15d9:0a41 Trust International B.V. MI-2540D
[Optical mouse]
```

▶解説

このコマンドでは、デバイスが接続されているかどうかはわかるが、正常に動作していることは保証されない。ドライバのインストールや、ハードウェアに合わせた構成変更が必要な場合もある。

▶参考

外部ウェブカムを接続する際のlsusbの使い方の例については、レシピ4.5を参照してほしい。

レシピ3.27： コマンドラインの出力をファイルへリダイレクトする

▶課題

多少のテキストを含んだファイルを簡単に作成したり、ディレクトリのリストをファイルに記録したりしたい。

▶解決

`>` を使って、通常はコマンドラインに表示される出力をリダイレクトすることができる。

たとえば、ディレクトリのリストを myfiles.txt という名前のファイルへコピーするには、次のようにすればよい。

```
$ ls > myfiles.txt
$ more myfiles.txt
Desktop
indiecity
master.zip
mcpi
```

▶解説

`>` は、どんなLinuxコマンドの出力にも使える。たとえばPythonプログラムを実行する場合でもよい。

逆向きの `<` はユーザ入力をリダイレクトするために使われるが、これは `>` ほど使われる機会はない。[*9]

▶参考

複数のファイルを結合するために `>` を使う方法については、レシピ3.28を参照してほしい。

レシピ3.28：ファイルを連結する

▶課題

複数のテキストファイルを結合して、1つの大きなファイルを作りたい。

▶解決

`cat` コマンドを使って、たとえば次のように、複数のファイルを連結(concatenate)して1つの出力ファイルにすることができる。

```
$ cat file1.txt file2.txt file3.txt > full_file.txt
```

▶解説

ファイルを結合することが、`cat` コマンドの本来の目的だ。いくらでも好きなだけ多くのファイル名を指定でき、それらをすべてリダイレクト先のファイルに書き込んでくれる。出力をリダイレクトしなければ、結果はターミナルウィンドウに表示されることになる。大きなファイルの場合、表示し終わるまでにはかなり時間がかかるかもしれない。

[*9] 訳注：`<` は通常、`cat` コマンド(レシピ3.28)とパイプ(「|」、レシピ3.29)で代用できる。

> **参考**

レシピ3.7も参考にしてほしい。ここではファイルの内容を表示するためにcatコマンドが使われている。

レシピ3.29：パイプを使う

> **課題**

1つのLinuxコマンドの出力を、別のコマンドへの入力として使いたい。

> **解決**

パイプを使って、次のように1つのLinuxコマンドの出力を別のコマンドへパイプする（受け渡す）ことができる。パイプはキーボード上の縦棒（|）記号だ。

```
$ ls -l *.py | grep Jun
-rw-r--r-- 1 pi pi 226 Jun 7 06:49 speed.py
```

この例では、まず拡張子がpyであるすべてのファイルの中から、ディレクトリのリストにJunが含まれているもの（最後に変更されたのが6月であることを意味している）を表示している。

> **解説**

パッと見た感じ、これは>を使って出力をリダイレクトするやり方（レシピ3.27）に似ている。これらの違いは、>は出力を別のプログラムへ渡すことができず、ファイルへのリダイレクトにしか使えないという点だ。

次に示すように、好きなだけ多くのプログラムをつなげることもできるが、あまりこのようなことをする機会はないだろう。

```
$ command1 | command2 | command3
```

> **参考**

grepを使ってプロセスを見つける例についてはレシピ3.24を、パイプとgrepを使ってコマンドヒストリーを検索する方法についてはレシピ3.23も参考にしてほしい。

レシピ3.30：ターミナルへの出力を隠す

> **課題**

コマンドを実行したいが、出力は画面に出したくない。

▶解決

`>` を使って、出力を `/dev/null` へリダイレクトする。

```
$ ls > /dev/null
```
[*10]

▶解説

この例は構文を示すためのものだが、実際には何の役にも立たない。もっとよく使われる例としては、たとえばプログラムを実行している際、開発者がコードに挿入したトレースメッセージがたくさん表示されるが、それを見たくないような場合だ。次の例では、`find` コマンドの余分な出力を隠している（レシピ3.22を参照）。

```
$ find / -name gemgem.py 2>/dev/null
/home/pi/python_games/gemgem.py
```
[*10]

▶参考

標準出力のリダイレクトに関しては、レシピ3.27を参照してほしい。

レシピ3.31：プログラムをバックグラウンドで実行する

▶課題

プログラムを実行したいが、その間に別の作業もしたい。

▶解決

`&` を使って、プログラムやコマンドをバックグラウンドで実行する。たとえば次の例を見てほしい。

```
$ python speed.py &
[1] 2528
$ ls
```

こうすると、プログラムの動作が終了するのを待つ代わりに、コマンドラインにはプロセスID（2番目の行の数字「2528」）が表示され、すぐに何か別のコマンドを実行することができる。その後、このプロセスIDを使ってバックグラウンドのプロセスをkillすることができる（レシピ3.24）。

バックグラウンドプロセスをフォアグラウンドへ戻すには、`fg` コマンドを使う。

```
$ fg
python speed.py
```

[*10] 訳注：これら2つの例の微妙な違いに気付いただろうか。最初の例では `>/dev/null` となっているが、2番目の例では `2>/dev/null` となっている。実は最初の例では**標準出力**を `/dev/null` にリダイレクトしているが、2番目の例では**標準エラー出力**を `/dev/null` にリダイレクトしている。その結果、2番目の例では `find` コマンドの通常の出力（見つかったファイル）は表示されるが、たとえばアクセス権がないといったエラーメッセージは表示されないことになる。

実行されているコマンドやプログラムが表示され、その終了を待つことになる。

> ● 解説

この場合でもバックグラウンドプロセスからの出力は、ターミナルに表示される。
プロセスをバックグラウンドで実行するもう1つの方法は、単純にターミナルウィンドウをもう1つ開くことだ。

> ● 参考

プロセス管理に関しては、レシピ3.24を参照してほしい。

レシピ3.32：コマンドのエイリアスを作成する

> ● 課題

よく使うコマンドのエイリアス（別名）を作成したい。

> ● 解決

nano（レシピ3.6）を使ってファイル~/.bashrcを開き、ファイルの末尾に次のような行を好きなだけ追加する。

```
alias l='ls -a'
```

この例ではlという名前のエイリアスが作成される。これは実行の際にコマンドls -aと解釈される。
Ctrl-XとYを入力してファイルを保存して終了し、それから次のコマンドを入力してターミナルに新しいエイリアスを覚えさせる。

```
$ source .bashrc
```

> ● 解説

Linuxユーザには、rmに次のようなエイリアスを設定して、削除の際に確認が行われるようにしている人が多い。

```
$ alias rm='rm -i'
```

これは悪い考えではないが、このエイリアスが設定されていない別のシステムを使う際には、気を付けないと大変なことになってしまうかもしれない。

> ● 参考

rmについては、レシピ3.10を参照してほしい。

レシピ3.33：日付と時間を設定する

●課題
Raspberry Piの日付と時間を、手作業で設定したい。

●解決
Linuxのdateコマンドを使う。

日付と時間のフォーマットはMMDDhhmmYYYYだ。ここで最初のMMには月の数字、DDは日付、hhとmmはそれぞれ時間と分、そしてYYYYは年を指定する。

```
$ sudo date 010203042013
Wed Jan  2 03:04:00 UTC 2013
```

●解説
Raspberry Piがインターネットに接続されている場合には、ブート時にインターネット上のタイムサーバを使って自動的に時刻が設定される。

またdateとだけ入力すると、現在の時間が（タイムゾーンが設定されていなければUTCで）表示される。

```
$ date
Wed Jan  2 03:08:14 UTC 2013
```

●参考
ネットワークに接続されていない場合であってもRaspberry Piで正確な時間を保持したければ、RTC（リアルタイムクロック）モジュールを使うことができる（レシピ11.13）。

レシピ3.34：SDカードの残り容量を確認する

●課題
SDカードに空き容量がどれだけ残っているか知りたい。

●解決
Linuxのdfコマンドを使う。

```
$ df -h
Filesystem      Size  Used Avail Use% Mounted on
rootfs          3.6G  1.7G  1.9G  48% /
/dev/root       3.6G  1.7G  1.9G  48% /
devtmpfs        180M     0  180M   0% /dev
```

```
tmpfs            38M   236K   38M   1% /run
tmpfs           5.0M      0  5.0M   0% /run/lock
tmpfs            75M      0   75M   0% /run/shm
/dev/mmcblk0p1   56M    19M   38M  34% /boot
```

● 解説

実行結果の2番目の行を見ると、SDカードの3.6GBの容量のうち1.7GBが使用済みであることがわかる。

ディスクの容量がなくなってしまうと、たとえばファイルの書き込みができないといったエラーメッセージが表示されるなど、予期しない、おかしな挙動を示すようになる。

● 参考

`df`のマニュアルページは、`man df`とすれば表示できる。

4章　ソフトウェア

この章では、Raspberry Piですぐに使用できるソフトウェアのレシピを紹介する。

この章の一部のレシピではRaspberry Piを専用機に仕立てることになるが、その他のレシピではRaspberry Pi上の特定のソフトウェアの使い方を説明する。

レシピ4.1：メディアセンターにする

▶ 課題

Raspberry Piを極上のメディアセンターに仕立て上げたい。

▶ 解決

実はRaspberry Piは、すばらしいメディアセンターにもなるのだ。図4-1に、XBMC（Xbox Music Center）を実行しているところを示す。

図4-1
Raspberry Piをメディアセンターとして使う

Raspberry Piは、フルHDビデオの再生や、音楽、MP3ファイル、そしてインターネットラジオのストリーミングを完璧にこなしてくれる。

XBMCは、当初Xboxゲーム機をメディアセンターに仕立て上げるために発足したオープンソースプロジェクトだ。その後、Raspberry Piを含む数多くのプラットフォームへ移植されている。

Raspberry Piをメディアセンターに仕立て上げるには、XBMCを含むディストリビューションのSDカードを新しく作成する必要がある。ここでは、Raspbmcを使ってみる。

1. ディスクイメージをコンピュータへダウンロードする。
   RaspbmcディストリビューションをSDカードへ書き込むには、SDカードライタとPC（Windows、Mac、またはLinux）が必要だ。
   http://www.raspbmc.com/download から、Raspbmcのイメージファイルをダウンロードする。[*1] ウェブページをスクロールダウンし、「Just want an image without a fancy installer?」のセクションで、「Standalone Image」リンクをクリックしてファイルをダウンロードする。
2. イメージファイルをSDカードへ書き込む。
   RaspbmcイメージファイルをSDカードへ書き込むには、レシピ1.6で説明したプロセスにしたがってほしい。少なくとも4GBのSDカードが必要だ。
3. SDカードをRaspberry Piへ差し込んで、起動する。
   最初のブート中に構成に関する質問にいくつか答えれば、あとは待つだけだ。

● 解説

　XBMCは、数多くの機能を持つ強力なソフトウェアだ。最も簡単に動作確認をするには、音楽やビデオのファイルをUSBフラッシュドライブやUSBハードディスクへコピーしてRaspberry Piへ接続してみるのがよいだろう。これらのファイルは、XBMCで再生できるはずだ。

　Raspberry Piはテレビの近くに置くことになるだろうから、Raspberry Piの動作に十分な電流を供給できるUSBポートのあるテレビなら、別に電源を用意する必要はなくなる。

　ワイヤレスキーボードやマウスを使うのがよいだろう。ペアで買えば、ドングル用のUSBポートが1つで済むし、ケーブルを引き回す必要もなくなるからだ。このような場合には、トラックパッドが組み込まれたミニキーボードも便利だろう。

　一般的にはWiFi接続よりも有線接続のほうが高性能で望ましいが、Raspberry Piの近くにいつでもイーサネットソケットがあるとは限らない。そのような場合には、WiFiドングルを使ってネットワークと接続するようにXBMCを設定すればよい。

　XBMCとRaspbmcを使ったWiFiの設定は、実はRaspbianやOccidentalis（レシピ2.5）よりも簡単だ。メディアセンターのソフトウェアが提供する、こじゃれたインタフェースが使えるからだ。無線ネットワークを設定するには、XBMCの［プログラム］（Program）セクションをポイントし、それから［Raspbmc Settings］をクリックする（図4-2）。

　WiFiオプションを選択して、SSID（WiFiネットワーク名）とWiFiパスワードを入力すればよい。

[*1] 訳注：RaspbmcはNOOBSにも含まれているので、レシピ1.5の手順にしたがい、Raspbianの代わりにRaspbmcを選択してインストールすることもできる。

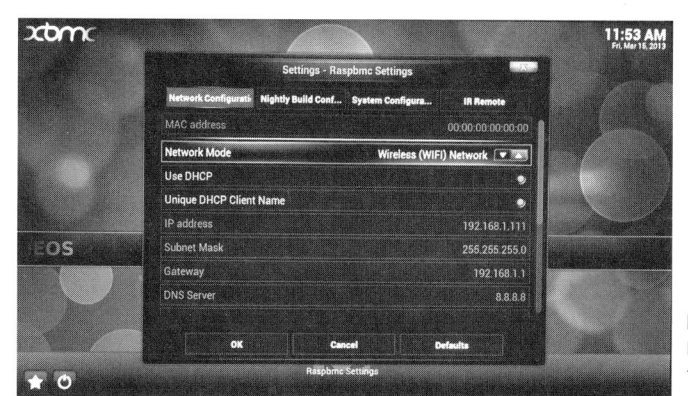

図4-2
RaspbmcでWiFiを設定する

▶参考

XBMCソフトウェアには、wiki形式のマニュアルがある（http://wiki.xbmc.org）。

メディアセンターのディストリビューションは、Raspbmcだけではない。次の2つのディストリビューションも、よく使われている。

・OpenElec（www.openelec.tv）
・XBian（http://xbian.org）

また、Raspberry Piに赤外線リモコンを接続してXBMCをコントロールすることも可能だ（http://learn.adafruit.com/using-an-ir-remote-with-a-raspberry-pi-media-center）。

レシピ4.2：オフィスソフトウェアをインストールする

▶課題

Raspberry Piでワープロやスプレッドシートの文書を作成したい。

▶解決

Raspberry Piは、実際のところLinuxコンピュータなので、オフィスアプリケーションをインストールしてスプレッドシートやワープロ文書を扱うことができる。

Raspberry Piのプログラムはインターネットからダウンロードすることになるので、インターネット接続が必要だ。

新しいソフトウェアをインストールする前にはいつでも、ターミナルを開いて次のコマンドを実行しておくのがよいだろう。

```
$ sudo apt-get update
```

AbiWordワードプロセッサをインストールするには、次のコマンドを実行する。

```
$ sudo apt-get install abiword
```

インストールの確認を求められた際には、**Y**と入力する。インストールは数分で完了するはずだ。[スタート]メニューには[オフィス](Office)という新しいセクションができていて、ここにAbiWordが入っている（図4-3）。

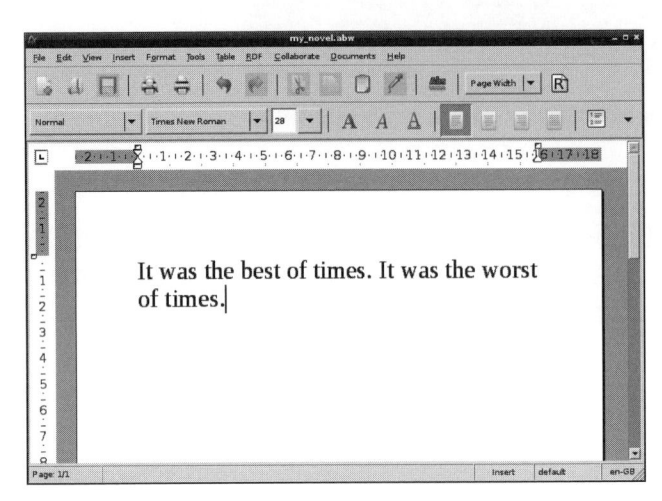

図4-3 AbiWord

AbiWordは`.doc`、`.docx`などの一般的なワープロ文書フォーマットを開くことができる。

スプレッドシートを扱う必要があるのなら、Gnumericを使うのがよいだろう。次のコマンドでインストールできる。

```
$ sudo apt-get install gnumeric
```

●解説

オフィスアプリケーションの動作がちょっと遅いように感じられる場合、Raspberry Piをオーバークロッキング（レシピ1.14）すれば、きびきびと動くようになる可能性がある。

●参考

LibreOffice（OpenOfficeから派生した）など、それ以外のオフィスソフトウェアの移植作業も進行中だ。オフィスソフトウェアの移植に関する最新情報を得るには、インターネットをチェックしてほしい。

`apt-get`の使い方に関しては、レシピ3.16を参照してほしい。

レシピ4.3： 他のブラウザをインストールする

◆ 課題
Midori以外のブラウザを使いたい。

◆ 解決
　Raspberry Piでは、数多くのブラウザが使用可能だ。しかしRaspberry Piは強力なコンピュータではないし、モダンなブラウザやウェブページは大きな負荷がかかる。つまりRaspberry Pi上でブラウザを使う場合には、機能と性能とのトレードオフを常に考慮しなくてはならない。

　名前からわかるように、Chromium（図4-4）はGoogle Chromeのユーザにとっては使いやすいはずだ。これは機能満載のブラウザだが、リッチなウェブページを上下にスクロールしようとするとかなり遅い。Chromiumは次のコマンドでインストールでき、その際［スタート］メニューの［インターネット］（Internet）セクションに新しいリンクが作成される。

```
$ sudo apt-get install chromium-browser
```

　Midoriに代わる、もう1つの人気のあるブラウザがIceweasel（図4-5）だ。このブラウザはFirefoxをベースとしており、モバイルバージョンのウェブサイト（単純なHTMLで書かれていることが多い）があればそれを使うので、Chromiumより高速だ。Iceweaselをダウンロードしてインストールするには、次のコマンドを使う。

```
$ sudo apt-get install iceweasel
```

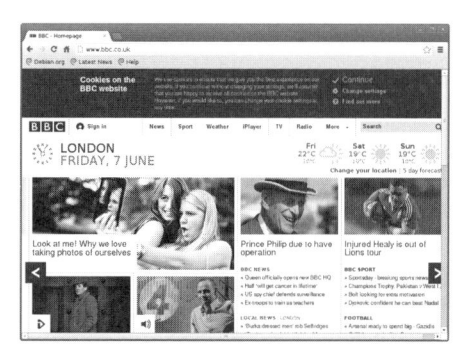

図4-4　Chromiumブラウザ

図4-5　Iceweaselブラウザ

◆ 解説
　多くのウェブサイトではブラウザにかなりのパワーを要求するので、遅さにイライラしたくなければ512MBのメモリを搭載したモデルBがきっと必要になる。また、Raspberry Piのオーバークロッキング（レシピ1.14）も効果があるだろう。

> **参考**
>
> apt-getの使い方に関しては、レシピ3.16を参照してほしい。

レシピ4.4：Pi Storeを利用する

> **課題**
>
> Pi Storeを利用して、ソフトウェアやゲームをインストールしたい。

> **解決**
>
> Pi Storeは、AppleのApp StoreやGoogleのPlay Storeのようなものだ。ここからさまざまなアプリケーション（フリーのものもあれば有料のものもある）をダウンロードしてインストールし、実行することができる。
>
> Pi Storeを利用するには、まずRaspberry Pi上で動作するクライアントプログラムをダウンロードする必要がある。[*2] このクライアントプログラムを通して、Pi Store上の利用できるアプリを閲覧する。
>
> インストールは、ターミナルセッションを開いて次のコマンドを実行する。
>
> ```
> $ sudo apt-get install pistore
> ```
>
> インストールが完了すると、デスクトップにPi Storeアプリケーションへのショートカットが作成されているはずだ（図4-6）。

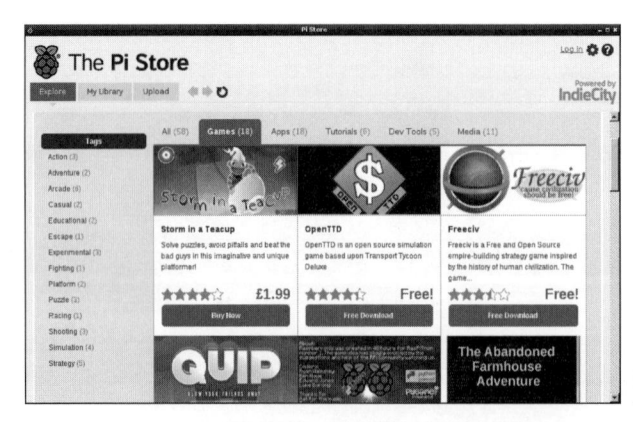

図4-6 Pi Store

最初にアプリをダウンロードする際には、登録が必要となる。登録後、ダウンロードされたアプリは［My Library］タブに表示される。アプリを実行するには、ショートカットをダブルクリックすればよい。

[*2] 訳注：Raspbianの最新バージョンでは、最初からPi Storeアプリケーションがインストールされている。

◯ 解説

Pi Storeは、Raspberry Piで使えるおもしろいプログラムを探すのに便利な方法だ。新しいアプリが続々とPi Storeへ登録されている。

◯ 参考

Pi Storeの公式ウェブサイト（http://store.raspberrypi.com/）を参照してほしい。
apt-getの使い方に関しては、レシピ3.16を参照してほしい。

レシピ4.5：ウェブカムサーバにする

◯ 課題

Raspberry Piをウェブカムサーバとして設定したい。

◯ 解決

motionソフトウェアをダウンロードする。このソフトウェアは、接続されたUSBウェブカムに合わせてRaspberry Piを設定し、ウェブページを立ち上げてウェブカムに映る景色を表示してくれる。

このソフトウェアをインストールするには、次のコマンドをターミナルウィンドウから入力する。

```
$ sudo apt-get install motion
```

USBウェブカムを接続し、**lsusb**と入力してウェブカムが接続されていることを確認する。

```
$ lsusb
Bus 001 Device 001: ID 1d6b:0002 Linux Foundation 2.0 root hub
Bus 001 Device 002: ID 0424:9512 Standard Microsystems Corp.
Bus 001 Device 003: ID 0424:ec00 Standard Microsystems Corp.
Bus 001 Device 004: ID 3538:0059 Power Quotient International Co., Ltd
Bus 001 Device 006: ID eb1a:299f eMPIA Technology, Inc.
```

確信が持てない場合には、ウェブカムを一度抜いて、このリストからどの項目が消えるか見てみよう。この例では、リストの最後の項目がウェブカムに対応している。

次に、いくつかの構成変更を行う必要がある。まず、次のコマンドでファイル/etc/motion/motion.confを編集する。

```
$ sudo nano /etc/motion/motion.conf
```
[*3]

[*3] 訳注：この本では、ルート権限が必要なファイルの編集作業にsudo nanoを使っているが、sudoeditというコマンドを使ったほうがよい。sudoeditでは、たとえば、間違って別のファイルを上書きして消してしまうことが防げる。

これは、かなり大きな設定ファイルだ。まず、ファイルの先頭近くに daemon off という行があるので、これを daemon on と変更する。

もう1つ、ずっと後のほうにある webcam_localhost = on を webcam_localhost = off と変更する必要がある。

変更が必要なファイルがもう1つある。次のコマンドを入力してほしい。

```
$ sudo nano /etc/default/motion
```

start_motion_daemon=no を start_motion_daemon=yes と変更してほしい。

ウェブサーバを起動するには、次のコマンドを実行する。

```
$ sudo service motion start
```

この後ウェブブラウザを開いて、ウェブカムの画面を見ることができるはずだ。そのためには、Raspberry PiのIPアドレスを知っておく必要がある（レシピ2.2）。

同一ネットワーク上の別のコンピュータから、ブラウザを開いてURL http://192.168.1.16:8081/ へアクセスする。ここでIPアドレスはRaspberry Piのものと合わせる必要があるが、URLの最後にあるポート番号「:8081」はそのままにしておく。

すべて順調なら、図4-7のような画面が見えるはずだ。

図4-7 Raspberry Piのウェブカム

▶ 解説

このmotionソフトウェアは実際には非常に強力で、これ以外にもいろいろとウェブカムの動作を変更するための設定ができる。

デフォルトでは、ウェブカムは同一ネットワークだけから見えるようになっている。インターネット全体にウェブカムを公開したい場合には、ルータに**ポートフォワーディング**を設定する必要がある。ルータの管理コンソールへログインし、ポートフォワーディングのオプションを探し、そこでRaspberry PiのIPアドレスのポート8081についてポートフォワーディングを有効化すればよい。

そうすると、ISPから割り当てられたグローバルIPアドレスにアクセスすることでウェブカムが見られるようになる。このIPアドレスは通常、管理コンソールの最初のページに表示されているはずだ。しかし、固定IPアドレスを契約していない限り、このIPアドレスはルータを再起動するたびに変わる可能性が高いことに注意しておいてほしい。

◉ 参考

motionのウェブサイト（http://www.lavrsen.dk/foswiki/bin/view/Motion/Motion Guide）には、詳細なドキュメントが掲載されている。

レシピ4.6：ゲーム機のエミュレータを動かす

◉ 課題

ゲーム機のエミュレータを使って、Raspberry Piで昔懐かしいゲームを遊びたい。

◉ 解決

1980年代の昔懐かしいゲーム機のエミュレータは、数多く存在している。最も人気のあるものの1つが、Atari 2600のエミュレータStellaだ（図4-8）。

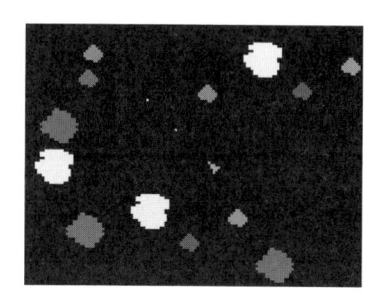

図4-8
Atari 2600エミュレータ上のアステロイド

> これらのゲームは古いものだが、いまでも誰かが権利を持っていることには注意しておいてほしい。Stellaのようなエミュレータでゲームを遊ぶために必要なROMイメージファイルは、インターネットで簡単に見つけることができるが、必ずしも使ってよいものとは限らない。法律は守ってほしい。

Stellaをインストールするには、ターミナルウィンドウで次のコマンドを入力すればよい。

```
$ sudo apt-get install stella
```

インストールが終わると、[スタート] メニューのゲームの中に新しいプログラムが登録されているはずだ。しかし、まだ実行しないように。ゲーム用のROMイメージを取得する必要があるからだ。

米国以外にお住まいで本物のゲームを所有している人なら、多くの国（しかしすべての国ではない）ではバックアップのためにROMイメージのコピーを取る権利がある。また、何のライセンス制限もなくリリースされた一部のゲームのROMイメージを探すこともできる。

遊びたいゲームのROMイメージが入手できたら、romsという名前のフォルダを作成し、

そこにROMイメージを置いてほしい。それから、Stellaを起動する。

ROMイメージをクリックするとゲームが始まる。デフォルトでは、カーソルキーがジョイスティックの制御に、スペースバーが発射ボタンに割り当てられている。エミュレータのさまざまな設定は変更可能だ。たとえば、[Video Settings]の中でフルスクリーンモードを設定しておくのがよいだろう。

また[Input Settings]と[Emul Events]タブを使って、コントローラのボタンをキーボードへ割り当てることもできる。

▶解説

このエミュレータは、ただでさえ乏しいRaspberry Piのリソースを大幅に消費するため、最良の性能を得るにはオーバークロッキングを行う必要があるだろう（レシピ1.14）。

インターネットを検索してみると、数多くの人たちがこの基本的な構成にレトロなUSBコントローラ、たとえば、入手性がよく価格も安い任天堂のRetrolink USB Super SNES Classic Controllerを追加して、Raspberry Piとモニタを大きなアーケードゲーム機のケースに組み込んでいることがわかるだろう。

▶参考

これ以外にも数多くの（完成度や安定度はさまざまだが）エミュレータがRaspberry Piで利用可能だ。たとえばMame（http://www.mamedev.org/）は、さまざまなゲームプラットフォームをエミュレートすることができる。

apt-getを使ったインストールに関しては、レシピ3.16を参照してほしい。

レシピ4.7：Minecraftを動かす

▶課題

人気ゲームMinecraftを、Raspberry Piで動かしたい。

▶解決

オリジナルのMinecraft開発者であるMojangが、Raspberry Piへの移植を行っている。ソフトウェアをインストールするには、ディストリビューションとしてRaspbianを使う必要がある（レシピ1.4）。次のコマンドを入力してMinecraftをダウンロードし、インストールする（図4-9）。

```
$ wget https://s3.amazonaws.com/assets.minecraft.net/pi/minecraft-pi-0.1.1.tar.gz
$ tar -zxvf minecraft-pi-0.1.1.tar.gz
$ cd mcpi
$ ./minecraft-pi
```

> ● 解説

　MinecraftをRaspberry Piで動かすため、開発者はグラフィックスのコードにいくつかのショートカットを追加した。このため、このゲームはキーボードとマウスとモニタが直接接続されたRaspberry Piでしか直接プレイできない。リモート接続では動かないのだ。

図4-9
Raspberry PiでMinecraftを動かす

> ● 参考

　詳しい情報については、「Minecraft:Pi Edition」（http://pi.minecraft.net/）を参照してほしい。

レシピ4.8： OpenArenaを動かす

> ● 課題

　Raspberry Piで、Quake派生のゲームOpenArenaを遊びたい。

> ● 解決

　Pi StoreからOpenArenaをダウンロードして起動する（図4-10）。

> ● 解説

　当然のことだが、OpenArenaはPi StoreのGamesセクションで見つかる。このゲームは非常に暴力的で流血シーンも多いので、簡単な年齢確認画面が表示される。

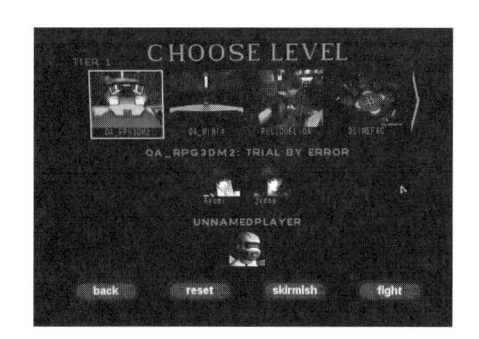

図4-10
Raspberry PiでOpenArenaを動かす

> ● 参考

　OpenArenaに関しては、「OpenArena」（http://www.openarena.ws/smfnews.php）を参照してほしい。
　Pi Storeの使い方に関しては、レシピ4.4を参照してほしい。

レシピ4.9：Raspberry PiをFMトランスミッターにする

ぜひ、このレシピのビデオをhttp://razzpisampler.oreilly.comで見てほしい。

▶課題

通常のFMラジオで受信できる、強力なFMトランスミッターにRaspberry Piを仕立て上げたい（図4-11）。

図4-11
Raspberry PiをFMトランスミッターとして使う

▶解決

インペリアルカレッジロンドンの精鋭たちが、これを実現するCのコードとPythonラッパーを作成している。これらをダウンロードすると、サンプルとして再生可能なスター・ウォーズのテーマまでついてくる。

他に必要なのは、GPIOの4番ピンに短い電線を接続することだけだ。メス─オスのジャンパピンでよいだろう。実際には、すぐ隣に置いたラジオであれば全くアンテナなしでも届くほど、送信パワーは強力だ。

まず、次のコマンドを使ってpifmライブラリをインストールする。

```
$ mkdir pifm
$ cd pifm
$ wget http://www.icrobotics.co.uk/wiki/images/c/c3/Pifm.tar.gz
$ tar -xzf Pifm.tar.gz
```

次に、FMラジオを用意して周波数を103.0 MHzに合わせる。この周波数が別の放送局で使われている場合には、別の周波数を選んで書き留めておく。

そして次のコマンドを実行する（周波数を変更した場合には、最後の引数を103.0から別の周波数に変更すること）。

```
sudo ./pifm sound.wav 103.0
```

すべて順調なら、あの感動的なスター・ウォーズのテーマが聞こえてくるはずだ。

●解説

このプロジェクトは、お住まいの国によっては法律違反になるかもしれないことは知っておいてほしい。この送信出力は、MP3プレイヤー用のFMトランスミッターよりも大きいからだ。[*4]

他の.wavファイルの再生も可能だが、16 bit、44.1 kHz、モノラルでなくてはならない。

コードには、自作のPythonプログラムの中で使えるPythonライブラリも含まれている。つまり、曲を選択して再生するユーザインタフェースを書くことができるわけだ。

次のコードの断片で、Pythonインタフェースの使い方がわかるだろう。

```
pi@raspberrypi ~/pifm $ sudo python
Python 2.7.3 (default, Jan 13 2013, 11:20:46)
[GCC 4.6.3] on linux2
Type "help", "copyright", "credits" or "license" for more information.
>>> import PiFm
>>> PiFm.play_sound("sound.wav")
```

車にRaspberry Piを積載すれば、この方法を使えば車のオーディオシステム経由でサウンドが出力できる。

●参考

この項の説明は、インペリアルカレッジロンドンのオリジナルの投稿（http://www.icrobotics.co.uk/wiki/index.php/Turning_the_Raspberry_Pi_Into_an_FM_Transmitter）に基づいたものだ。

レシピ4.10： GIMPを使う

●課題

画像を編集したい。

●解決

GNU Image Manipulation Program（GIMP、図4-12参照）をダウンロードして実行する。

[*4] 訳注：日本では、FM放送の周波数帯の場合、電波法第4条および電波法施行規則第6条で「電界強度が3mの距離において500μV/m以下」であれば免許の必要なく利用できるとされている。逆にいえば、電波の強さがこれを超えると法令に違反することになってしまう。通常の使い方ではその心配はないが、あまりに長い電線や大きなアンテナを接続するようなことのないよう、注意してほしい。

図4-12
Raspberry Pi上のGIMP

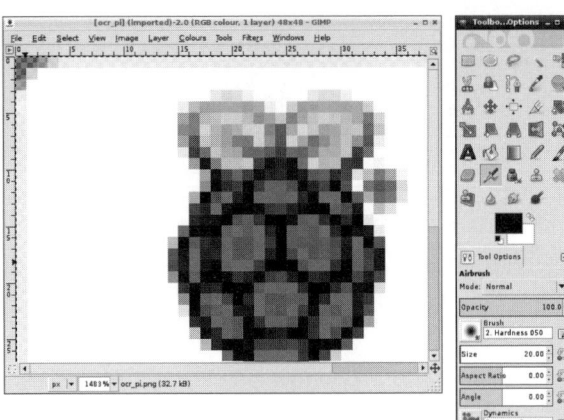

GIMPをインストールするには、ターミナルセッションを開いて次のコマンドを入力する。

```
$ sudo apt-get install gimp
```

GIMPのインストールが終わると、[スタート] メニューの [グラフィックス] (Graphics) の中にGIMP (GNU Image Manipulation Program) という見出しが表示されるようになるはずだ。

● 解説

GIMPはメモリとプロセッサのパワーを大量に消費するが、Raspberry PiモデルBでは十分に使える。

● 参考

詳しくは、GIMPのウェブサイト (http://www.gimp.org/) を参照してほしい。

GIMPは機能豊富で非常に洗練された画像編集プログラムなので、使いこなすには多少の学習が必要となる。このソフトウェアのオンラインマニュアルはGIMPウェブサイトの「Documentation」タブの中で見つかるはずだ。

`apt-get`を使ったインストールに関しては、レシピ3.16を参照してほしい。

レシピ4.11：インターネットラジオ

● 課題

Raspberry Piで、インターネットラジオを聴けるようにしたい。

● 解決

次のコマンドを実行して、VLCメディアプレイヤーをインストールする。

```
$ sudo apt-get install vlc
```

インストールされると、VLCは［スタート］メニューの［サウンドとビデオ］（Sound & Video）セクションに表示されるようになる。

このプログラムを実行し、［メディア］（Media）メニューの［ネットワークストリームを開く］（Open Network Stream）オプションを選択する。するとダイアログボックス（図4-13）が開くので、ここに聴きたいインターネットラジオ局のURLを入力すればよい。

Raspberry Piのオーディオソケットに、ヘッドフォンかアンプ付きのスピーカーを接続する必要がある。

● 解説

VLCは、コマンドラインからも実行できる。

```
$ vlc http://www.a-1radio.com/listen.pls -I dummy
```

おそらくVLCはいくつかエラーメッセージを出力するだろうが、その後にちゃんとオーディオを再生してくれるはずだ。

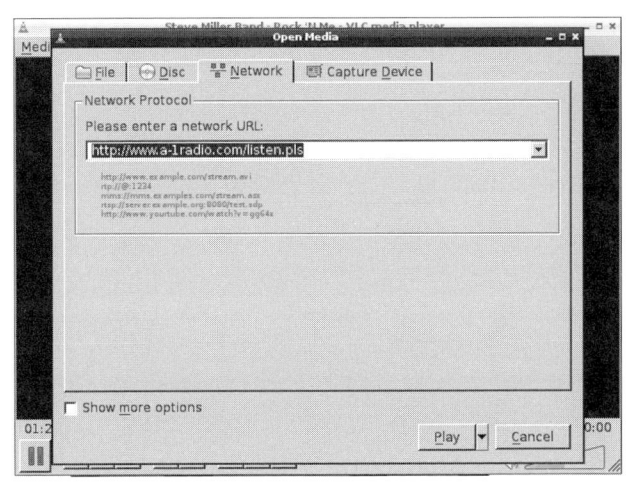

図4-13 Raspberry PiでVLCを動かす

● 参考

このレシピは「Building a Raspberry Pi internet radio」のチュートリアル（http://www.jan-holst.dk/pi-radio/pi-radio.html）から多くを引用している。ここではJan Holstが、さらに1歩進んで本物のラジオのようにボタンで選曲できるようにする方法を説明している。

英国の読者向けだが、BBCのラジオストリームのURLリスト（http://forum.chumby.com/viewtopic.php?id=7054）もある。

5章 Pythonの基本

Raspberry Piのプログラミングは数多くの言語を使って行うことができるが、Pythonが最もよく使われている。実は、Raspberry Piの「Pi」はPythonから来ているのだ。

この章では、Raspberry Piのプログラミングに取り組む際に役立つレシピをたくさん紹介する。

レシピ5.1：Python 2とPython 3のどちらを使うか

▶課題

Pythonを使いたいが、どちらのバージョンを使ってよいかわからない。

▶解決

両方使う。バージョン2に戻ったほうがうまく解決できる問題に直面するまでは、Python 3を使うのがよいだろう。

▶解説

Pythonの最新バージョンがPython 3となってからすでに何年も経っているが、いまだに多くの人々がPython 2を使い続けている。実は、RaspbianやOccidentalisディストリビューションでは両方のバージョンが提供されているが、バージョン2は単にPythonと呼ばれ、バージョン3はPython3と呼ばれている。Pythonバージョン3を、python3というコマンドで実行することもできる。この本のコード例は、特に明示しない限りPython 3で書かれている。ほとんどは、変更なしでPython 2でもPython 3でも動作するはずだ。[*1]

Pythonコミュニティが古いPython 2を捨てることをためらっている最も大きな理由は、Python 3ではバージョン2と互換性のない変更が行われたためだ。つまり、Python 2の

[*1] 訳注：実際には、8章以降のハードウェアのレシピはPython 2で書かれたもののほうが多いが、多少の変更でPython 3でも動作する。

ために開発されてきた膨大なサードパーティ製のライブラリの一部は、Python 3では動作しないのだ。筆者は、可能な限りPython 3でコードを書き、互換性の問題のため使わざるを得なくなった場合にはPython 2に戻るという方針を取っている。

▶参考

Python 2対Python 3論争のまとめは、Python wiki（https://wiki.python.org/moin/Python2orPython3）で読むことができる。

レシピ5.2：IDLEを使ってPythonプログラムを書く

▶課題

何を使ってPythonプログラムを書けばよいのかわからない。

▶解決

通常のRaspberry Piディストリビューションには、Python 2とPython 3に対応したそれぞれのバージョンのIDLE（Python開発ツール）が同梱されている。RaspbianやOccidentalisを使っているのなら、Raspberry Piデスクトップ上に両方のバージョンのIDLEへのショートカットがあるはずだ。

▶解説

IDLE（Python 2用）とIDLE 3（Python 3用）の見た目は、全く同じだ。違いは利用するPythonのバージョンだけなので、IDLE 3を開こう（図5-1）。

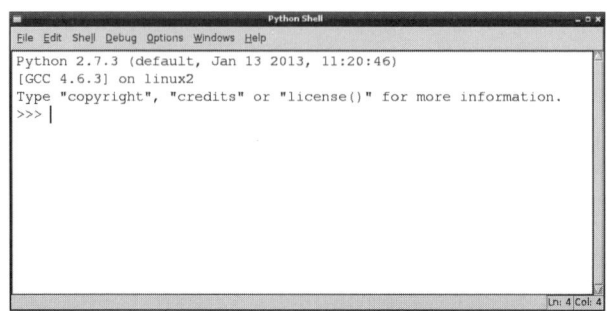

図5-1
IDLE Pythonコンソール

開いたウィンドウには、Python Shellというラベルが付いている。これは対話型シェルで、このコンソールにPythonプログラムを打ち込むと、その結果がすぐに返される。＞＞＞プロンプトの後へ、次のように入力してみよう。

```
>>> 2 + 2
4
>>>
```

Pythonは2 + 2という式を評価して、4という答えを返した。
　Python Shellはいろいろなことを試してみるには向いているが、プログラムを書きたいのならエディタを使う必要がある。IDLEで新しいファイルを開いて編集するには、[File]メニューから［New Window］を選択する（図5-2）。

図5-2　IDLEエディタ

　このエディタウィンドウにプログラムを入力していけばよい。試しに次のテキストをエディタウィンドウへ貼り付けてcount.pyという名前でファイルを保存し、そして［Run］メニューから［Run Module］を選択してみてほしい。このプログラムの実行結果は、Pythonコンソールで見ることができる。

```
for i in range(1, 10):
    print(i)
```

　インデントが基本的な役割を果たしているという点で、Pythonは珍しいプログラミング言語だ。C系統の言語なら｛と｝で区切るコードのブロックを、Pythonではインデントを使って表現するのだ。したがって、先ほどの例ではprintがforループの一部として繰り返し呼び出されるということを、4個のスペースでインデントされていることからPythonは理解する。
　この本では、4個のスペースを使ってインデントのレベルを表現することにする。

> Pythonを使い始めると、「IndentationError: unexpected indent」のようなエラーをよく見かけることになるだろう。これは、どこかでインデントが正しく行われていないことを意味している。すべてがきちんとそろっているように見えても、インデントにタブ文字が含まれていないかどうか、もう一度チェックしてみてほしい。Pythonは、タブをスペースとは別に取り扱うのだ。

　IDLEでは、色を使ってプログラムの構造を示してくれることに注目してほしい。

> **参考**
> この章のレシピの多くは、IDLEを使ってPythonのサンプルコードを編集している。
> IDLEを使ってPythonファイルの編集と実行を行う代わりに、nano（レシピ3.6）でファイルを編集してターミナルセッション（レシピ5.4）から実行することもできる。

レシピ5.3：Pythonコンソールを使う

> **課題**
> プログラムを書かずに、Pythonコマンドを実行したい。

> **解決**
> IDLE（レシピ5.2）またはターミナルセッションで、Pythonコンソールを使う。

> **解説**
> ターミナルウィンドウからPython 2コンソールを開始するには、**python**というコマンドを入力すればよい。Python 3コンソールの場合には、**python3**コマンドを入力する。
> ＞＞＞プロンプトは、Pythonコマンドが入力できることを示している。コマンドが複数行になる場合、コンソールが自動的に3個のドットで表示される継続行を提供してくれる。この場合でも、次に示すように4個のスペースでインデントを行う必要がある。

```
>>> for i in range(1, 10):
...     print(i)
...
1
2
3
4
5
6
7
8
9
>>>
```

コマンドの入力が終わったら、インデントされたブロックの終わりをコンソールへ認識させてコードを実行させるために、エンターキーを2度押す必要がある。
Pythonコンソールでもコマンドヒストリーが利用できるので、上下カーソルキーを使って以前入力したコマンドを再実行することもできる。

> **参考**
> 2、3行よりも長いコードを入力する場合には、IDLE（レシピ5.2）を使って、Pythonファ

イルとして編集してから実行したほうがよいだろう。

レシピ5.4： Pythonプログラムをターミナルから実行する

> **課題**

IDLEからプログラムを実行するのは便利だが、ときにはターミナルウィンドウからPythonプログラムを実行したいこともある。

> **解決**

ターミナルで、pythonまたはpython3の後に、実行したいプログラムのファイル名を指定する。

> **解説**

Python 2のプログラムをコマンドラインから実行するには、次のようにすればよい。

```
$ python myprogram.py
```

Python 3を使ってプログラムを実行するには、pythonをpython3に変える。実行したいPythonプログラムは、拡張子.pyの付いたファイルに入っている必要がある。

たいていのPythonプログラムは通常ユーザで実行できる。しかし一部の、特にGPIOポートを使うプログラムは、スーパーユーザとして実行する必要がある。その場合には、コマンドの前にsudoを付ければよい。

> **参考**

レシピ3.21では、Pythonプログラムを時間指定して実行する方法を説明している。
起動時にプログラムを自動的に実行するには、レシピ3.20を参照してほしい。

レシピ5.5： 変数

> **課題**

値に名前を付けたい。

> **解決**

=を使って、名前に値を割り当てることができる。

> **解説**

Pythonでは、変数の型を宣言する必要はないので、次に示す例のように変数へ値を単純に代入できる。

```
a = 123
b = 12.34
c = "Hello"
d = 'Hello'
e = True
```

文字列は、単一引用符か二重引用符のどちらを使っても定義できる。Pythonの論理定数はTrueとFalseで、大文字と小文字は区別される。

Pythonの慣習として、変数名は小文字で始まり、また変数名が2つ以上の単語から成り立っている場合には、それらの単語はアンダースコア文字で結合される。変数にはわかりやすい名前を付けよう。

有効な変数名の例としては、xやtotal、そしてnumber_of_charsなどが挙げられる。

▶参考

変数には、リスト（レシピ6.1）やディクショナリ（レシピ6.12）の値を代入することもできる。

変数を使った算術演算については、レシピ5.8を参照してほしい。

レシピ5.6：出力を表示する

▶課題

変数の値を知りたい。

▶解決

printコマンドを使う。Pythonコンソール（レシピ5.3）で次の例を試してみてほしい。

```
>>> x = 10
>>> print(x)
10
>>>
```

▶解説

Python 2では、カッコなしでprintコマンドが使える。しかし、この方法はPython 3では使えないので、Pythonの両方のバージョンと互換性を保つために、プリントする値のまわりにはカッコをつけるようにしてほしい。

▶参考

ユーザからの入力を読み込むには、レシピ5.7を参照してほしい。

レシピ5.7： ユーザからの入力を読み込む

● 課題
ユーザに値を入力させたい。

● 解決
input（Python 3）またはraw_input（Python 2）を使う。Python 3コンソール（レシピ5.3）で次の例を試してみてほしい。

```
>>> x = input("Enter Value:")
Enter Value:23
>>> print(x)
23
>>>
```

● 解説
Python 2の場合、上記の例のinputをraw_inputで置き換える必要がある。

Python 2にもinput関数はあるが、これは入力を検証して適切な型のPythonの値に変換しようとするものだ。raw_inputはPython 3のinputと同じように文字列を返すだけの働きをする。

● 参考
Python 2のinputに関するさらに詳しい情報は、http://docs.python.org/2/library/functions.html#inputにある。

レシピ5.8： 算術演算

● 課題
Pythonで算術演算をしたい。

● 解決
+、-、*、そして/演算子を使う。

● 解説
最もよく使われる算術演算子は+、-、*、そして/で、これらはそれぞれ加算、減算、乗算、そして除算を行うためのものだ。

次の例に示すように、式の一部をカッコで区切ってグループ化することもできる。この例は、摂氏での温度を華氏に変換するものだ。

```
>>> tempC = input("Enter temp in C: ")
Enter temp in C: 20
>>> tempF = (int(tempC) * 9) / 5 + 32
>>> print(tempF)
68.0
>>>
```

これ以外の算術演算子には、%（剰余）や**（べき乗）もある。たとえば、2の8乗を計算するには次のように書けばよい。

```
>>> 2 ** 8
256
```

▶参考

`input`コマンドの使い方に関してはレシピ5.7を、`input`からの文字列を数値に変換する方法についてはレシピ5.12を参照してほしい。

Mathライブラリ（http://docs.python.org/3.0/library/math.html）には数多くの有用な関数が用意されている。

レシピ5.9：文字列を作成する

▶課題

文字列変数を作成したい。

▶解決

代入演算子と文字列定数を使って、新しい文字列を作成する。文字列の前後には二重引用符または単一引用符のどちらを使ってもよいが、前後同じでなくてはならない。

```
>>> s = "abc def"
>>> print(s)
abc def
>>>
```

▶解説

文字列の中で単一引用符や二重引用符を使う必要がある場合には、文字列の中で使わないほうの引用符を文字列の前後に使えばよい。

```
>>> s = "Isn't it warm?"
>>> print(s)
Isn't it warm?
>>>
```

また、タブやニューラインなどの特殊文字を文字列の中で使わなくてはならない場合もあるだろう。このためには、**エスケープ文字**と呼ばれるものを使う必要がある。タブは\t、ニューラインは\nと表記する。

```
>>> s = "name\tage\nMatt\t14"
>>> print(s)
name    age
Matt    14
>>>
```

◯参考

エスケープ文字すべてのリストについては、Pythonリファレンスマニュアル（http://docs.python.org/release/2.5.2/ref/strings.html）を参照してほしい。

レシピ5.10： 文字列を連結（結合）する

◯課題

いくつかの文字列を結合したい。

◯解決

+（連結）演算子を使う。

```
>>> s1 = "abc"
>>> s2 = "def"
>>> s = s1 + s2
>>> print(s)
abcdef
>>>
```

◯解説

多くの言語では、文字列と数値のような文字列以外の型をいくつも連結でき、連結の際に数値は自動的に文字列へ変換される。しかしPythonではこれが行われないため、次のようにするとエラーが発生してしまう。

```
>>> "abc" + 23
Traceback (most recent call last):
File "<stdin>", line 1, in <module>
TypeError: Can't convert 'int' object to str implicitly
```

次のように、連結したい各要素を連結前に文字列へ変換しておく必要がある。

```
>>> "abc" + str(23)
'abc23'
>>>
```

▶参考

str関数を使って数値を文字列に変換する方法については、レシピ5.11を参照してほしい。

レシピ5.11：数値を文字列に変換する

▶課題

数値を文字列に変換したい。

▶解決

Pythonのstr関数を使う。

```
>>> str(123)
'123'
>>>
```

▶解説

数値から文字列への変換は、別の文字列と連結するために必要となることが多い（レシピ5.10）。

▶参考

逆に文字列を数値に変換する操作については、レシピ5.12を参照してほしい。

レシピ5.12：文字列を数値に変換する

▶課題

文字列を数値に変換したい。

▶解決

Pythonのint関数、またはfloat関数を使う。

たとえば、-123という文字列を数値に変換するには、次のようにする。

```
>>> int("-123")
-123
>>>
```

これは、正の整数にも負の整数にも使える。

浮動小数点数に変換するには、intの代わりにfloat関数を使う。

```
>>> float("00123.45")
123.45
>>>
```

> **解説**

intとfloatは両方とも先頭にゼロがあっても正しく対処してくれるし、数値のまわりにスペースやその他の空白文字があっても大丈夫だ。

また、intを使って基数変換を行うこともできる。2番目の引数として、元の数値の基数を指定すればよい。次の例では、2進数の1001を10進数に変換している。

```
>>> int("1001", 2)
9
>>>
```

次の例では、16進数のAFF0を10進数に変換している。

```
>>> int("AFF0", 16)
45040
>>>
```

> **参考**

逆に数値を文字列に変換する操作については、レシピ5.11を参照してほしい。

レシピ5.13： 文字列の長さを求める

> **課題**

文字列が何文字なのか知りたい。

> **解決**

Pythonのlen関数を使う。

> **解説**

たとえば、abcdefという文字列の長さを知るには、次のようにすればよい。

```
>>> len("abcdef")
6
>>>
```

> **参考**

len関数はリストにも使える（レシピ6.3）。

レシピ5.14： 文字列を検索し、その位置を求める

> **課題**

文字列を検索し、その場所を知りたい。

> **解決**

Pythonのfind関数を使う。

たとえば、次のようにすると、abcdefghiという文字列の中の、文字列defの開始位置が返される。

```
>>> s = "abcdefghi"
>>> s.find("def")
3
>>>
```

文字の位置は0から始まるため、3という位置は文字列の中の4番目の文字を意味することに注意してほしい。

> **解説**

探している文字列が検索対象の文字列に存在しない場合、findは-1という値を返す。

> **参考**

存在する文字列をすべて見つけて置き換えるには、replace関数を使う（レシピ5.16）。

レシピ5.15： 文字列の一部を抽出する

> **課題**

文字列の一部を切り出したい。

> **解決**

Pythonの[:]記法を使う。

たとえば、abcdefghiという文字列の中で2番目の文字から5番目の文字までを切り出すには、次のようにすればよい。

```
>>> s = "abcdefghi"
>>> s[1:5]
'bcde'
>>>
```

文字位置は0から始まるため、1という位置は文字列の2番目の文字を意味し、5は6番目の文字を意味することに注意してほしい。ただし、[:]記法で示す範囲の上限はそれ自身を含まないため、この例では文字fは含まれない。

●解説

[:]記法は、非常に強力だ。どちらかの引数を省略することもでき、その場合には適宜文字列の先頭か末尾が指定されたとみなされる。

```
>>> s[:5]
'abcde'
>>>

>>> s = "abcdefghi"
>>> s[3:]
'defghi'
>>>
```

また、負のインデックスを指定して、文字列の末尾から先頭へ向かって数えることもできる。これは、たとえば次の例のように、ファイルの3文字の拡張子を見つけたいときなどに便利だ。

```
>>> "myfile.txt"[-3:]
'txt'
```

●参考

文字列を抜き出すのではなく、結合する方法はレシピ5.10で説明している。
レシピ6.10では、同じ記法をリストに適用している。

レシピ5.16： 文字列を置換する

●課題

文字列を、別の文字列にすべて置き換えたい。

●解決

`replace`関数を使う。
たとえば、Xをすべて`times`に置き換えるには、次のようにすればよい。

```
>>> s = "It was the best of X. It was the worst of X"
>>> s.replace("X", "times")
'It was the best of times. It was the worst of times'
>>>
```

▶解説

検索対象の文字列は、厳密に一致しなくてはならない。つまり、検索は大文字と小文字を区別し、またスペースを含めて行われる。

▶参考

置換を行わずに文字列を検索するには、レシピ5.14を参照してほしい。

レシピ5.17：文字列を大文字または小文字に変換する

▶課題

文字列中のすべての文字を、大文字または小文字に変換したい。

▶解決

適宜、upper関数またはlower関数を使う。

たとえば、aBcDeをすべて大文字に変換するには、次のようにすればよい。

```
>>> "aBcDe".upper()
'ABCDE'
>>>
```

また、小文字に変換するには次のようにすればよい。

```
>>> "aBcDe".lower()
'abcde'
>>>
```

▶解説

何らかの形で文字列を操作する大部分の関数に共通していえることだが、upperとlowerは実際には文字列を変更せず、文字列の変更されたコピーを返す。

たとえば、次のコードでは文字列sのコピーを返すが、元の文字列は変更されていないことに注意してほしい。

```
>>> s = "aBcDe"
>>> s.upper()
'ABCDE'
>>> s
'aBcDe'
>>>
```

sの値そのものをすべて大文字に変換したい場合には、次のようにする必要がある。

```
>>> s = "aBcDe"
>>> s = s.upper()
>>> s
'ABCDE'
>>>
```

● 参考

文字列を置換する方法については、レシピ5.16を参照してほしい。

レシピ5.18： 条件付きでコマンドを実行する

● 課題

何らかの条件が成り立つ場合にだけ、あるPythonのコマンドを実行したい。

● 解決

Pythonのif文を使う。

次の例では、xが100よりも大きい場合にだけ「x is big」というメッセージをプリントする。

```
>>> x = 101
>>> if x > 100:
...     print("x is big")
...
x is big
```

● 解説

ifキーワードの後には、**条件**を書く。この条件は、2つの値を比較してTrueまたはFalseのどちらかを答えとして返すものであることが多い（いつもそうだとは限らないが）。この答えがTrueの場合には、それ以降のインデントされた行がすべて実行されることになる。

条件がTrueの場合にはあることを、またFalseの場合には別のことをしたい、という状況はよくある。この場合には、次に示すようにifとelseを使う。

```
x = 101
if x > 100:
    print("x is big")
else:
    print("x is small")

print("This will always print")
```

また、elif条件をいくつも連ねることができる。どれかの条件が成功した場合に、そのコードのブロックが実行されるが、それ以降の条件は一切試されることはない。次に例を示す。

```python
x = 90
if x > 100:
    print("x is big")
elif x < 10:
    print("x is small")
else:
    print("x is medium")
```

この例では、x is mediumがプリントされることになる。

▶参考
さまざまな種類の比較について、より詳しく理解するにはレシピ5.19を参照してほしい。

レシピ5.19：値を比較する

▶課題
2つの値を互いに比較したい。

▶解決
比較演算子<、>、<=、>=、==、あるいは!=のどれかを使う。

▶解説
レシピ5.18では、<（より小さい）と>（より大きい）演算子を使っている。次に、比較演算子のフルセットを示す。

<	より小さい
>	より大きい
<=	以下
>=	以上
=	一致
!=	不一致

!=の代わりに<>を好んで使う人もいる。どちらも同じ意味だ。
次のように、Pythonコンソール（レシピ5.3）を使って、これらの演算子をテストしてみよう。

```
>>> 1 != 2
True
>>> 1 != 1
False
>>> 10 >= 10
True
>>> 10 >= 11
False
>>> 10 == 10
True
>>>
```

よくある間違いは、==（イコールが2個）の代わりに=（代入）を使ってしまうことだ。特にイコールの前が変数の場合、文法的には完璧に正しいためエラーなく実行されるが、意図した結果は得られないことになる。そのため、この間違いを見つけるのは難しい。

数値の比較と同様に、これらの比較演算子を使って文字列を比較することもできる。次に例を示す。

```
>>> 'aa' < 'ab'
True
>>> 'aaa' < 'aa'
False
```

文字列は、辞書順で比較される。しかし、同じ文字でも大文字は小文字よりも小さいとみなされるため、これは厳密には辞書順とはいえない。

◐参考
レシピ5.18も参照してほしい。

レシピ5.20： 論理演算子

◐課題
if文の中で、複雑な条件を指定したい。

◐解決
論理演算子and、or、そしてnotのどれかを使う。

◐解説
例として、変数xが10から20までの間の値を持つかどうかをチェックしたいとしよう。このためには、and演算子を使うことになるだろう。

```
>>> x = 17
>>> if x >= 10 and x <= 20:
...     print('x is in the middle')
...
x is in the middle
```

必要なだけandとorを組み合わせることができ、また式が複雑な場合にはカッコを使ってグループ化することもできる。

● 参考
レシピ5.18と5.19も参照してほしい。

レシピ5.21： 決まった回数だけ命令を繰り返す

● 課題
あるプログラムのコードを、決まった回数だけ繰り返したい。

● 解決
Pythonのfor文を使って、範囲（range）内をループ処理する。

たとえば、あるコマンドを10回繰り返すには、次のようにすればよい。

```
>>> for i in range(1, 11):
...     print(i)
...
1
2
3
4
5
6
7
8
9
10
>>>
```

● 解説
rangeの2つ目の引数は、その値を含まない。つまり、10まで数え上げるためには11という値を指定しなくてはならない。

● 参考
単純なある回数の繰り返しよりも複雑な条件でループを抜けたい場合には、レシピ5.23を参照してほしい。

リストやディクショナリの各要素についてコマンドを繰り返したい場合には、それぞれレシピ6.7または6.15を参照してほしい。

レシピ5.22：ある条件が満たされるまで命令を繰り返す

◆課題
何かが変化するまで、あるプログラムのコードを繰り返し実行したい。

◆解決
Pythonのwhile文を使う。while文は、その条件が偽となるまでそれ以降のインデントされたコマンドを繰り返す。次の例では、ユーザがXを入力するまでループを繰り返す。

```
>>> answer = ''
>>> while answer != 'X':
...     answer = input('Enter command:')
...
Enter command:A
Enter command:B
Enter command:X
>>>
```

◆解説
この例では、Python 3で実行するためinputコマンドを使っていることに注意してほしい。このコード例をPython 2で実行するには、inputをraw_inputで置き換えればよい。

◆参考
コマンドを一定の回数だけ繰り返したい場合には、レシピ5.21を参照してほしい。
リストやディクショナリの各要素についてコマンドを繰り返したい場合には、それぞれレシピ6.7または6.15を参照してほしい。

レシピ5.23：ループから脱出する

◆課題
ループの中にいる状態で、ある条件が発生した場合にループから脱出したい。

◆解決
Pythonのbreak文を使って、whileループやforループから脱出する。
次のコード例は、レシピ5.22に示したコード例とまったく同じふるまいをする。

```
>>> while True:
...     answer = input('Enter command:')
...     if answer == 'X':
...         break
...
Enter command:A
Enter command:B
Enter command:X
>>>
```

●解説

この例では、Python 3で実行するため`input`コマンドを使っていることに注意してほしい。このコード例をPython 2で実行するには、`input`を`raw_input`で置き換えればよい。

この例は、レシピ5.22のコード例と全く同じふるまいをする。しかし、ここでは`while`ループの条件が`True`だけなので、ユーザが**X**を入力して`break`文を使ってループを抜けるまで、ループが終了することはない。

●参考

`while`ループに条件を指定して抜けることもできる。レシピ5.22を参照してほしい。

レシピ5.24：Pythonで関数を定義する

●課題

プログラムの中で、何度も同じコードを繰り返し書きたくない。

●解決

数行のコードをグループ化した関数を作成して、複数の場所から呼び出せるようにする。Pythonで関数を作成し呼び出す方法を、次の例を使って説明する。

```
def count_to_10():
    for i in range(1, 11):
        print(i)

count_to_10()
```

この例では、`def`コマンドを使って、呼び出された際に1から10までの数をプリントアウトする関数を定義している。

```
count_to_10()
```

● 解説

関数の名前を付ける際の慣習は、レシピ5.5で説明した変数の場合と同じだ。つまり小文字で始まり、また関数名が2つ以上の単語から成り立っている場合には、それらの単語はアンダースコア文字で結合される。

この例の関数は、10まで数えることしかできないので、ちょっと柔軟性に欠ける。より柔軟性を持たせ、任意の数まで数えられるようにするには、次の例に示すように、最大値を関数への**引数**として指定できるようにすればよい。

```python
def count_to_n(n):
    for i in range(1, n + 1):
        print(i)

count_to_n(5)
```

nという名前の引数がカッコの中に指定され、これに1を加えたものがrangeの中で使われている。

数えたい数を引数として指定するようにすると、いつもは10まで数えるがときには違う数にしたいという場合でも、常に数を指定しなくてはならなくなる。しかし、引数にデフォルト値を指定することによって、次の例に示すように両方のよいところを取り入れられる。

```python
def count_to_n(n=10):
    for i in range(1, n + 1):
        print(i)

count_to_n()
```

この関数は、呼び出されるときに異なる値を指定されない限り、10まで数えることになる。

関数に2個以上の引数が必要な場合、たとえば2つの数の間を数えるなら、引数をコンマで区切って指定する。

```python
def count(from_num=1, to_num=10):
    for i in range(from_num, to_num + 1):
        print(i)

count()
count(5)
count(5, 10)
```

いままでに挙げた例はすべて、値を返さずに何かを行う関数だった。値を返す関数が必要なら、returnコマンドを使う必要がある。

次の関数は、引数に文字列を取り、その文字列の最後にpleaseという単語を付け加える。

```
def make_polite(sentence):
    return sentence + " please"

print(make_polite("Pass the cheese"))
```

関数が値を返す場合、それを変数に代入することもできるし、この例のように出力することもできる。

▶参考
関数から2つ以上の値を返す方法については、レシピ7.3を参照してほしい。

6章 Pythonのリストとディクショナリ

5章では、Python言語の基礎を見てきた。この章では、リストとディクショナリという、2つの重要なPythonのデータ構造について見ていこう。

レシピ6.1：リストを作成する

● 課題

1つの値だけではなく、一連の値を保持する変数を使いたい。

● 解決

リストを使う。Pythonでは、リストとは値の集まりを順序付けて保存したものであり、値の位置を指定してアクセスできる。

リストは、内容の初期値を [と] で指定して作成する。

```
>>> a = [34, 'Fred', 12, False, 72.3]
>>>
```

Cなどの言語の融通の利かない行列とは違って、Pythonではリストを宣言する際にサイズを指定する必要はない。また、いつでも好きなときにリスト中の要素の数を変更できる。

● 解説

このコード例が示すように、リスト中の要素はすべて同じ型である必要はない。しかし同じ型であることも多い。

空のリストを作成して後で要素を追加したければ、次のようにする。

```
>>> a = []
>>>
```

● 参考

6.1から6.11までのレシピはすべて、リストの使い方を説明したものだ。

レシピ6.2： リストの要素へアクセスする

◆課題
リストの個別の要素を取り出したり、変更したりしたい。

◆解決
[ ]記法を使ってリスト内の位置を指定し、リストの要素へアクセスする。

```
>>> a = [34, 'Fred', 12, False, 72.3]
>>> a[1]
'Fred'
```

◆解説
リストの最初の要素の位置（インデックス）は、0から始まる。

[ ]記法を使ってリストから値を読み出すのと同じように、この記法を使って特定の位置の値を変更することもできる。

```
>>> a = [34, 'Fred', 12, False, 72.3]
>>> a[1] = 777
>>> a
[34, 777, 12, False, 72.3]
```

リストの最後の要素の位置よりも大きいインデックスを指定すると、「Index out of range」エラーが発生する（読み出しに関しても同じことがいえる）。

```
>>> a[50] = 777
Traceback (most recent call last):
File "<stdin>", line 1, in <module>
IndexError: list assignment index out of range
>>>
```

◆参考
6.1から6.11までのレシピはすべて、リストの使い方を説明したものだ。

レシピ6.3： リストの長さを求める

◆課題
リスト中にいくつ要素があるのかを知りたい。

◆解決
Pythonのlen関数を使う。

```
>>> a = [34, 'Fred', 12, False, 72.3]
>>> len(a)
5
```

▶解説

lenリ関数は、文字列にも使える（レシピ5.13）。

▶参考

6.1から6.11までのレシピはすべて、リストの使い方を説明したものだ。

レシピ6.4： リストに要素を追加する

▶課題

リストに要素を追加したい。

▶解決

Pythonのappend、insert、あるいはextend関数を使う。

リストの最後に1つだけ要素を追加するには、appendを使えばよい。

```
>>> a = [34, 'Fred', 12, False, 72.3]
>>> a.append("new")
>>> a
[34, 'Fred', 12, False, 72.3, 'new']
```

▶解説

新たな要素をリストの最後へ追加するのではなく、リストの特定の位置へ挿入したいこともあるはずだ。そのような場合には、insert関数を使う。最初の引数は要素が挿入される位置のインデックスで、2番目の引数は挿入される要素だ。

```
>>> a.insert(2, "new2")
>>> a
[34, 'Fred', 'new2', 12, False, 72.3]
```

新たに挿入された要素以降のすべての要素の位置が、1つずつ後ろにずれていることに注目してほしい。

appendとinsertのどちらも、追加できる要素は1つだけだ。extend関数は、1つのリストの末尾に別のリストのすべての要素を追加する。

```
>>> a = [34, 'Fred', 12, False, 72.3]
>>> b = [74, 75]
>>> a.extend(b)
>>> a
```

```
[34, 'Fred', 12, False, 72.3, 74, 75]
```

> ▶ 参考

6.1から6.11までのレシピはすべて、リストの使い方を説明したものだ。

レシピ6.5： リストから要素を削除する

> ▶ 課題

リストから要素を削除したい。

> ▶ 解決

Pythonのpop関数を使う。

pop関数に引数を指定しないと、リストの最後の要素が削除される。

```
>>> a = [34, 'Fred', 12, False, 72.3]
>>> a.pop()
72.3
>>> a
[34, 'Fred', 12, False]
```

> ▶ 解説

pop関数は、リストから削除された要素を返すことに注意してほしい。

最後ではなく特定の位置の要素を削除するには、削除される要素の位置をpop関数の引数として指定する。

```
>>> a = [34, 'Fred', 12, False, 72.3]
>>> a.pop(0)
34
```

リストの最後の要素の位置よりも大きいインデックスを指定すると、「Index out of range」例外が発生する。

> ▶ 参考

6.1から6.11までのレシピはすべて、リストの使い方を説明したものだ。

レシピ6.6： 文字列を解析してリストを作成する

> ▶ 課題

特定の文字で区切られた単語からなる文字列を、1つの単語を各要素とする文字列のリ

ストに変換したい。

> **解決**

Pythonのsplit文字列関数を使う。
splitを引数なしで使うと、文字列の単語をリストの要素に分割してくれる。[*1]

```
>>> "abc def ghi".split()
['abc', 'def', 'ghi']
```

splitに引数を指定すると、その引数をセパレータとして文字列を分割してくれる。

```
>>> "abc--de--ghi".split('--')
['abc', 'de', 'ghi']
```

> **解説**

この関数は、たとえばファイルからデータをインポートするような場合には、とても便利だ。split関数には、文字列を分割する際のデリミタとして用いられる文字列をオプションの引数として指定できる。したがって、コンマをセパレータとして使いたい場合には、次のようにすれば文字列を分割できる。

```
>>> "abc,def,ghi".split(',')
['abc', 'def', 'ghi']
```

> **参考**

6.1から6.11までのレシピはすべて、リストの使い方を説明したものだ。

レシピ6.7：リスト上で反復処理を行う

> **課題**

あるコードを、リスト中の各要素へ順に適用したい。

> **解決**

Pythonのfor文を使う。

```
>>> a = [34, 'Fred', 12, False, 72.3]
>>> for x in a:
...     print(x)
...
34
Fred
```

---

*1　訳注：セパレータが指定されない場合は、空白文字列によって単語に分割される。

```
12
False
72.3
---------
>>>
```

▶解説

キーワードforの後には、変数名（この場合にはx）を書く。これはループ変数と呼ばれ、inの後に指定されたリストの各要素が順に設定される。

これに続くインデントされた行は、リスト中の各要素について1回ずつ実行される。ループを1度実行するごとに、xにはリストの中のループした回数の位置の要素の値が代入される。そのためこの例のように、xを使ってリストの値がプリントできる。

▶参考

6.1から6.11までのレシピはすべて、リストの使い方を説明したものだ。

レシピ6.8：リストを数え上げる

▶課題

あるコードをリスト中の各要素について順に実行したいが、同時に各要素のインデックス位置も知りたい。

▶解決

Pythonのfor文を、enumerate関数とともに使う。

```
>>> a = [34, 'Fred', 12, False, 72.3]
>>> for (i, x) in enumerate(a):
...     print(i, x)
...
0, 34
1, 'Fred'
2, 12
3, False
4, 72.3
>>>
```

▶解説

リストの要素の位置を知ると同時に各要素の値を数え上げたいことは非常によくある。もう1つの方法は、単純にインデックス変数をカウントし、[ ]記法を使って値へアクセスすることだ。

```
>>> a = [34, 'Fred', 12, False, 72.3]
```

```
>>> for i in range(len(a)):
...     print(i, a[i])
...
0, 34
1, 'Fred'
2, 12
3, False
4, 72.3
>>>
```

● 参考

6.1から6.11までのレシピはすべて、リストの使い方を説明したものだ。

各要素のインデックス位置を知る必要がない場合にリストへ反復処理を行う方法については、レシピ6.7を参照してほしい。

レシピ6.9：リストをソートする

● 課題

リストの要素をソートしたい。

● 解決

Pythonのsort関数を使う。

```
>>> a = ["it", "was", "the", "best", "of", "times"]
>>> a.sort()
>>> a
['best', 'it', 'of', 'the', 'times', 'was']
```

● 解説

sort関数でリストをソートする際、元のリストのソートされたコピーが返されるのではなく、実際にリストが変更されてしまう。つまり、ソート前の元のリストも必要な場合には、標準ライブラリのcopyを使って、元のリストのコピーを取っておく必要がある。

```
>>> import copy
>>> a = ["it", "was", "the", "best", "of", "times"]
>>> b = copy.copy(a)
>>> b.sort()
>>> a
['it', 'was', 'the', 'best', 'of', 'times']
>>> b
['best', 'it', 'of', 'the', 'times', 'was']
>>>
```

▶参考

6.1から6.11までのレシピはすべて、リストの使い方を説明したものだ。

レシピ6.10：リストを分割する

▶課題

元のリストの要素から、範囲を指定してサブリストを作成したい。

▶解決

Python言語の［：］記法を使う。次の例では、元のリストのインデックス位置1からインデックス位置2（：の後の数値はその位置を含まない）までの要素からなるリストを返している。

```
>>> l = ["a", "b", "c", "d"]
>>> l[1:3]
['b', 'c']
```

インデックスは0から始まるので、1はリスト中の2番目の要素を示す。3は4番目の要素を示すが、範囲の後端（：の後）はその位置を含まないので、この例では文字列dは含まれない。

▶解説

［：］記法は非常に強力だ。どちらかの引数を省略すると、適宜リストの先頭か末尾が指定されたとみなされる。次に例を示す。

```
>>> l = ["a", "b", "c", "d"]
>>> l[:3]
['a', 'b', 'c']
>>> l[3:]
['d']
>>>
```

また、負のインデックスを指定して、リストの末尾から先頭へ向かって数えることもできる。次の例では、リスト中の最後の2つの要素を返している。

```
>>> l[-2:]
['c', 'd']
```

同様に、上記の例でl[:-2]とすると、['a', 'b']が返される。

▶参考

6.1から6.11までのレシピはすべて、リストの使い方を説明したものだ。

レシピ5.15では、文字列に対して同じ記法を用いている。

レシピ6.11：リストへ関数を適用する

◉課題
リストの各要素に関数を適用し、その結果を集めたい。

◉解決
Python言語の**内包表記**と呼ばれる機能を使う。

次の例では、リストの文字列要素それぞれを大文字に変換し、元と同じ長さの、しかしすべての文字列が大文字となっている新しいリストを返す。

```
>>> l = ["abc", "def", "ghi", "ijk"]
>>> [x.upper() for x in l]
['ABC', 'DEF', 'GHI', 'IJK']
```

ちょっとわかりにくくなるが、この種の文を組み合わせて、1つの内包表記の内部に別の内包表記をネストすることもできる。

◉解説
これは内包表記の非常に簡単な例だ。式全体はブラケット（[]）で囲む必要がある。内包表記の最初の要素は、リストの各要素に対して評価されるべきコードだ。内包表記のそれ以外の部分は、通常のリスト上の反復処理（レシピ6.7）と似ている。キーワードforの後にはループ変数を、さらにキーワードinの後に対象となるリストを指定する。

◉参考
6.1から6.11までのレシピはすべて、リストの使い方を説明したものだ。

レシピ6.12：ディクショナリを作成する

◉課題
値とキーを関連付けた、ルックアップテーブルを作成したい。

◉解決
Pythonのディクショナリを使う。

リストは要素へ順序を付けてアクセスしたいときや、使いたい要素のインデックスがわかっているときに便利だ。ディクショナリはデータの集まりを保存するためのもう1つの方法だが、その構造は大きく異なっている。

図6-1に、ディクショナリの構造を示す。

ディクショナリはキーと値のペアを保存しているので、キーを使って値を取り出すことができる。これはディクショナリ全体を検索する必要がなく、非常に効率的な方法だ。

ディクショナリを作成するには、{}記法を使う。

phone_numbers

Key: Simon	Value: 01234 567899
Key: Jane	Value: 01234 666666
Key: Pete	Value: 01234 777555
Key: Linda	Value: 01234 887788

図6-1　Pythonのディクショナリ

```
>>> phone_numbers = {'Simon':'01234
567899', 'Jane':'01234 666666'}
```


解説

この例ではディクショナリのキーは文字列になっているが、必ずしも文字列である必要はない。数値であってもよいし、実際にはどんなデータ型でもよいのだが、文字列が最もよく使われる。

値もまたどんなデータ型でもよく、別のディクショナリやリストであってもかまわない。次の例では1つのディクショナリ（a）を作成し、これを別のディクショナリ（b）の値として使っている。

```
>>> a = {'key1':'value1', 'key2':2}
>>> a
{'key2': 2, 'key1': 'value1'}
>>> b = {'b_key1':a}
>>> b
{'b_key1': {'key2': 2, 'key1': 'value1'}}
```

ディクショナリの内容を表示してみると、ディクショナリ中の要素の順序が、ディクショナリが作成された際に初期化された順序と異なっていることがわかる。

```
>>> phone_numbers = {'Simon':'01234 567899', 'Jane':'01234 666666'}
>>> phone_numbers
{'Jane': '01234 666666', 'Simon': '01234 567899'}
```

リストとは異なり、ディクショナリには要素の順序を保存するという性質はない。内部での表現方法のため、ディクショナリの内容の順序は実質上ランダムとなる。

順序がランダムに見える理由は、基盤となるデータ構造として**ハッシュテーブル**が使われているためだ。

ハッシュテーブルは**ハッシュ関数**を使って値を保存する場所を決める。ハッシュ関数は、任意のオブジェクトに対応する数値を計算する。ハッシュテーブルについて詳しくは、Wikipedia（http://ja.wikipedia.org/wiki/ハッシュテーブル）を参照してほしい。

参考

6.12から6.15までのレシピはすべて、ディクショナリの使い方を説明したものだ。

レシピ6.13： ディクショナリへアクセスする

◉課題
ディクショナリの要素を取り出したり、変更したりしたい。

◉解決
Pythonの[ ]記法を使う。アクセスしたい要素のキーを、ブラケットの中に書く。

```
>>> phone_numbers = {'Simon':'01234 567899', 'Jane':'01234 666666'}
>>> phone_numbers['Simon']
'01234 567899'
>>> phone_numbers['Jane']
'01234 666666'
```

◉解説
ディクショナリ中に存在しないキーを指定すると、**キーエラー**（key error）が発生する。次に例を示す。

```
>>> phone_numbers = {'Simon':'01234 567899', 'Jane':'01234 666666'}
>>> phone_numbers['Phil']
Traceback (most recent call last):
  File "<stdin>", line 1, in <module>
KeyError: 'Phil'
>>>
```

[ ]記法を使ってディクショナリから値を読み出すのと同様に、これを使って新しい値を追加したり、既存の値を上書きしたりすることもできる。

次の例では、Peteというキーと01234 777555という値を持つ新たな要素をディクショナリへ追加している。

```
>>> phone_numbers['Pete'] = '01234 777555'
>>> phone_numbers['Pete']
'01234 777555'
```

キーがディクショナリ中で使われていない場合、新たな要素が自動的に追加される。キーがすでに存在する場合、既存の値は新しい値で上書きされる。

これは、ディクショナリから値を読み出す際のふるまいとは対照的だ。読み出しの際、不明なキーはエラーを発生する。

◉参考
6.12から6.15までのレシピはすべて、ディクショナリの使い方を説明したものだ。

エラー処理に関する情報については、レシピ7.10を参照してほしい。

レシピ 6.14： ディクショナリから要素を削除する

▶課題
ディクショナリから要素を削除したい。

▶解決
削除したい要素のキーを指定して、pop関数を使う。

```
>>> phone_numbers = {'Simon':'01234 567899', 'Jane':'01234 666666'}
>>> phone_numbers.pop('Jane')
'01234 666666'
>>> phone_numbers
{'Simon': '01234 567899'}
```

▶解説
pop関数は、ディクショナリから削除された要素の値を返す。

▶参考
6.12から6.15までのレシピはすべて、ディクショナリの使い方を説明したものだ。

レシピ 6.15： ディクショナリ上で反復処理を行う

▶課題
ディクショナリ中の各要素に対して、順に何かの処理を行いたい。

▶解決
for文を使って、ディクショナリのキー上で反復処理を行う。

```
>>> phone_numbers = {'Simon':'01234 567899', 'Jane':'01234 666666'}
>>> for name in phone_numbers:
...     print(name)
...
Jane
Simon
```

▶解説
ディクショナリ上で反復処理を行うためのテクニックは、他にもいくつかある。キーだけでなく値へもアクセスする必要がある場合には、次のようにするのが便利だ。

```
>>> phone_numbers = {'Simon':'01234 567899', 'Jane':'01234 666666'}
>>> for name, num in phone_numbers.items():
...     print(name + " " + num)
...
Jane 01234 666666
Simon 01234 567899
```

●参考

6.12から6.15までのレシピはすべて、ディクショナリの使い方を説明したものだ。

for文の他の使い方については、レシピ5.3、5.21、6.7、そして6.11を参照してほしい。

7章 Pythonの高度な機能

　この章では、さらに高度なPython言語の概念をいくつか紹介する。具体的には、Pythonのオブジェクト指向機能、ファイルの読み書き、例外の取り扱い、モジュールの利用、そしてインターネットプログラミングだ。

レシピ7.1：数値をフォーマットする

▶課題
数値を、特定の桁数で表示したい。

▶解決
数値にformatメソッドを適用する。次に例を示す。

```
>>> x = 1.2345678
>>> "x={:.2f}".format(x)
'x=1.23'
>>>
```

▶解説
　フォーマット文字列は、{}で区切られた部分と通常のテキストからなる。formatメソッドは、渡された引数（どれだけたくさんあってもよい）を{}で区切られた部分に記述されたフォーマット指定子に従って置換し、文字列として返す。

　上記の例ではフォーマット指定子は:.2fであり、これは数値の桁数が小数点以下2桁で、浮動小数点数fであることを示している。

　数値を常に7桁（パディングのスペースを含めて）になるようにフォーマットしたい場合には、次のようにドットの前にもう1つ数値を指定すればよい。

```
>>> "x={:7.2f}".format(x)
'x=   1.23'
>>>
```

この場合、数値は小数点を含め4桁の長さしかないため、1の前にはスペースが3個パディングされている。

より複雑な例として、温度を摂氏と華氏の両方で表示するためのものを次に示す。

```
>>> c = 20.5
>>> "Temperature {:5.2f} deg C, {:5.2f} deg F.".format(c, c * 9 / 5 + 32)
'Temperature 20.50 deg C, 68.90 deg F.'
>>>
```

●参考

Pythonでのフォーマット指定は、フォーマット言語を用いて行われる。詳細についてはPythonのウェブサイト（http://docs.python.org/2/library/string.html#formatspec）を参照してほしい。

レシピ7.2：日付をフォーマットする

●課題

日付を文字列に変換し、ある特定の方法でフォーマットしたい。

●解決

日付オブジェクトにフォーマット文字列を適用する。

次に例を示す。

```
>>> from datetime import datetime
>>> d = datetime.now()
>>> "{:%Y-%m-%d %H:%M:%S}".format(d)
'2013-05-02 16:00:45'
>>>
```

●解説

Pythonフォーマット言語には、それぞれ年、月、そして日の数値に対応するフォーマット記号%Y、%m、そして%dが用意されている。

●参考

数値のフォーマットについては、レシピ7.1を参照してほしい。

Pythonでのフォーマット指定は、フォーマット言語を用いて行われる。詳細についてはPythonのウェブサイト（http://docs.python.org/2/library/string.html#formatspec）を参照してほしい。

レシピ7.3： 2つ以上の値を返す

● 課題
2つ以上の値を返す関数を作成したい。

● 解決
Pythonの**タプル**と、複数の変数への代入構文を使う。次に例を示す。

```
>>> def calculate_temperatures(kelvin):
...     celsius = kelvin - 273
...     fahrenheit = celsius * 9 / 5 + 32
...     return celsius, fahrenheit
...
>>> c, f = calculate_temperatures(340)
>>>
>>> print(c)
67
>>> print(f)
152.6
```

タプルはPythonのデータ構造の1つでリストにちょっと似ているが、タプルはブラケットではなくカッコで囲むという点が異なっている。[*1] またサイズも固定されている。

● 解説
1個や2個の値を返したい場合には、この方法を使って複数の値を返すのが効果的だ。しかし、複雑なデータの場合にはPythonのオブジェクト指向機能を使ってデータを含むクラスを定義するほうがよいだろう。クラスを定義することで、タプルではなくクラスのインスタンスを返すことができるようになる。

● 参考
クラスの定義に関しては、レシピ7.4を参照してほしい。

レシピ7.4： クラスを定義する

● 課題
関連したデータと機能を、クラスにまとめたい。

---

*1 訳注：タプルの要素は変更できないという点もリストとは異なる。

● 解決

クラスを定義し、必要なメンバ変数とともに提供する。

次の例では、住所録のエントリを表現するクラスを定義している。

```
class Person:
    '''This class represents a person object'''

    def __init__(self, name, tel):
        self.name = name
        self.tel = tel
```

クラス定義の中の最初の行には三重、単一、または二重引用符を使ってドキュメント文字列を指定する。ここではクラスの目的を説明することが望ましい。ドキュメント文字列は完全にオプションだが、クラスに追加しておけば、そのクラスの働きが他の人にわかりやすくなる。これは、他の人にクラスを使ってもらう場合には特に役立つ。

ドキュメント文字列は、有効なコード行ではないがクラスと実際に関連付けられるという点で、通常のコメントとは異なっている。つまり、次のようにしてクラスのドキュメント文字列をいつでも読み出すことができるのだ。

```
Person.__doc__
```

クラス定義の中にはコンストラクタメソッドがあり、そのクラスの新しいインスタンスを作成する際にはいつでも自動的に呼び出される。クラスはテンプレートのようなものなので、Personという名前のクラスを定義しても、Personオブジェクトが実際に作成されるわけではない。

```
def __init__(self, name, tel):
    self.name = name
    self.tel = tel
```

コンストラクタメソッドは、上記のようにinitという単語の前後へアンダースコアを2個ずつ追加した名前を持たなくてはならない。

● 解説

Pythonが大部分のオブジェクト指向言語と異なる点の1つは、クラス内で定義したどのメンバ変数を参照する際にも、その前にselfという特別な変数を付ける必要があることだ。これは、（この場合には）新たに作成されたインスタンスへの参照となる。変数selfは、Javaなどの言語で使われる変数thisと同一の概念だ。

このメソッドのコードは、提供された引数をメンバ変数へコピーする。メンバ変数は事前に宣言しておく必要はないが、変数名の前にself.を付ける必要がある。

```
self.name = name
```

つまり、上記のコード例はPersonクラスのすべてのメンバからアクセス可能な

nameという名前の変数を作成し、それをインスタンス作成のために呼び出される際に与えられる値で初期化することを意味している。そのインスタンス作成呼び出しは、次のように行われる。

```
p = Person("Simon", "1234567")
```

新しいPersonオブジェクトpのnameが「Simon」であることは、次のようにしてチェックできる。

```
>>> p.name
Simon
```

複雑なプログラムでは、クラスをそれぞれファイルに分け、そのファイル名をクラス名と同じにしておくのがよいだろう。こうしておけば、クラスをモジュールへ変換することも簡単になる（レシピ7.11を参照）。

●参考

メソッドの定義については、レシピ7.5を参照してほしい。

レシピ7.5： メソッドを定義する

●課題

クラスにメソッドを追加したい。

●解決

次の例のように、クラス定義の中でメソッドを書くことができる。

```python
class Person:
    '''This class represents a person object'''

    def __init__(self, first_name, surname, tel):
        self.first_name = first_name
        self.surname = surname
        self.tel = tel

    def full_name(self):
        return self.first_name + " " + self.surname
```

full_nameメソッドは、その人物のファーストネームと名字という2つの属性を、間にスペースを入れて連結する働きをする。

●解説

メソッドは特定のクラスと結び付けられた関数と考えることができ、処理中にそのクラ

スのメンバ変数を使うこともあれば使わないこともある。つまり関数と同じように、メソッドにはどんなコードでも書くことができ、あるメソッドから別のメソッドを呼び出すこともできる。

同じクラスの中で、あるメソッドが別のメソッドを呼び出す場合、呼び出されるメソッドの名前の前には`self.`を付ける必要がある。

▶参考

クラスの定義に関しては、レシピ7.4を参照してほしい。

レシピ7.6：継承

▶課題

既存クラスのスペシャルバージョンを作りたい。

▶解決

継承を使って既存クラスのサブクラスを作成し、新しいメンバ変数とメソッドを追加する。

デフォルトでは、新しいクラスを作成すると、それは`object`のサブクラスとなる。このふるまいを変更するには、クラス定義の中でクラス名の後にカッコで囲んでスーパークラスとして使いたいクラスを指定すればよい。次の例では、クラス`Person`のサブクラスとして`Employee`を定義し、新しいメンバ変数`salary`とメソッド`give_raise`を追加している。

```python
class Employee(Person):

    def __init__(self, first_name, surname, tel, salary):
        super().__init__(first_name, surname, tel)
        self.salary = salary

    def give_raise(self, amount):
        self.salary = self.salary + amount
```

上記のコード例は、Python 3用であることに注意してほしい。Python 2では、このように`super`を使うことができない。その代わりに、次のように書かなくてはならない。

```python
class Employee(Person):

    def __init__(self, first_name, surname, tel, salary):
        Person.__init__(self, first_name, surname, tel)
        self.salary = salary

    def give_raise(self, amount):
        self.salary = self.salary + amount
```

▶解説

どちらの例でも、サブクラスの初期化メソッドはまず親クラス（スーパークラス）の初期化メソッドを使い、それからメンバ変数を追加している。こうすることによって、新しいサブクラスの中で初期化コードを繰り返す必要がなくなるという利点がある。

▶参考

クラスの定義に関しては、レシピ7.4を参照してほしい。

Pythonの継承メカニズムは非常に強力で、**多重継承**もサポートされている。つまり、サブクラスは2つ以上のスーパークラスから継承することができるのだ。多重継承については、Pythonの公式ドキュメント（http://docs.python.org/release/1.5/tut/node66.html）を参照してほしい。

レシピ7.7： ファイルへ書き込む

▶課題

ファイルへ何かを書き込みたい。

▶解決

open、write、そしてcloseメソッドを使って、ファイルのオープン、書き込み、そしてクローズを行う。

```
>>> f = open('test.txt', 'w')
>>> f.write('This file is not empty')
22
>>> f.close()
```

▶解説

ファイルをオープンすると、そのファイルをクローズするまで何回でも書き込みができる。ファイルをcloseすることは重要だ。書き込みによって即座にファイルは更新されるように見えるが、実際にはデータはメモリにバッファされており、失われるおそれがあるからだ。また、ファイルがロックされたままの状態となり、他のプログラムからオープンできなくなる可能性もある。

openメソッドは、2つの引数を取る。最初は書き込みを行うファイルへのパスだ。これは現在の作業ディレクトリからの相対パスでも、/で始まる絶対パスでもよい。

2番目の引数は、ファイルがオープンされるべきモードだ。既存のファイルを上書きするか、ファイルが存在しなければ指定された名前のファイルを作成する場合は、wを使えばよい。表7-1に、ファイルモードを指定する文字のリストを示す。モード文字はr、w、aのいずれかで始まる。さらに読み書き両方を可能にする更新モードがある。r、w、aに+を加えることで更新モードで開くことを示す。また、バイナリモードを示すbまたはテ

キストモードを示すt（デフォルト）を追加することができる。したがって、バイナリファイルを読み出しモードでオープンするには、次のようにすればよい。

```
>>> f = open('test.txt', 'rb')
```

モード	説明
r	読み出し
w	書き込み
a	追加。既存のファイルを上書きするのではなく、末尾へ追加する
b	バイナリモード
t	テキストモード（デフォルト）
+	更新モード

表7-1　ファイルモード

バイナリモードを使うと、テキストではなく画像のようなバイナリストリームの読み出しや書き込みが可能となる。

●参考

ファイルの読み出しに関しては、レシピ7.8を参照してほしい。例外の取り扱いについては、レシピ7.10を参照のこと。

レシピ7.8：ファイルから読み出す

●課題

ファイルの内容を、文字列変数へ読み出したい。

●解決

ファイルの内容を読み出すには、ファイルメソッドopen、read、そしてcloseメソッドを使う必要がある。次の例では、ファイルの内容全体を変数sへ読み出している。

```
f = open('test.txt')
s = f.read()
f.close()
```

●解説

readlineメソッドを使って、テキストファイルを1行ずつ読み出すこともできる。

先ほどの例では、ファイルが存在しない場合、あるいは何かほかの理由で読み出せなかった場合には、例外が発生する。この例外は、次のようにコードをtry/except構造で囲んで取り扱うことができる。

```
    try:
        f = open('test.txt')
        s = f.read()
        f.close()
    except IOError:
        print("Cannot open the file")
```

◎参考

ファイルへの書き込みと、ファイルをオープンする際のモードについては、レシピ7.7を参照してほしい。

例外の取り扱いについては、レシピ7.10を参照のこと。

レシピ7.9 ： ピクリング

◎課題

データ構造全体の内容をファイルへ保存し、次回プログラムが実行された際に読み出せるようにしたい。

◎解決

Pythonの**ピクリング**機能を使って、後で同等なデータ構造としてメモリへ自動的に読み戻せるフォーマットでファイルへダンプする。

次の例では、複雑なリスト構造をファイルへ保存している。[*2]

```
>>> import pickle
>>> mylist = ['some text', 123, [4, 5, True]]
>>> f = open('mylist.pickle', 'w')
>>> pickle.dump(mylist, f)
>>> f.close()
```

ファイルの内容を新しいリストへ**アンピクル**（ピクリング解除）するには、次のようにすればよい。[*2]

[*2] 訳注：上記のコードと解説は、Python 2に対応している。Python 3の場合には、pickleデータはバイナリ形式でファイルに保存される。そのため、ファイルのモードには'b'を付加しなくてはならない。つまり、最初のリストの3行目は

```
>>> f = open('mylist.pickle', 'wb')
```

2番目のリストの最初の行は

```
>>> f = open('mylist.pickle', 'rb')
```

とする必要がある。

```
>>> f = open('mylist.pickle')
>>> other_array = pickle.load(f)
>>> f.close()
>>> other_array
['some text', 123, [4, 5, True]]
```

●解説

ピクリングは、ほぼどんなデータ構造にも対応できる。リストである必要はない。

ファイルは一応、人間にも読めるようなテキストフォーマットで保存されるが、通常はそのテキストファイルを見たり編集したりする必要はないはずだ。

●参考

ファイルへの書き込みとファイルをオープンするモードのリストについては、レシピ7.7を参照してほしい。

レシピ7.10：例外の取り扱い

●課題

プログラムの動作中に何か問題があった場合、エラーや例外をキャッチして、よりユーザにわかりやすいエラーメッセージを表示したい。

●解決

Pythonのtry/except構造を使う。

レシピ7.8で紹介した次のコード例では、ファイルをオープンする際に生じた問題をキャッチしている。

```
try:
    f = open('test.txt')
    s = f.read()
    f.close()
except IOError:
    print("Cannot open the file")
```

●解説

ファイルアクセス以外で、実行時に例外が発生するよくある状況としては、リストへのアクセスの際にその範囲を超えるインデックスを使ってしまった場合が挙げられる。たとえば、要素が3つしかないリストの4番目の要素へアクセスしようとすると、例外が発生する。

```
>>> list = [1, 2, 3]
>>> list[4]
```

```
Traceback (most recent call last):
  File "<stdin>", line 1, in <module>
IndexError: list index out of range
```

エラーや例外は階層構造になっているので、必要に応じて例外をキャッチする範囲を狭めたり（具体化）広げたり（一般化）できる。

Exceptionは階層構造ツリーのほぼ最上位に位置し、ほとんどすべての例外をキャッチする。また複数のexceptセクションを用意して異なるタイプの例外をキャッチし、それぞれを違ったやり方で取り扱うこともできる。例外クラスを指定しなければ、すべての例外がキャッチされる。

またPythonでは、エラーの取り扱いにelse節やfinally節を使うこともできる。

```
list = [1, 2, 3]
try:
    list[8]
except:
    print("out of range")
else:
    print("in range")
finally:
    print("always do this")
```

else節は例外が発生していない場合に実行され、finally節は例外があろうとなかろうと実行される。

例外が発生した場合にはいつでも、例外オブジェクトを用いてより詳細な情報を得ることができる。例外オブジェクトは、次の例に示すように、asキーワードを使って取得する必要がある。

```
>>> list = [1, 2, 3]
>>> try:
...     list[8]
... except Exception as e:
...     print("out of range")
...     print(e)
...
out of range
list index out of range
>>>
```

● 参考

Pythonの例外クラスの階層構造については、Pythonのウェブサイト（http://docs.python.org/2/library/exceptions.html）を参照してほしい。

レシピ7.11： モジュールを使う

◉課題
プログラムの中でPythonのモジュールを使いたい。

◉解決
`import`文を使う。

```
import random
```

◉解説
Pythonには、膨大な数のモジュール（**ライブラリ**と呼ばれる場合もある）が存在する。標準でPythonに含まれるものも多いが、ダウンロードしてPythonへインストールできるものもある。

標準Pythonライブラリには、乱数、データベースアクセス、さまざまなインターネットプロトコル、オブジェクトのシリアル化など、他にもたくさんのモジュールが含まれている。

これほど多くのモジュールが存在すると、競合が発生する可能性も出てくる。たとえば、2つのモジュールにまったく同じ名前の関数が存在するかもしれない。そのような競合を回避するため、モジュールをインポートする際には、そのモジュールへアクセスできる範囲を指定できる。

たとえば、次のような`import`文を使った場合、どんな競合も起こることはない。

```
import random
```

このモジュールのどんな関数や変数をアクセスするにも、その前に`random.`を付ける必要があるからだ（たまたま、次のレシピでは`random`パッケージを取り扱う予定になっている）。

一方、次のような`import`文を使うと、何も付けなくてもそのモジュール内のすべてにアクセスできるようになるが、使おうとしているすべてのモジュールに存在するすべての関数を知っているのでなければ、競合が起こる可能性は非常に高くなる。

```
from random import *
```

これら2つの両極端の中間として、プログラム中で必要なモジュールのコンポーネントを明示的に指定することによって、それらの前に何も付けずに便利に使うこともできる。次に例を示す。

```
>>> from random import randint
>>> print(randint(1,6))
2
>>>
```

3番目の方法は、asキーワードを使って、より便利な、あるいはより意味のある名前を使ってモジュールを参照できるようにする方法だ。

```
>>> import random as R
>>> R.randint(1, 6)
```

●参考

Pythonに含まれるモジュールのリストの決定版は、http://docs.python.org/2/library/ を参照してほしい。

レシピ 7.12 : 乱数

●課題

ある数の範囲の中で、乱数を発生させたい。

●解決

randomライブラリを使う。

```
>>> import random
>>> random.randint(1, 6)
2
>>> random.randint(1, 6)
6
>>> random.randint(1, 6)
5
```

発生する乱数は、2つの引数の間（両端を含む）の数となる。この場合、サイコロをシミュレートしている。

●解説

生成された数は、本当の意味での乱数ではなく、**疑似乱数列**と呼ばれるものだ。つまり、これは長い数列であって、十分に大量のサンプルを取られた場合、統計学者が**乱数分布**と呼ぶ性質を示すものだ。これでもゲームには十分に使えるが、宝くじの当たり番号を決めるには特別の乱数発生ハードウェアを使う必要があるだろう。コンピュータは、ランダムな行動が苦手なのだ。

乱数のよくある使い方として、リストから何かをランダムに選択することが挙げられる。これには、乱数としてインデックスの位置を発生させてそれを使うという方法もあるが、randomモジュールにはまさにこのためのメソッドが用意されている。次の例を試してみてほしい。

```
>>> import random
>>> random.choice(['a', 'b', 'c'])
'a'
>>> random.choice(['a', 'b', 'c'])
'b'
>>> random.choice(['a', 'b', 'c'])
'a'
```

●参考

randomライブラリには、リストからランダムに選択する以外にも、いろいろと便利な関数がそろっている。これに関してより詳細な情報は、Pythonのウェブサイト（http://docs.python.org/2/library/random.html）を参照してほしい。

レシピ7.13： PythonからHTTPリクエストを送る

●課題

Pythonを使って、ウェブページの内容を文字列へ読み込みたい。

●解決

Pythonには、HTTPリクエストを行うための豊富なライブラリがそろっている。
次の例では、Googleホームページの内容を文字列contentsへ読み込んでいる。[*3]

```
import urllib2
contents = urllib2.urlopen("https://www.google.com/").read()
print(contents)
```

●解説

HTMLを読み込んだら、次は実際に必要なテキストの部分を検索して抽出することになるだろう。これには、文字列操作関数を使う必要がある（レシピ5.14と5.15を参照）。

●参考

HTTPリクエストを使ってGmailのメッセージをチェックする例については、レシピ7.15を参照してほしい。

[*3] 訳注：上記のリストは、Python 2に対応したものだ。Python 3では、次のようにする。

```
import urllib.request
contents = urllib.request.urlopen("https://www.google.com").read()
print(contents)
```

レシピ7.14：コマンドラインから引数を渡し、Pythonプログラムを実行する

● 課題
Pythonプログラムをコマンドラインから実行し、引数を渡したい。

● 解決
次の例に示すように、sysをインポートしてそのargvプロパティを使う。argvプロパティには、コマンドライン引数のリストが格納される。そのリストの最初の要素はプログラムの名前だ。それ以外の要素は、コマンドライン上でプログラム名の後に（スペースで区切って）入力された引数になっている。

```
import sys

for (i, value) in enumerate(sys.argv):
    print("arg: %d %s " % (i, value))
```

このプログラムを、いくつか引数を指定してコマンドラインから実行すると、以下のような出力が得られる。

```
$ python cmd_line.py a b c
arg: 0 cmd_line.py
arg: 1 a
arg: 2 b
arg: 3 c
```

● 解説
コマンドラインから引数が指定できると、起動時（レシピ3.20）や時間指定（レシピ3.12）でPythonプログラムを自動的に実行させる場合に便利だ。

● 参考
コマンドラインからPythonを実行するための基本的な情報については、レシピ5.4を参照してほしい。

argvのプリントアウトには、リストの数え上げ（レシピ6.8）を使った。

レシピ7.15：Pythonから電子メールを送る

● 課題
Pythonプログラムから電子メールを送信したい。

◉ 解決

PythonにはSimple Mail Transfer Protocol（SMTP）ライブラリがあるので、これを使って電子メールを送信することができる。

```python
import smtplib

GMAIL_USER = 'your_name@gmail.com'
GMAIL_PASS = 'your_password'
SMTP_SERVER = 'smtp.gmail.com'
SMTP_PORT = 587

def send_email(recipient, subject, text):
    smtpserver = smtplib.SMTP(SMTP_SERVER, SMTP_PORT)
    smtpserver.ehlo()
    smtpserver.starttls()
    smtpserver.ehlo
    smtpserver.login(GMAIL_USER, GMAIL_PASS)
    header = 'To:' + recipient + '\n' + 'From: ' + GMAIL_USER
    header = header + '\n' + 'Subject:' + subject + '\n'
    msg = header + '\n' + text + ' \n\n'
    smtpserver.sendmail(GMAIL_USER, recipient, msg)
    smtpserver.close()

send_email('destination_email_address', 'sub', 'this is text')
```

このコード例を使って実際に電子メールを送るには、まず変数GMAIL_USERとGMAIL_PASSを、実際に使っているユーザ名とパスワードに置き換える必要がある。Gmailを使っていない場合には、SMTP_SERVERと、おそらくSMTP_PORTの値も変更する必要があるだろう。

また最後の行の電子メールの宛先も変更が必要だ。

◉ 解説

send_email関数は、smtplibライブラリを簡単に1つの関数で使えるようにしたものだ。ぜひみなさんのプロジェクトで再利用してほしい。

Pythonから電子メールを送信できるようになると、さまざまなプロジェクトの可能性が広がってくる。たとえばレシピ11.9のPIRセンサーなどを使って、動きが検出された際に電子メールを送ることもできるだろう。

◉ 参考

Raspberry PiからHTTPリクエストを行う方法については、レシピ7.13を参照してほしい。

smtplibに関するより詳細な情報については、Pythonのウェブサイト（http://docs.python.org/2/library/smtplib.html）を参照のこと。

レシピ7.16：Pythonでシンプルなウェブサーバを作る

● 課題
完全なウェブサーバスタックを動作させずに、Pythonでシンプルなウェブサーバを作成したい。

● 解決
Pythonのbottleライブラリを使って、HTTPリクエストへ応答するウェブサーバをPythonだけで立ち上げることができる。

bottleをインストールするには、次のコマンドを使う。

```
$ sudo apt-get install python-bottle
```

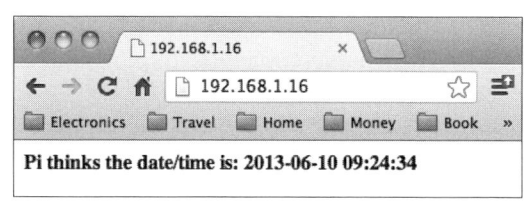

図7-1
Python bottleウェブサーバをブラウズしているところ

次のPythonプログラム（この本のウェブ資料http://www.raspberrypicookbook.comでは、bottle_testという名前になっている）は、単純にRaspberry Piが認識している現在の時間を表示するものだ。図7-1に、ネットワーク上のどこか別のブラウザからRaspberry Piへ接続した際に見えるページを示す。

```python
from bottle import route, run, template
from datetime import datetime

@route('/')
def index(name='time'):
    dt = datetime.now()
    time = "{:%Y-%m-%d %H:%M:%S}".format(dt)
    return template('<b>Pi thinks the date/time is: {{t}}</b>',
t=time)

run(host='192.168.1.16', port=80)
```

このプログラムを起動するには、スーパーユーザ権限で実行する必要がある。

```
$ sudo python bottle_test.py
```

このコード例には、多少説明が必要だろう。

import文の後の@routeは、URLパス / を、その後のハンドラ関数と関連付けるためのものだ。

このハンドラ関数は日付と時間をフォーマットし、それからブラウザにレンダリングされるHTMLの文字列を返している。ここではテンプレートを使って、値を置き換えている。

最後のrunの行で、実際にウェブサーバプロセスがスタートする。ここで、ホスト名（IPアドレス）とポートを指定する必要があることに注意してほしい。ポート80はウェブサーバのデフォルトポートなので、違うポートを使いたい場合にはサーバアドレスの後に：で区切ってポート番号を指定する必要がある。

● 解説

プログラムの中で、好きなだけたくさんのルートとハンドラが定義できる。

bottleは小規模でシンプルなウェブサーバプロジェクトにはぴったりだ。またPythonで書かれているため、ウェブページでユーザと対話してハードウェアをコントロールするハンドラ関数も非常に簡単に書ける。

● 参考

より詳しい情報については、bottleプロジェクトのウェブサイト（http://bottlepy.org/docs/dev/）を参照してほしい。

Pythonで日付や時刻をフォーマットする方法については、レシピ7.2を参照のこと。

8章　GPIOの基本

この章では、Raspberry Piの汎用入出力（GPIO）コネクタを設定し、利用するための基本的なレシピを紹介する。

レシピ8.1：GPIOコネクタのピン配置

> ぜひ、このレシピのビデオを http://razzpisampler.oreilly.com で見てほしい。

▶ 課題

GPIOコネクタへ電子回路を接続したいので、すべてのピンの役割を知っておきたい。

▶ 解決

図8-1に、Raspberry PiモデルBのリビジョン1と2について、GPIOコネクタのピン配置を示した。[*1] ボードを見分ける簡単な方法は、古いリビジョン1のボードには黒いオーディオソケットが付いていることだ。リビジョン2のボードには青いオーディオソケットが付いている。[*2]

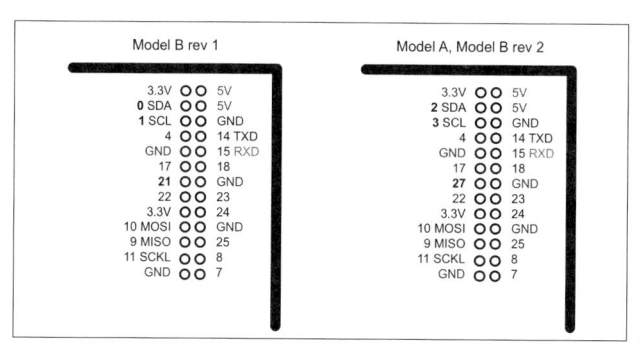

```
    Model B rev 1                      Model A, Model B rev 2

      3.3V  O O  5V                      3.3V  O O  5V
     0 SDA  O O  5V                     2 SDA  O O  5V
     1 SCL  O O  GND                    3 SCL  O O  GND
         4  O O  14 TXD                     4  O O  14 TXD
       GND  O O  15 RXD                   GND  O O  15 RXD
        17  O O  18                       17  O O  18
        21  O O  GND                      27  O O  GND
        22  O O  23                       22  O O  23
      3.3V  O O  24                     3.3V  O O  24
   10 MOSI  O O  GND                 10 MOSI  O O  GND
   9 MISO   O O  25                   9 MISO  O O  25
   11 SCKL  O O  8                   11 SCKL  O O  8
       GND  O O  7                       GND  O O  7
```

図8-1　GPIOのピン配置

[*1] 訳注：モデルB+のピン配置はxviページに示した。

[*2] 訳注：オーディオソケットの色は製造業者によっても異なるので、上に書いてあることは半分しか正しくない。日本で入手できるリビジョン2のボードでは、オーディオソケットが黒いものが多いようだ。現在手に入るRaspberry PiモデルBは、すべてリビジョン2だと思って間違いないだろう。

リビジョン1からリビジョン2になって、GPIOコネクタに3つの変更が行われた。図8-1で太字になっている部分だ。まず、I2Cポートが入れ替わった。SDAピンとSCLピンは、名前こそSDAとSCLで変わらないが、異なるI2C内部インタフェースを使用するようになった。そのため、これらのピンをリビジョン2のボードでI2CではなくGPIOとして使う場合、2と3になる。またGPIO 21は、リビジョン2ではGPIO 27に変わった。

コネクタの上端には、3.3Vと5Vの電源端子がある。GPIOのすべての入出力は3.3Vで動作する。図で番号が振ってあるピンは、すべてGPIOピンとして使用可能だ。番号以外に名前が書いてあるピンは、それ以外の特別な用途がある。たとえば14 TXDと15 RXDは、シリアルインタフェースの送信と受信を行うためのピンだ。SDAとSCLはI2Cインタフェースに、MOSI、MISO、そしてSCKLはSPIインタフェースに使われる。

▶解説

GPIOピンはデジタル入力あるいはデジタル出力として使用でき、どちらの場合も3.3Vで動作する。Arduinoとは違って、Raspberry Piにはアナログ入力がない。アナログ入力を扱いたい場合には外付けのアナログ・デジタル変換器（ADC）を使うか、Raspberry Piのピンを（Gertboardのような）インタフェースボードへ、あるいは14章で説明するようにArduinoかaLaModeボードへ接続する必要がある。

▶参考

Raspberry PiへADCを接続する方法については、レシピ12.4を参照してほしい。

レシピ8.2：Raspberry PiのGPIOを安全に使う

▶課題

Raspberry Piへ外部の電子回路を接続したいが、間違って損傷したり壊したりしたくない。

▶解決

GPIOコネクタを使う際には、次の簡単なルールを守ればRaspberry Piを損傷するリスクを減らすことができる。

- GPIOのピンには、3.3Vを超える電圧を加えないこと。
- 出力ピン1本あたり、3mAを超える電流を流さないこと。これを超える電流を流すことも可能だが、そうするとRaspberry Piの寿命を縮めてしまうおそれがある。3mAは、470Ωの直列抵抗を介して赤色のLEDを十分に点灯できる電流だ。
- Raspberry Piの電源が入っているときに、GPIOコネクタをドライバーの先など金属製品で触らないこと。
- Raspberry Piに5Vを超える電源電圧を加えないこと。

- 3.3V電源ピンから、合計で50mAを超える電流を取り出さないこと。
- 5V電源ピンから、合計で250mAを超える電流を取り出さないこと。

● 解説

外部に電子回路を接続する際にRaspberry Piを壊してしまうことが多いのは、疑いのない事実だ。十分に注意して、Raspberry Piの電源を入れる**前**にチェックしよう。さもないと、Raspberry Piを交換しなくてはならない羽目に陥ってしまうかもしれない。

● 参考

Raspberry PiのGPIOから取り出せる電流に関しては、この非常に参考になる議論（http://www.thebox.myzen.co.uk/Raspberry/Understanding_Outputs.html）を読んでみてほしい。

レシピ8.3： RPi.GPIOをインストールする

● 課題

Pythonを使って、GPIOピンの出力の設定や入力値の読み出しを行いたい。

● 解決

PythonのRPi.GPIOライブラリをダウンロードしてインストールする。

Raspberry Piのターミナルウィンドウから次のコマンドを入力して、RPi.GPIOライブラリを取得してインストールする。

```
$ sudo apt-get install python-dev
$ sudo apt-get install python-rpi.gpio
```

多くのディストリビューションの最新バージョンでは、すでにRPi.GPIOがインストールされているかもしれない。その場合、上記のコマンドはRPi.GPIOを最新バージョンへ更新する。

● 解説

RPi.GPIOは、この本で主に使用するライブラリだ。このライブラリはPythonにラップされたネイティブなCのコードを使って、可能な限り高速に入出力を行ってくれる。しかし、Raspberry Piはマイクロコントローラとして設計されているわけではないので、GPIOピンの応答はArduinoほど高速ではない。

● 参考

RPi.GPIOとほぼ同じ働きをする、もう1つのライブラリがWiringPiだ。このライブラリに関する詳しい情報は、Gordons Projects（https://projects.drogon.net/raspberry-pi/wiringpi/) にある。

この本の大半のレシピでは、RPi.GPIOライブラリを使っている。

レシピ8.4：I2Cをセットアップする

●課題

Raspberry PiにI2Cデバイスを接続して使いたいので、Raspberry PiでI2Cを使えるようにする方法が知りたい。

●解決

AdafruitのOccidentalis 0.2あるいはそれ以降を使っている場合には、何もする必要はない。このディストリビューションにはI2Cのサポートが組み込まれているからだ。

これ以外のディストリビューションでも、新しいバージョンであれば次の手順は必要ないかもしれない。いずれにしろ、最新バージョンを得ることができる。

Raspbianを使っている場合には、いくつか設定変更を行う必要がある。

`sudo nano /etc/modules` を実行してファイル`/etc/modules`を編集し、次の記述を末尾に追加する。

```
i2c-bcm2708
i2c-dev
```

また、ファイル`/etc/modprobe.d/raspi-blacklist.conf`も編集して次の行をコメントアウトする必要もあるかもしれない。

```
blacklist i2c-bcm2708
```

この行の先頭に#を挿入して、次のようにする。

```
#blacklist i2c-bcm2708
```

SPI（レシピ8.6）を使う予定があるなら、ブラックリストからSPIの行もコメントアウトしておくとよいだろう。

次のコマンドを実行して、Python I2Cライブラリをインストールする。

```
$ sudo apt-get install python-smbus
```

Raspberry Piをリブートすれば、I2Cが使えるようになっているはずだ。

●解説

I2Cモジュールを使えば、Raspberry Piとの接続がとても簡単になる。どんなモジュールでも接続する線の数が（たったの4本まで）減らせるし、いろいろと便利なI2Cモジュールが使えるからだ。

しかし、I2Cモジュールの消費電流を合計して、それがレシピ8.2に示した電流を超えないことは忘れずに確かめてほしい。

図8-2に、Adafruitから購入できるI2Cモジュールをいくつか示した。SparkFunなどの販売店でも、I2Cデバイスを取り扱っている。図の左から右へ、LEDマトリクスディスプレイ、4桁の7セグメントLEDディスプレイ、16チャネルPWM/サーボコントローラ、そしてRTC（リアルタイムクロック）モジュールだ。

図8-2
I2Cモジュール

これ以外に入手可能なI2Cモジュールとしては、FMトランスミッター、超音波距離センサー、OLEDディスプレイ、そしてさまざまな種類のセンサーなどがある。

● 参考

この本に掲載されているI2Cのレシピ（レシピ10.2、13.1、13.2、そして13.4）を参考にしてほしい。

レシピ8.5：I2Cツールを使う

● 課題

Raspberry PiにI2Cデバイスをつないだので、接続をチェックしてI2Cアドレスを確認する方法を知りたい。

● 解決

i2c-toolsをインストールして使う。

> 最近のディストリビューションでは、i2c-toolsがすでにインストールされているかもしれない。

Raspberry Pi上でターミナルウィンドウを開き、次のコマンドを入力してi2c-toolsを取得してインストールする。

```
$ sudo apt-get install i2c-tools
```

I2CデバイスをRaspberry Piへ接続し、次のコマンドを実行する。

```
$ sudo i2cdetect -y 1
```

古いリビジョン1のボードを使っている場合、上記のコマンドの1を0に変更する必要があることに注意してほしい。

I2Cが利用可能になっていれば、図8-3のような出力が表示されるはずだ。この図は、0x68と0x70という2つのI2Cアドレスが使用されていることを示している。

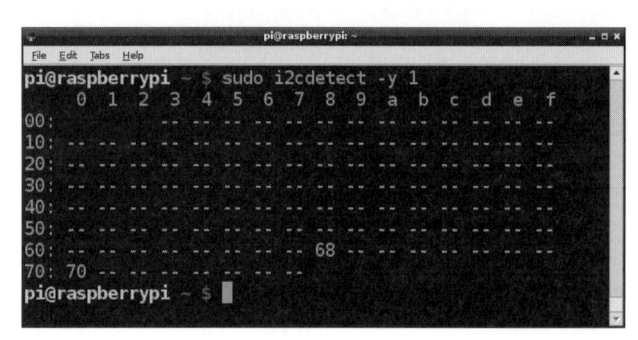

図8-3 I2C-tools

▶解説

i2cDetectは役に立つ診断ツールなので、新しいI2Cデバイスを初めて使う際には実行してみる価値がある。

▶参考

この本に掲載されているI2Cのレシピ（レシピ10.2、13.1、13.2）を参考にしてほしい。apt-getを使ったインストールに関しては、レシピ3.16を参照してほしい。

レシピ8.6： SPIをセットアップする

▶課題

SPI（シリアル周辺機器インタフェース）バスを、Raspberry Piで使いたい。

▶解決

AdafruitのOccidentalis 0.2かそれ以降を使っている場合には、何もする必要はない。このディストリビューションにはSPIのサポートが組み込まれているからだ。

Raspbianを使っている場合には、いくつか設定変更を行う必要がある。

sudo nano /etc/modulesを実行してファイル/etc/modulesを編集し、次の記述を末尾に追加する。

spidev

また、ファイル/etc/modprobe.d/raspi-blacklist.confも編集して次の行をコメントアウトする必要もあるかもしれない。

blacklist spi-bcm2708

この行の先頭に#を挿入して、次のようにする。

#blacklist spi-bcm2708

I2Cを使う予定があるなら、ブラックリストからI2Cの行もコメントアウトしておくとよいだろう。

Raspberry PiのSPI機能には、PythonプログラムからSPI通信を行えるPythonライブラリのサポートもある。これをインストールするには、まずGit（レシピ3.19）をインストールし、それから次のコマンドを実行する。

```
$ cd ~
$ sudo apt-get install python-dev
$ git clone git://github.com/doceme/py-spidev
$ cd py-spidev/
$ sudo python setup.py install
```

Raspberry Piをリブートすれば、SPIが使えるようになっているはずだ。

◉解説
SPIは、Raspberry Piとアナログ・デジタル変換器（ADC）やポートエキスパンダチップなど、さまざまな周辺デバイスとのデータをシリアルでやり取りしてくれる。

SPIインタフェースを使わずに、**ビットバンギング**と呼ばれる技法を使ってSPIデバイスと接続することもできる。これは、RPi.GPIOライブラリを使ってSPIインタフェースの4本のGPIOピンを制御するテクニックだ。

◉参考
SPIインタフェースのアナログ・デジタル変換チップは、レシピ12.4で使用する。

レシピ8.7：シリアルポートを開放する

◉課題
プロジェクトでRaspberry Piのシリアルポート（RxピンとTxピン）を使いたいのに、Linuxのコンソール接続に使われてしまっている。

▶解決

デフォルトでは、シリアルポートはコンソールとして動作するため、特殊なシリアルケーブルを使ってRaspberry Piと接続するために使用できる（レシピ2.6参照）。

コンソールを無効にして、シリアルポートをGPS（レシピ11.10）などの周辺機器の接続に使えるようにするには、次のようにして/etc/inittabから関連する設定部分をコメントアウトする。

まず

```
$ sudo nano /etc/inittab
```

とし、ファイルの末尾までスクロールダウンして次の行を見付ける。

```
T0:23:respawn:/sbin/getty -L ttyAMA0 115200 vt100
```

この行の先頭に#を挿入して、コメントアウトする。

```
#T0:23:respawn:/sbin/getty -L ttyAMA0 115200 vt100
```

Ctrl-Xの後にYと入力してファイルを保存する。

この変更を有効にするためには、sudo rebootとしてRaspberry Piをリブートする必要がある。

▶解説

この変更を行うと、シリアルコンソールケーブル経由でRaspberry Piへ接続することはできなくなってしまう。しかし、WiFiやイーサネット経由の接続へは影響しない。

もし、将来この逆の作業をしたくなったら、ファイルへ行ったこの変更を元に戻してリブートすればよい。

▶参考

たとえばレシピ11.10や、シリアルポートを使ってArduinoと通信する14章のレシピなど、ハードウェアをシリアルポートに接続するレシピでは、このテクニックを使う必要がある。

レシピ8.8：PySerialをインストールしてPythonからシリアルポートを使う

▶課題

Raspberry Piのシリアルポート（RxピンとTxピン）を、Pythonから使いたい。

▶解決

PySerialライブラリをインストールする。

```
$ sudo apt-get install python-serial
```

Pythonシリアルポートを使ったプロジェクトでこのライブラリを使うためには、レシピ8.7にしたがってRaspberry Piのシリアルコンソールを無効にする必要がある。

● 解説

このライブラリの使い方は簡単だ。接続を作成するには、次の構文を使う。

```
import serial
ser = serial.Serial(DEVICE, BAUD)
```

ここで**DEVICE**にはシリアルポートデバイス（/dev/ttyAMA0）を、**BAUD**にはボーレートを（文字列ではなく）数値として指定する。次に例を示す。

```
ser = serial.Serial('/dev/ttyAMA0', 9600)
```

接続が確立すると、シリアルポートを経由してデータを送ることができる。

```
ser.write('some text')
```

応答を待ち受けるには、通常は、次のようにループの中でreadとprintを使う。

```
while True:
    print(ser.read())
```

● 参考

レシピ11.10のようにハードウェアをシリアルポートに接続するレシピでは、このテクニックを使う必要がある。

レシピ8.9： Minicomをインストールしてシリアルポートをテストする

● 課題

ターミナルセッションから、シリアルポート経由でコマンドを送受信したい。

● 解決

Minicomをインストールする。

```
$ sudo apt-get install minicom
```

シリアルポートを使ったプロジェクトでMinicomを使うためには、レシピ8.7にしたがってRaspberry Piのシリアルコンソールを無効にする必要がある。

Minicomをインストールした後、次のコマンドを実行するとGPIOコネクタのRxDと

TxDピンに接続したシリアルデバイスとのシリアル通信セッションが開始する。

```
$ minicom -b 9600 -o -D /dev/ttyAMA0
```

-bの後の引数はボーレート、-Dの後にはシリアルポートを指定する。通信相手のデバイスと同一のボーレートを設定するように注意してほしい。

これで、Minicomセッションが開始する。まず、**ローカルエコー**をオンにして、自分が入力したコマンドが見えるようにしておくのがよいだろう。これを行うには、まずCtrl-Aを押し、次にZを押す。すると図8-4のようなメニューが表示されるはずだ。Eを押して、ローカルエコーをオンにする。

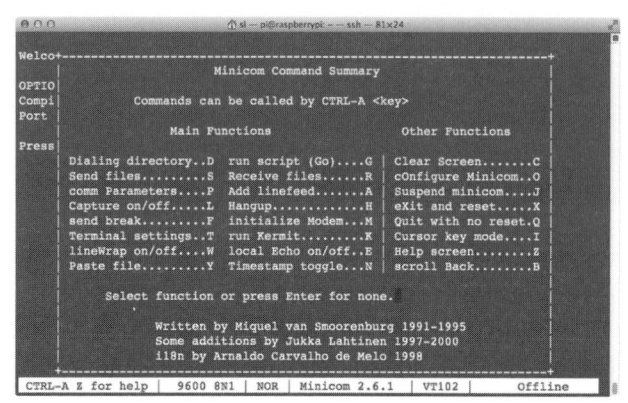

図8-4
Minicomのコマンドメニュー

入力した文字はすべてシリアルデバイスへ送られ、デバイスからのすべてのメッセージも画面上に表示される。

●解説

Minicomは、シリアルデバイスからのメッセージのチェックや動作確認にはぴったりのツールだ。Minicomでシリアル通信が確立できたら、次はシリアル通信を制御するPythonプログラムを書きたくなるだろう。それには、Pythonシリアルライブラリが必要だ（レシピ8.8）。

●参考

Minicomのマニュアル（http://linux.die.net/man/1/minicom）をチェックしてみてほしい。Minicomの使用例としては、レシピ13.3を参照してほしい。

レシピ8.10：ジャンパ線を使ってブレッドボードと接続する

●課題

Raspberry Piとハンダ付け不要のブレッドボードを使って、電子回路を試作したい。

◯ 解決

オス—メスのジャンパ線と、紙に印刷したピンラベルのテンプレートを使う（図8-5）。

図8-5
オス—メスのジャンパ線を使ってRaspberry Piをブレッドボードに接続する

◯ 解説

何の手がかりもなしにRaspberry Piボード上で使いたいピンを探すのは、なかなか難しい。ピンの位置に合った紙のテンプレートをプリントアウトしておけば、これがとても簡単にできるようになる。テンプレートは、たとえばDoctor Monk（http://www.doctormonk.com/2013/02/raspberry-pi-and-breadboard-raspberry.html）からダウンロードできる。

また、ブレッドボード上の配線を行うために、オス—オスのジャンパ線も用意しておくのがよいだろう。[*2]

メス—メスのジャンパ線は、ブレッドボードを使わなくても済むような簡単な回路で、Raspberry Piのヘッダピンと部品の足とを直接配線する際に便利だ。実は図8-5は、そのような回路の一例になっている。

◯ 参考

この方法は、配線の数が少ないときに適している。たくさん配線が必要な場合には、Pi Cobblerを使うのがよいだろう（レシピ8.11を参照）。

[*2] 訳注：ブレッドボードは、たとえばこのようなもの（http://akizukidenshi.com/catalog/g/gP-00285/）がジャンパ線も付いていて手頃だろう。秋月電子などから購入できる。
オス—メスのジャンパ線は、千石電商（http://www.sengoku.co.jp/mod/sgk_cart/detail.php?code=4DL6-VHDX）などから購入できる。
オス—オスのジャンパ線は上記のブレッドボードにも付属しているが、柔らかい材質のものもあったほうが配線しやすいだろう。さまざまな色や長さをセットにしたものが、千石電商（http://www.sengoku.co.jp/mod/sgk_cart/detail.php?code=EEHD-4DBK）や秋月電子（http://akizukidenshi.com/catalog/g/gC-05159/）などから購入できる。
メス—メスのジャンパ線も、千石電商（http://www.sengoku.co.jp/mod/sgk_cart/detail.php?code=3DM6-UHDA）などから購入できる。

レシピ8.11：Pi Cobblerを使ってブレッドボードと接続する

◉課題
Raspberry Piとハンダ付け不要のブレッドボードを使って、電子回路を試作したい。

◉解決
Pi Cobbler[*3]を使う。これは、デュアルインラインパッケージ（DIP）の形をした小さなプリント基板（PCB）で、ピンがそのままブレッドボードに差し込めるようにデザインされている。これらのピンにはすべてラベルが付いていて、PCB上のピンソケットに接続されている。付属のリボンケーブルを使って、このピンソケットとRaspberry Piを接続するようになっている（図8-6）。

図8-6
Pi Cobblerを使ってRaspberry Piをブレッドボードへ接続する

◉解説
Pi Cobblerの大きな利点は、ブレッドボード上で部品を配線した後に、リボンケーブルを接続するだけで組み立てが完了することだ。

リボンケーブルの色の付いたほうの端がRaspberry PiのSDカード側に向くように注意してほしい。Pi Cobbler側は、正しい向きでしかソケットに刺さらないようになっている。

◉参考
レシピ8.10も参考にしてほしい。

[*3] 訳注：Pi Cobblerは、スイッチサイエンス（http://www.switch-science.com/catalog/1258/）などから購入できる。また同社で取り扱っている同様のRaspberry Pi用T型I/O延長基板（http://www.switch-science.com/catalog/1536/）は、よりブレッドボードが広く使えるという利点があるようだ。

レシピ8.12： 抵抗2本で5V信号を3.3Vに変換する

▶課題
Raspberry Piは3.3Vで動作するが、Raspberry Piを損傷せずにGPIOピンへ別のモジュールの5V出力を接続する方法を知りたい。

▶解決
2本の抵抗で分圧回路を作り、電圧を下げる。図8-7に、Arduinoの5Vシリアル接続をRaspberry Piへ接続する際に使える方法を示す。

このレシピを作成するには、次の部品が必要だ。

- 270Ωの抵抗（348ページの「抵抗とコンデンサ」）[*4]
- 470Ωの抵抗（348ページの「抵抗とコンデンサ」）[*4]

Raspberry PiのTXD信号は3.3V出力だ。これはまったく問題なくArduinoの5V入力へ直接接続できる。Arduinoモジュールは、約2.5Vを超える電圧はハイだと認識するからだ。

問題が生じるのは、Arduinoモジュールの5V出力をRaspberry PiのRXDピンへ接続する際だ。これは、RXD入力へ直接つないでは**絶対にいけない**。5Vの信号によって、Raspberry Piが損傷してしまうおそれがある。その代わりに、図8-7に示すように2本の抵抗を使う。

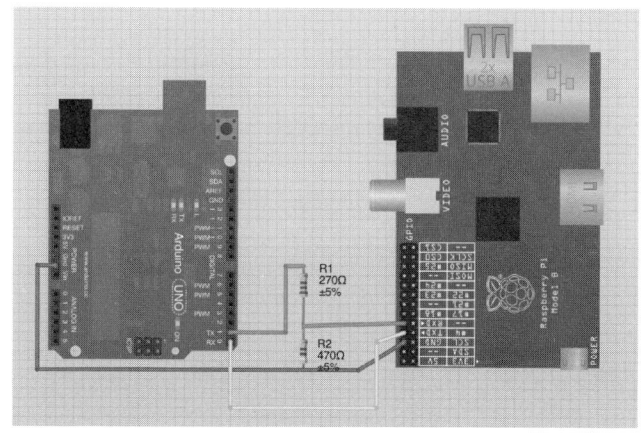

図8-7
抵抗を使って5V信号を3.3Vに変換する

[*4] 訳注：いずれも秋月電子などから購入できる。270Ωの1/4W抵抗はhttp://akizukidenshi.com/catalog/g/gR-25271/、470Ωの1/4W抵抗はhttp://akizukidenshi.com/catalog/g/gR-25471/（いずれも100本入り）。

> **解説**
>
> ここで使っている抵抗には、6mAの電流が流れる。Raspberry Piは500mAという比較的大きな電流を消費するので、この抵抗がRaspberry Piの消費電力に顕著な影響を与えることはない。
>
> 分圧回路に流れる電流をもっと小さくしたければ、比例関係を保ったまま、もっと大きな値の抵抗を使えばよい。たとえば27kΩと47kΩを使えば、わずか60μAしか流れなくなる。

> **参考**
>
> Raspberry PiとArduinoとの接続についてさらに詳しく理解するには、14章を参照してほしい。
>
> 3.3Vと5Vとの間で複数の信号線を変換する必要があるなら、マルチチャネルのレベル変換モジュールを使うのがよいだろう。レシピ8.13を参照のこと。

レシピ8.13：レベル変換モジュールを使って5V信号を3.3Vに変換する

> **課題**
>
> Raspberry Piは3.3Vで動作する。Raspberry Piを損傷せずにGPIOピンへ数本の5Vデジタル信号を接続したい。

> **解決**
>
> 図8-8に示すような、双方向レベル変換モジュール[*5]を使う。
>
> これらのモジュールの使い方は、とても簡単だ。片側には、一方の電圧の電源と、その電圧の入力と出力のどちらにも使えるチャネルが並んでいる。モジュールの反対側のピンはもう一方の電圧の電源と入出力ピンで、片側の信号が反対側の信号の電圧へ自動的に変換されるようになっている。

> **解説**
>
> レベル変換器は、さまざまなチャネル数のものが購入できる。図8-8に示したものは、4チャネルと8チャネルのものだ。
>
> このようなレベル変換器の購入先については、350ページの「モジュール」を見てほしい。

> **参考**
>
> 変換する信号が1本か2本の場合には、レシピ8.12を参照してほしい。

---

*5 訳注:レベル変換モジュールは、スイッチサイエンス (4チャネル:http://www.switch-science.com/catalog/1193/、8チャネル:http://www.switch-science.com/catalog/1192/) などから購入できる。

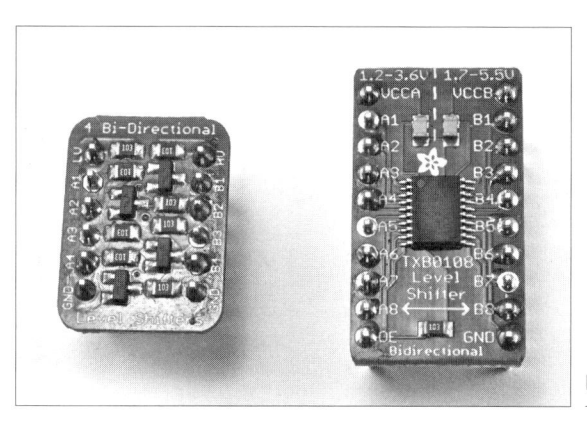

図8-8　レベル変換モジュール

レシピ8.14：電池からRaspberry Piの電源を供給する

◉課題

Raspberry Piをロボットに搭載したいので、アルカリ電池から電源を供給したい。

◉解決

Raspberry Piを使用する典型的なプロジェクトには、最大で約600mAの5V電源が必要となる（レシピ1.3を参照）。5V電源に要求される条件は厳密で、高すぎても低すぎてもいけない。このため、5Vよりも高い電圧（たとえば9V）の電池から、電圧レギュレータを使って5Vに安定化した電源をRaspberry Piへ供給することが多い。

Raspberry Piの電源には比較的高い条件が要求されるため、たとえば小型の9V電池や単四型電池から電源を供給することは望ましくない。充電可能な単三型電池6本のパックと電圧レギュレータを使うのが適切だろう。

図8-9に、電源パックと7805三端子レギュレータを使い、GPIOコネクタの5Vピン経由でRaspberry Piへ電源を供給する方法を示す。[*6]

◉解説

この7805三端子レギュレータは、かなり発熱する。温度が高くなりすぎると、内蔵された熱保護回路が作動して出力電圧が低下するため、おそらくRaspberry Piはリセットされてしまうことになる。

[*6] 訳注：7805は、秋月電子（http://akizukidenshi.com/catalog/g/gI-01373/、4個入り）などから購入できる。さまざまなメーカーから発売されているが、使い方はまったく同じだ。
C1とC2のコンデンサは、厳密にこの値でなくてもよい。データシートによれば、C1の容量は0.1μF（100nF）、C2は0.33μF（330nF）以上が推奨されている。両方とも発振防止用なので、図のようになるべくICとの配線が短くなるように接続すること。これらのコンデンサも秋月電子から購入できる。0.1μFはhttp://akizukidenshi.com/catalog/g/gP-00090/（10個入り）、電源用の100μFはhttp://akizukidenshi.com/catalog/g/gP-02724/。
また単三型電池6本の電池ボックスはhttp://akizukidenshi.com/catalog/g/gP-01224/、電池スナップはhttp://akizukidenshi.com/catalog/g/gP-00207/。

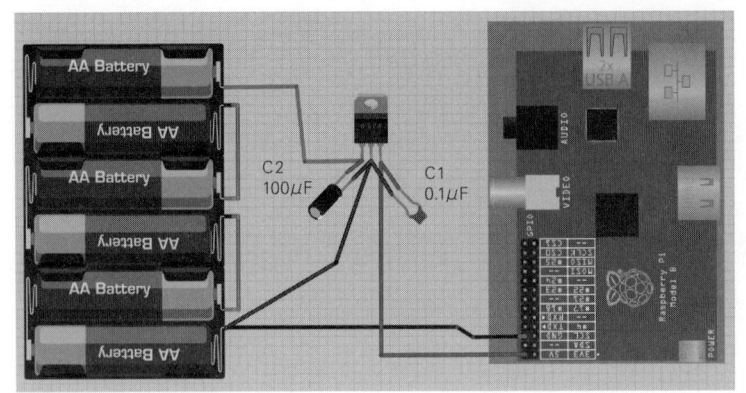

図8-9
単三型電池でRaspberry Piへ電源を供給する

　ICにヒートシンク（放熱器）を取り付ければ、このような問題を起こりにくくすることができる。

　7805には、5Vよりも少なくとも2V高い入力電圧が必要だ。LM2940などの低ドロップアウト三端子レギュレータを使うこともできる。LM2940のピン配置は7805と同じだが、5Vよりも0.5V高い入力電圧しか必要としない。しかし、定格1.5Vの単三型電池であっても、すぐに電圧が1.2V程度まで低下してしまうことに注意してほしい。したがって、単三型電池4本では数分後には十分な電圧を供給できなくなってしまう。6本のパックならば大丈夫だ。[*7]

　Raspberry Piを自動車に搭載するつもりなら、このレシピがそのまま使える。[*8] その場合、DC（直流）から電源を供給する小型のモニタも必要となるだろう。こういったデバイスは監視カメラシステムによく使われているので、比較的簡単に手に入るはずだ。

▶参考

　単三型電池を使用する市販の携帯電話充電器で、ミニUSBソケットが付いているものを使うこともできるだろう。ただし、600mA以上の電流が供給できることを確かめてほしい。

　レシピ8.15では、LiPo電池パックからRaspberry Piの電源を供給する方法を紹介している。

[*7]　訳注：軽量化のためには、リチウム乾電池など初期電圧が1.5Vよりも高い乾電池を4本使うのもよいだろう。
[*8]　訳注：自動車の電源は普通12Vなので、7805で約7Vドロップすることになる。電流を600mAとしても消費電力は4Wを超えるので、20℃/W程度のヒートシンクが必要となることに注意してほしい。

レシピ8.15： LiPo電池からRaspberry Piの電源を供給する

◉課題
Raspberry Piをロボットに搭載したいので、3.7Vのリチウムイオンポリマー（LiPo）電池から電源を供給したい。

◉解決
このモジュールを図8-10aに示す。右側にあるのがLiPo電池を接続するコネクタ、左側にあるのが充電用のマイクロUSBコネクタだ。LiPo電池を接続してマイクロUSBコネクタに電源を接続すると充電が始まり、モジュール上のLEDが赤く点灯する。LEDが消灯したら、充電完了だ。

次に、LiPo電池をいったん外してから、上に見える4つの端子にピンヘッダ（秋月電子http://akizukidenshi.com/catalog/g/gC-01627/、必要な分だけ折って使う）をハンダ付けする。そして、VCC端子をGPIOの5Vピンへ、GND端子をGPIOのGNDピンへ、メス―メスのジャンパ線で接続する（図8-10b）。

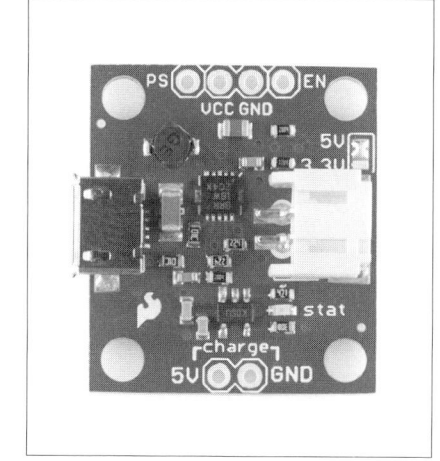

図8-10a
SparkFunのLiPo電池充電・昇圧レギュレータモジュール

図8-10b
3.7VのLiPo電池でRaspberry Piへ電源を供給する

171

LiPo電池を接続すると、Raspberry Piに電源が供給され、起動するはずだ。注意点として、このモジュールは最大600mAの電流しか出力できないので、電力を大量に消費するUSBデバイス（WiFiドングルなど）は接続しないように気を付けてほしい。

また、Raspberry Piをシャットダウンしてジャンパ線を外しても、LiPo電池が接続されている限りこのモジュールは動作を続けるので、LiPo電池が消耗してしまう。これを防ぐには、もちろんLiPo電池コネクタをそのたびに外してもよいが、それができない（たとえば、Raspberry PiとLiPo電池をケースに組み込んでいる）場合もあるだろう。そのようなときには、ジャンパピンやスイッチでEN端子をGNDと接続すればモジュールは動作を停止するので、LiPo電池の消耗を抑えることができるはずだ。

●解説

電池の充電を別の手段で行うのであれば、もっと安く手に入る充電機能なしの昇圧レギュレータモジュールが使える。

●参考

また、大容量のLiPo電池を搭載した既製品のUSB LiPo電池パックを購入すれば、もっと長い時間Raspberry Piへ電源を供給することもできる。

レシピ8.16： PiFaceデジタルインタフェースボードを使う

●課題

PiFaceインタフェースボードをセットアップして使う方法を知りたい。

●解決

PiFaceデジタルインタフェースボード（350ページの「モジュール」）は、Raspberry Piの上にぴったり収まる拡張ボードで、便利な入出力機能を提供してくれる（図8-11）。[*9]

PiFaceにはソフトウェアが付属しているので、これをセットアップする必要がある。

最初のステップは、SPIを有効にすることだ。そのためには、ファイル/etc/modprobe.d/raspi-blacklist.confを編集する必要がある。nanoまたは好みのエディタでこのファイルを開き、SPIをブラックリストしている行をコメントアウトする。

```
# blacklist spi and i2c by default (many users don't need them)

#blacklist spi-bcm2708
#blacklist i2c-bcm2708
```

[*9] 訳注：PiFaceデジタルインタフェースボードは、日本国内ではスイッチサイエンス（http://www.switch-science.com/catalog/1301/）などから購入できる。

図8-11
PiFaceデジタルインタフェースボード

i2cの行は、すでにコメントアウトされているかもしれない。

次のステップは、PiFaceソフトウェアのインストーラをダウンロードすることだ。これはインストーラスクリプトの形をしており、必要なファイルをインターネットから取得してインストールしてくれる。インストーラをダウンロードして実行するには、ターミナルから次のコマンドを実行する。[*10]

```
$ wget http://pi.cs.man.ac.uk/download/install.txt
$ bash install.txt
```

インストールが完了するまでには、だいぶ時間がかかる。その後、次のコマンドでRaspberry Piをリブートする必要がある。

```
$ sudo reboot
```

最も簡単にPiFaceの動作を確認するには、付属のエミュレータを使えばよい（図8-12）。

このプログラムを使えば、Raspberry Piに接続されたPiFaceの動作をコントロールできるし、モニタボタンが押されたかどうかも確認できる。

エミュレータを実行するには、次のコマンドを使う。[*11]

```
$ ~/piface/scripts/piface-emulator
```

[*10] 訳注：この手順を実行してみるとわかるが、PiFaceのソフトウェアはRaspbianに含まれている。したがって、以下の手順を実行すればよい（最初の行の2つのパッケージはすでにインストールされているかもしれない）。

```
$ sudo apt-get install python3-pifacedigitalio python-pifacedigitalio
$ sudo apt-get install python3-pifacedigital-emulator
```

[*11] 訳注：apt-getでインストールした場合には、下記のコマンドでエミュレータが実行できる。

```
$ pifacedigital-emulator
```

エミュレータはグラフィカルなユーザインタフェースを使うので、SSHセッション（レシピ2.7）では実行できない。Raspberry Piに接続されたキーボードとマウスとモニタか、あるいはVNC（レシピ2.8）を使う。

エミュレータを実行したら、[Enable]プルダウンメニューから[Output Control]をオンにして、その後[Output Control]の[0]をクリックしてみよう。カチッという音が聞こえてボード上の2個のリレーのうち片方が動作し、同時にLED0と表示されているLEDが点灯するはずだ。[0]を繰り返しクリックすれば、リレーとLEDのオン・オフが交互に切り替わる。

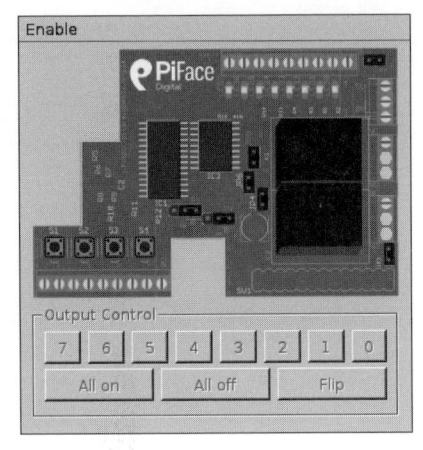

図8-12
PiFaceデジタルエミュレータ

他の出力ボタンも同様の働きをする。[0]か[1]をクリックしたときには、エミュレータの右側に見える2つの青い点も切り替わるはずだ。これらはリレーが切り替わった際に、変化して現在閉じている接点を表示する。

同様に、実際のPiFaceボード上の左側にある4つのスイッチのどれかを押せば、その入力に対応するターミナルブロックに青い点が光るはずだ。

エミュレータは、ボード上のどこに入出力が配置されているのかを理解するためにも役立つし、また実際に制御プログラムを書き始める前にボードに接続された外部電子回路の動作をテストするためにも役立つ。

●解説

エミュレータはPiFaceのプログラミングに非常に役立つツールだが、遅かれ早かれ実際のコードが書きたくなるはずだ。

PiFaceは、PythonやScratch、あるいはC言語を使ってプログラミングできる。ここではPythonを使う。まずPythonコンソール（レシピ5.3）を開いて、次のコマンドを入力してみてほしい。

```
>>> import pifacedigitalio as pfio
>>> pfio.init()
>>> pfio.digital_write(0, 1)
>>> pfio.digital_write(0, 0)
```

これで、LED1（と、そのリレー）がオン・オフするはずだ。
PiFaceには、次の機能がある。

- 8本のデジタル出力（オープンコレクタ）
- 8本のデジタル入力（3.3V）
- 出力に接続された8個のLED
- 入力0～3に接続された4個のスイッチ
- 出力0と1に接続された2個のリレー

PiFaceにはデジタル入出力しかないため、必要なのは次の2つの関数だけだ。

- `digital_write`関数。これは2つの引数を取り、最初の引数には書き込み先の出力（0～7）を、2番目の引数にはハイ／ローに対応して1か0を指定する。
- 入力がハイかローを検出するには`digital_read`を使う。この関数はどの入力をチェックするかを指定する1つの引数を取り、TrueまたはFalse（1か0）を返す。

次のコードでは、ボードの左側にあるスイッチ1が押されたことを検出する。これはPythonコンソールへ直接打ち込んでもよいし、IDLE（レシピ5.2）を使ってもよい。

```
>>> import pifacedigitalio as pfio
>>> import time
>>> pfio.init()
>>> while True:
...     print(pfio.digital_read(0))
...     time.sleep(1)
...
0
0
1
1
1
1
0
```

ボタンが押されていれば、1がプリントアウトされる。それ以外の場合には、0がプリントされる。

◗ 参考

インタフェースボードを使わずにRaspberry Piでリレーを使うには、レシピ9.5を参照してほしい。RaspiRobotボード（レシピ8.18）はRaspberry Pi用のもう1つのインタフェースボードで、ロボットの制御に向いている（レシピ10.8）。

レシピ8.17：Gertboardを使う

▶課題
Gertboardインタフェースボードの使い方を知りたい。

▶解決
図8-13に、Raspberry PiとGertboardを接続した様子を示す。

外観はちょっとものものしいが、Gertboardはとても簡単に使える。最初のステップは、ボードに付属するソフトウェアサンプルのインストールだ。サンプルプログラムは、RPi.GPIO用のものとWiring Pi用のものとが用意されている。この本では主にRPi.GPIOを使って行くので、ここではそちらのバージョンを使うことにする。まだRPi.GPIOをインストールしていなければ、インストールしておこう（レシピ8.3）。

図8-13
Raspberry PiとGertboardを接続したところ

Gertboardのサンプルをインストールするには、ターミナルから次のコマンドを実行する。

```
$ wget http://raspi.tv/download/GB_Python.zip
$ unzip GB_Python.zip
$ cd GB_Python
```

Gertboardはいくつかの領域に分かれており、付属するジャンパ線で接続しない限り、これらの領域は分離されている。次のサンプルは、Gertboardに組み込まれた3つのプッシュボタンの状態を読み出して、いずれかのボタンを押したり離したりした際に、その状態をコンソールに書き出すものだ。この後の実行例を見ればわかるとおり、最初にプログラムを実行する際には、そのプログラム例のためにGertboardのどのピンを接続すればよいか教えてくれる。

いまのところは、指示にしたがって接続を行うことにしよう。次のセクションでは、動作についてもう少し詳しく説明する。

```
$ sudo python buttons-rg.py
These are the connections for the Gertboard buttons test:
GP25 in J2 --- B1 in J3
GP24 in J2 --- B2 in J3
GP23 in J2 --- B3 in J3
Optionally, if you want the LEDs to reflect button state do the
following:
jumper on U3-out-B1
jumper on U3-out-B2
jumper on U3-out-B3
When ready hit enter.

111
110
```

ボタンを押すと出力が変化するはずだ。十分実験し終わったら、Ctrl-Cを押す。

● 解説

このサンプルでは、GPIOの25、24、そして23番ピンがボード上のバッファチップの搭載された領域に接続される。3つのバッファ入力には、スイッチが接続されている。またバッファの出力は、入力に設定されたGPIOピンに接続される。このようにバッファを使うことによって、Raspberry Piの入力を保護しているのだ。

Gertboardには、次のように豊富な機能がある。

- 12本のバッファされた入出力線
- 3個のプッシュボタン
- 12個のLED
- 6個のオープンコレクタのドライバ（50V、0.5A）
- 18V、2Aのモーターコントローラ
- 28pinのATmegaマイクロコントローラ
- 2チャネルの8、10、または12ビットデジタル—アナログ変換器
- 2チャネルの10ビットアナログ—デジタル変換器

さらに、ATmega328はそれ自身に6本のアナログ入力と、豊富な入出力線を持っている。実はこのATmega328は、Arduino Unoマイクロコントローラ（14章を参照）の心臓部に使われているものと同じチップだ。少し工夫すれば、これを接続したRaspberry Pi上でArduino IDE（レシピ14.15）を実行してプログラムできるようにセットアップすることもできる。

● 参考

Gertboardのマニュアルは、以下のURLにある。http://www.automaticon.pl/nowosci2013/doc/Gertboard%20Assembled.pdf

もっと簡単なインタフェースボードとしては、PiFace（レシピ8.16）やRaspiRobotボード（レシピ8.18）を参照してほしい。

電子回路と橋渡しするためにArduinoマイクロコントローラボードを使い、それをRaspberry Piへ接続するようにしている人も多い。こうすれば、大きな画面やネットワークとのインタフェースなど、Raspberry Piが得意なことに専念できるからだ。このような使い方については、14章で詳しく説明する。

レシピ8.18：RaspiRobotボードを使う

●課題
RaspiRobotボードの使い方を知りたい。

●解決
図8-14に、RaspiRobotボード（バージョン1）を示す。[*12] このボードには2台の直流モーターか1台のステッピングモーターを制御できる、デュアルモーターコントローラーが載っている。また、ボードに組み込まれた電圧レギュレータを使ってRaspberry Piへ5V電源を供給することもできる。このボードには2個のスイッチ入力と2個の低電力出力も提供されており、またRaspberry PiのI2Cやシリアルインタフェースとも簡単に接続できる。

図8-14
RaspiRobotボード

RaspiRobotボードを指示にしたがって組み立て後、次のコマンドをRaspberry Piのターミナルセッションへ入力して、必要なライブラリをインストールする必要がある。

```
$ sudo apt-get install python-rpi.gpio
$ sudo apt-get install python-serial
```

[*12] 訳注：RaspiRobotボードには、バージョン1とバージョン2がある。以降の手順は、バージョン1のものだ。バージョン1の組み立て指示はhttps://github.com/simonmonk/raspirobotboard/wiki/Building-Your-RaspiRobotBoardに、GitHubはhttps://github.com/simonmonk/raspirobotboardにある。
バージョン2のGitHubはhttps://github.com/simonmonk/raspirobotboard2にある。

RaspiRobot用のライブラリをインストールするには、ターミナルウィンドウで次のコマンドを実行する。

```
$ wget https://github.com/simonmonk/raspirobotboard/archive/master.zip
$ unzip master.zip
$ cd raspirobotboard-master
$ sudo python setup.py install
```

◉ 解説

RaspiRobotボードをRaspberry Piへ接続し、Raspberry Piの電源を入れる。RaspiRobotボードへ外部電源やモーターをつながなくても、Pythonコンソールだけを使ってRaspiRobotボードへいくつかコマンドを送ってみることが可能だ。RaspiRobotボードのライブラリはGPIOポートを使うので、スーパーユーザとしてPythonを起動する必要がある。

```
$ sudo python
```

最初に電源を投入した際には、RaspiRobotボード上の両方のLEDが点灯している。ここで次のコマンドを入力すると、ライブラリが初期化され、両方のLEDが消灯するはずだ。

```
>>> from raspirobotboard import *
>>> rr = RaspiRobot()
```

片方のLEDをオン・オフしてみよう。

```
>>> rr.set_led1(1)
>>> rr.set_led1(0)
```

RaspiRobotボードには、スイッチへ接続するためのピンが2組ある。これらのピンは、ボード上でSW1とSW2と表示されている。次のコマンドで、SW1がクローズして（オンになって）いるかどうかテストできる。

```
>>> print(rr.sw1_closed())
False
```

SW1の2本のピンをドライバーでショートさせながら同じコマンドをもう一度実行すると、今度はTrueが返るはずだ。

2本のオープンコレクタ出力をセットするコマンド（`set_oc1`と`set_oc2`）や、モーターを制御するコマンド（`forward`、`reverse`、`left`、`right`、そして`stop`）も利用できる。すべてのコマンドのリファレンスは、http://www.raspirobot.com を参照してほしい。

もちろん、RPi.GPIOライブラリだけを使ってRaspiRobotボードのインタフェースを使用することもできる。RaspiRobotボードで使うGPIOピンを、表8-1にまとめておく。

名称	番号
Motor 1A	17
Motor 1B	4
Motor 2A	10
Motor 2B	25
SW1	11
SW2	9
OC1	22
OC2	27

表8-1　RaspiRobotボードで使用するGPIOピン

● 参考

RaspiRobotのウェブサイト（http://www.raspirobot.com）には、RaspiRobotボードやその他のプロジェクトに関する詳しい情報が掲載されている。

このボードを使ってローバー型のロボットを製作するレシピについては、レシピ10.8を参照してほしい。

RaspiRobotボードを使ってバイポーラステッピングモーターを制御するには、レシピ10.7を参照のこと。

レシピ8.19：Humble Piプロトタイピングボードを使う

● 課題

Humble Piプロトタイピングボードの使い方を知りたい。

● 解決

Humble Pi（図8-15）は、PiFace（レシピ8.16）やRaspiRobotボード（レシピ10.8）のようなインタフェースボードではなく、プロトタイピングボードだ。別の言い方をすれば、このボードには一切電子回路は載っていない。試作領域に、利用者が自分で部

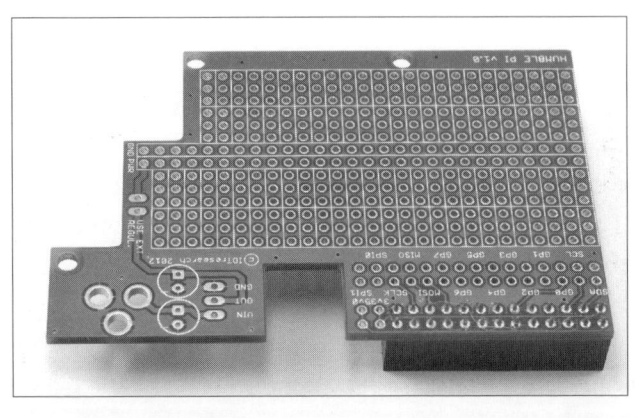

図8-15　Humble Pi

品をハンダ付けするように設計されているのだ。

　Humble Piのスマートな機能として、DC電源ソケットと三端子レギュレータ、そして平滑用コンデンサを搭載するための特別な領域がボード上に用意されていることが挙げられる。このボードのメーカーCiseco（http://shop.ciseco.co.uk/）では、このボードに適したレギュレータとコンデンサのキットも販売している。

● 解説

　このボードには、DIP ICなど大部分のスルーホール部品が搭載できる標準的な0.1インチピッチの穴が格子状に空いている。この穴を通して上から部品の足を差し込んで、ボードの裏側でハンダ付けする。

　いままでハンダ付けをした経験のない人は、YouTubeのビデオを見てコツをつかんでおくのがよいだろう。

　ボードの表面の白い線で囲まれた穴は互いに接続されていて、中央には2本の電源ラインがあり、片方はGNDに接続され、もう片方はRaspberry Piの5Vまたは3.3V、あるいはオプションの三端子レギュレータの出力へ接続できるようになっている。

　中央の電源ラインの両側には、3つずつ接続されたグループの列が並んでいる。ここには、中央の電源ラインをまたぐように、あるいはどちらかの側に、DIP ICを何個も載せることができる。

　部品をハンダ付けしたら、さらにリード線を使って配線を行う必要がある。配線は裏面だけ、あるいは表面で行ってもよいし、複雑な回路なら両方使ってもよい。

　いずれにしても、ハンダ付けを始める前に部品の配置を十分計画しておくのがよいだろう。

● 参考

　Cisecoのウェブサイト（http://shop.ciseco.co.uk/）には、この製品に関してさらに詳しい情報が掲載されている。

　AdafruitのPi Plateは、Humble Piと似たボードだ（レシピ8.18、8.20）。

レシピ8.20： Pi Plateプロトタイピングボードを使う

● 課題

　Pi Plateプロトタイピングボードの使い方を知りたい。

● 解決

　Pi Plate（図8-16）は、PiFace（レシピ8.16）やRaspiRobotボード（レシピ8.18、10.8）のようなインタフェースボードではなく、プロトタイピングボードだ。別の言い方をすれば、このボードには一切電子回路は載っていない。試作領域に、利用者が自分で部品をハンダ付けするように設計されているのだ。

図8-16　Pi Plate

　Humble Pi（レシピ8.19）とは違って、Pi PlateにはRaspberry Piの背の高いソケットを逃がすための切り込みは入っていない。このボードは長方形で、Raspberry Piそのものとまったく同じ大きさをしている。このため、背の高いピンソケットを追加してボード全体を持ち上げることによって、Raspberry Pi上の部品にぶつからないようにしている。
　また、このボードには16ピンの表面実装チップが搭載できる領域と、ターミナルブロックをハンダ付けするための間隔の広い4つの穴も用意されている。
　ボードの2辺にはターミナルブロックが配置されており、ここにはすべてのGPIOピンが引き出されている。試作領域を完全に無視して、GPIOピンへハンダ付けせずに接続するためにこのターミナルブロックを使うこともできる。

● 解説

　このボードには、DIP ICなど大部分のスルーホール部品が搭載できる標準的な0.1インチピッチの穴が格子状に空いている。この穴を通して上から部品の足を差し込んで、ボードの裏側で配線をハンダ付けする。
　穴を接続するパターンはボード上にあってわかりやすい。またボードはいくつかの領域に分割されている。中央に電源バスのあるDIP IC用の領域と、汎用の試作領域、表面実装チップ用の領域、そしてターミナルブロックの追加領域だ。
　部品をハンダ付けしたら、さらにリード線を使って配線を行う必要がある。配線は裏面だけ、あるいは表面で行ってもよいし、複雑な回路なら両方使ってもよい。
　いずれにしても、ハンダ付けを始める前に部品の配置を十分計画しておくのがよいだろう。
　図8-17に示す配置でPi PlateへRGB LEDをハンダ付けする。このレシピはレシピ9.9と全く同じで、違いはブレッドボードの代わりにPi Plateを使っていることだけだ。
　最初のステップは、抵抗をハンダ付けすることだ。足を折り曲げ、ボード上の穴に通す。それからボードをひっくり返して、足が出ている穴にハンダゴテを1秒程度当ててからハンダを流し込むと、足のまわりにハンダが回るはずだ（図8-18）。
　両側をハンダ付けし終わったら、余分な足を切り取り、他の2つの抵抗についても同じ手順を繰り返す（図8-19）。

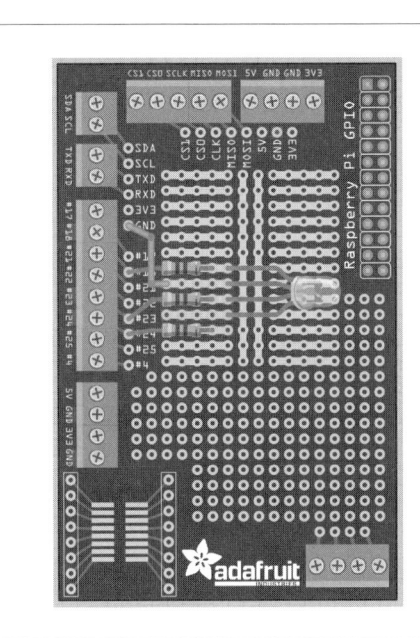

図8-17
Pi Plate上のRGB LEDの配置
（編注：一番下の抵抗は、1つ上
のパターンに接続してください。図
8-19〜8-21の配置は正しいものと
なっています）

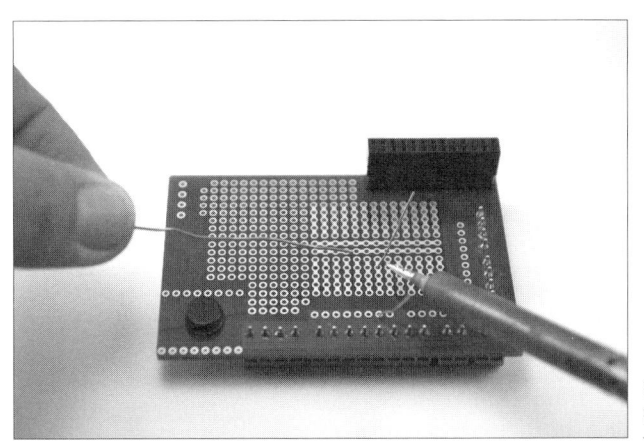

図8-18
抵抗をPi Plateにハンダ付けする

図8-19
Pi Plateに抵抗をハンダ付けし
終わったところ

Pi Plateプロトタイピングボードを使う

次にLEDをハンダ付けする。LEDの向きに注意してほしい。一番長い足がカソードコモンで、この足だけがどの抵抗とも接続されていない穴へ接続されることになる。非常にまれに、長いほうの足がアノードではないLEDがある（多くの場合、赤外線LEDだ）。確信が持てない場合には、LEDのデータシートかメーカーの情報ページをチェックしてほしい。

そして、短い線でカソードPi PlateのGNDへ配線する（図8-20）。

ボードが完成すると、図8-21のようになるはずだ。

図8-20
GNDに配線したところ

図8-21
完成したPi Plate上のRGB LED

レシピ9.9のPythonプログラムを使って、LEDを点灯させてみよう。

●参考

Adafruitのウェブサイト（http://www.adafruit.com/products/801）には、この製品のさらに詳しい情報が掲載されている。

AdafruitのPi Plateは、Humble Pi（レシピ8.19）に似たボードだ。このレシピの説明は、Humble Piへ部品をハンダ付けする際にも役立つだろう。

レシピ8.21：パドルターミナルブレークアウトボードを使う

> 課題

パドルターミナル付きのGPIOブレークアウトボードと接続したい。

> 解決

図8-22に示すようなパドルターミナルブレークアウトボードを使って、ハンダ付けなしにRaspberry Piへ電線や部品の足をすばやく接続できる。使い方は簡単で、スプリング入りのスライド式のつまみを押し下げ、穴に電線や部品の足を差し込み、それからつまみを元に戻せばよい。

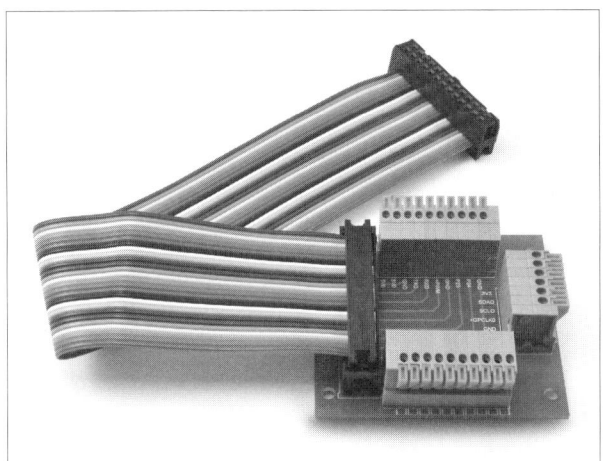

図8-22
パドルターミナルブレークアウトボード

> 解説

このようなボードを1つ持っていれば、ちょっとした配線に便利だ。

> 参考

別の方法として、Pi Plate（レシピ8.20）のターミナルブロックを使うこともできる。

9章　ハードウェアの制御

　この章では、Raspberry PiのGPIOコネクタから電子回路を制御するコツをつかんでもらおう。

　ほとんどのレシピでは、ハンダ付け不要のブレッドボードと、オス―メスやオス―オスのジャンパ線を使う必要がある（レシピ8.10を参照）。

レシピ9.1：LEDを接続する

　ぜひ、このレシピのビデオをhttp://razzpisampler.oreilly.comで見てほしい。

▶課題

　LEDをRaspberry Piに接続する方法が知りたい。

▶解決

　GPIOピンに、電流を制限するため470Ωまたは1kΩ（348ページの「抵抗とコンデンサ」を参照）の直列抵抗を介してLED（350ページの「光エレクトロニクス」を参照）を接続する。このレシピの製作には、次のものが必要だ。[*1]

- ブレッドボードとジャンパ線（348ページの「プロトタイピング用機材」を参照）
- 1kΩの抵抗（348ページの「抵抗とコンデンサ」を参照）
- LED（350ページの「光エレクトロニクス」を参照）

　図9-1に、ブレッドボードとオス―メスのジャンパ線を使った実体配線図を示す。

　LEDを接続したら、次はPythonからのコマンドで点滅できるようにしてみよう。まず、レシピ8.3にしたがってPythonのRPi.GPIOライブラリをインストールしてほしい。

　ターミナルからスーパーユーザ権限でPythonコンソール（レシピ5.3）を起動して、

[*1] 訳注：いずれも秋月電子などから購入できる。1kΩの1/4W抵抗はhttp://akizukidenshi.com/catalog/g/gR-25102/（100本入り）、5mm赤色LEDはhttp://akizukidenshi.com/catalog/g/gI-00624/（100個入り）。ブレッドボードとジャンパ線については、レシピ8.10を参照してほしい。

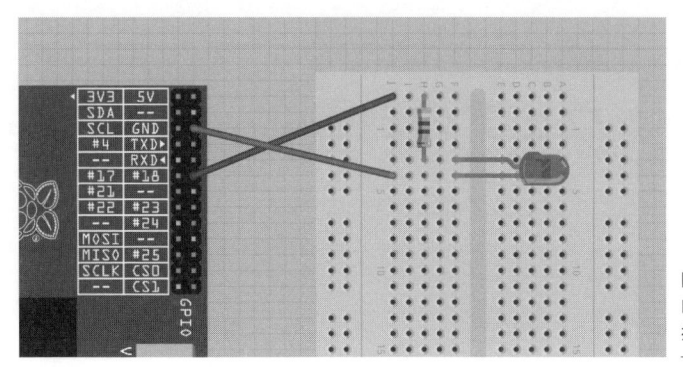

図9-1
LEDをRaspberry Piに接続する

次のコマンドを入力してみよう。

```
$ sudo python
>>> import RPi.GPIO as GPIO
>>> GPIO.setmode(GPIO.BCM)
>>> GPIO.setup(18, GPIO.OUT)
>>> GPIO.output(18, True)
>>> GPIO.output(18, False)
```

これで、LEDが点滅するはずだ。

▶ 解説

LEDは非常に役に立ち、安価で、しかも効率的な発光素子だが、使い方には注意が必要だ。約1.7V以上の電圧源（GPIO出力など）に直接接続すると、非常に大きな電流が流れてしまう。これによって、LEDや電流供給側の素子が壊れてしまうことも十分にあり得る。つまり、直接接続した場合、Raspberry Piが故障してしまうかもしれない。

したがって、LEDには必ず直列に抵抗を入れる必要がある。LEDと電圧源との間に直列に抵抗を入れることによって、LEDを流れる電流が、LEDやそれを駆動するGPIOに安全なレベルに制限される。

Raspberry PiのGPIOピンは、たった3mAの電流しか供給できない。一般的なLEDは1mA以上の電流で発光するが、電流を多く流せばそれだけ明るく光る。表9-1に、LEDの種類に応じた直列抵抗の値の例を示したので、参考にしてほしい。この表には、GPIOピンから流れるおおよその電流の値も示しておいた。

LEDの種類	抵抗	電流（mA）
赤	470Ω	3.5
赤	1kΩ	1.5
オレンジ、黄、緑	470Ω	2
オレンジ、黄、緑	1kΩ	1
青、白	100Ω	3
青、白	270Ω	1

表9-1
3.3V GPIOピンとLEDの直列抵抗

見てわかるとおり、どの場合にも470Ωの抵抗を使えば安全だ。青や白のLEDの場合には、直列抵抗の値をかなり減らすことができる。安全を期すなら、1kΩを使うのがよいだろう。

先ほどPythonコンソールで行った実験を応用して、LEDを繰り返し点滅させるようなプログラムを作ってみよう。次のコードをコピーしてIDLE（レシピ5.2）やnano（レシピ3.6）エディタに貼り付け、led_blink.pyという名前で保存してほしい。

このプログラムは、この本のウェブサイト（http://www.raspberrypicookbook.com）からもダウンロードできる。[*2]

```python
import RPi.GPIO as GPIO
import time

GPIO.setmode(GPIO.BCM)
GPIO.setup(18, GPIO.OUT)

while (True):
    GPIO.output(18, True)
    time.sleep(0.5)
    GPIO.output(18, False)
    time.sleep(0.5)
```

このプログラムはRPi.GPIOライブラリを使っているため、実行にはスーパーユーザ特権が必要なことに注意してほしい。つまり、次のコマンドを実行する必要がある。

```
$ sudo python led_blink.py
```

▶参考

便利な直列抵抗計算機（http://led.linear1.org/1led.wiz）をチェックしてみてほしい。

Raspberry Piとブレッドボードやジャンパ線の使い方については、レシピ8.10を参照のこと。

レシピ9.2： LEDの明るさを制御する

▶課題

LEDの明るさを、Pythonプログラムから変化させたい。

▶解決

RPi.GPIOライブラリにはパルス幅変調（PWM）機能があり、LEDへの電力を制御して明るさを変化させることができる。

[*2] 訳注：http://www.raspberrypicookbook.comにcodeというリンクがあるので、ここをクリックするとGitHubの画面が表示される。さらにcodeをクリックするとファイルの一覧が表示されるので、必要なファイルをクリックすると内容が表示される。あるいは、git clone git://github.com/simonmonk/raspberrypi_cookbookというコマンドを実行して、コードをまとめてダウンロードすることもできる。

さっそく試してみよう。レシピ9.1のようにLEDを接続し、次のテストプログラムを実行する。*3

```
import RPi.GPIO as GPIO

led_pin = 18
GPIO.setmode(GPIO.BCM)
GPIO.setup(led_pin, GPIO.OUT)

pwm_led = GPIO.PWM(led_pin, 500)
pwm_led.start(100)

while True:
    duty_s = raw_input("Enter Brightness (0 to 100):")
    duty = int(duty_s)
    pwm_led.ChangeDutyCycle(duty)
```

Python 2ではなくPython 3を使う場合には、`raw_input`を`input`に変更してほしい。

このPythonプログラムをコンソールから実行すると、0から100までの数値を入力して明るさを変化させることができる。

```
pi@raspberrypi ~ $ sudo python led_brightness.py
Enter Brightness (0 to 100):0
Enter Brightness (0 to 100):20
Enter Brightness (0 to 100):10
Enter Brightness (0 to 100):5
Enter Brightness (0 to 100):1
Enter Brightness (0 to 100):90
```

プログラムを終了するには、Ctrl-Cを押す。

▶解説

PWMは、1秒間のパルス数（Hz単位での周波数）を一定に保ちながらパルス幅を変化させるという、賢いテクニックだ。図9-2に、PWMの基本原理を示す。

高い周波数になると、PWM周波数の測定値は引数に指定した周波数から次第にずれてくる。これは、今後のバージョンのRPi.GPIOのPWM機能では変わってくるかもしれない。

上記のプログラムの次の行を変更すれば、PWM周波数を変えることができる。

```
pwm_led = GPIO.PWM(led_pin, 500)
```

---

*3 訳注：このコードも、http://www.raspberrypicookbook.com から`led_brightness.py`という名前でダウンロードできる。

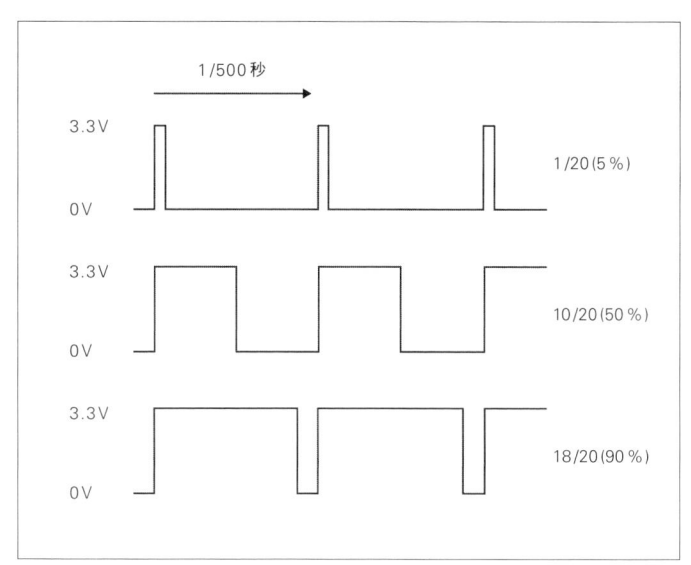

図9-2 パルス幅変調

値はHz単位で指定するので、この場合の周波数は500Hzになる。

表9-2に、GPIO.PWMの第2引数に指定した周波数と、オシロスコープで測定した実際の周波数との比較を示す。

指定した周波数	測定された周波数
50Hz	50Hz
100Hz	98.7Hz
200Hz	195Hz
500Hz	470Hz
1kHz	890Hz
10kHz	4.4kHz

表9-2 測定した周波数と実際の周波数

また、周波数が高くなると安定度は低下するようだ。このことから、RPi.GPIOライブラリのPWM機能はオーディオを扱うには向いていないといえる。しかし、LEDの明るさやモーターのスピードを制御するには十分だ。

◉参考

PWMについてさらに詳しく理解するには、Wikipedia（https://ja.wikipedia.org/wiki/パルス幅変調）を参照してほしい。

レシピ9.9ではPWMを使ってRGB LEDの色を変化させ、またレシピ10.3ではPWMを使ってDCモーターのスピードを制御している。

Raspberry Piとブレッドボードやジャンパ線の使い方については、レシピ8.10を参照のこと。また、スライダーを使ってLEDの明るさを制御することもできる。これについてはレシピ9.8を参照してほしい。

レシピ9.3： ブザーを鳴らす

> **課題**

Raspberry Piでブザーを鳴らしたい。

> **解決**

GPIOピンに、圧電ブザーを接続する。

たいていの小型の圧電ブザーは、図9-3に示す回路でうまく動くはずだ。[*4] 筆者はAdafruitから購入したものを使った（351ページの「その他」を参照）。メス—メスのジャンパ線を使えば、ブザーのピンをRaspberry Piへ直接接続できる。

このようなブザーは非常に小さな電流しか消費しない。しかし、大きなブザーを使う場合や安全を期すためには、GPIOピンとブザーの間に470Ωの抵抗を入れるとよいだろう。

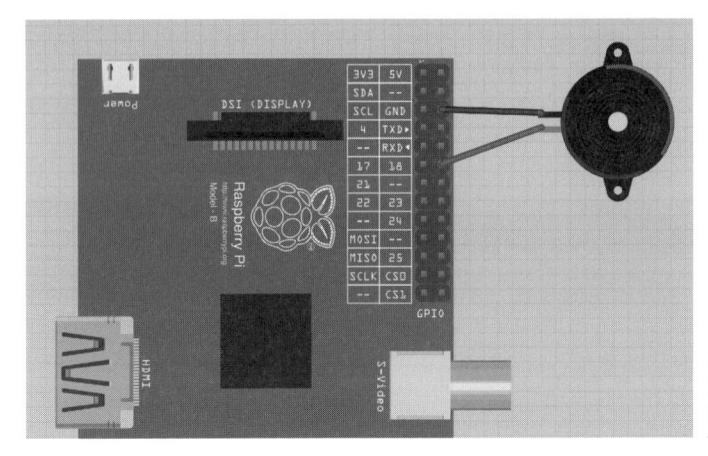

図9-3
圧電ブザーをRaspberry Piに接続する

次のコードを、IDLE（レシピ5.2）やnano（レシピ3.6）エディタに貼り付け、buzzer.pyという名前で保存してほしい。このプログラムは、この本のウェブサイト（http://www.raspberrypicookbook.com）からもダウンロードできる。

```
import RPi.GPIO as GPIO
import time

buzzer_pin = 18
GPIO.setmode(GPIO.BCM)
GPIO.setup(buzzer_pin, GPIO.OUT)

def buzz(pitch, duration):
    period = 1.0 / pitch
```

[*4] 訳注：圧電ブザーは、日本国内では秋月電子（http://akizukidenshi.com/catalog/g/gP-01251/）やスイッチサイエンス（http://www.switch-science.com/catalog/472/）などから購入できる。

```
        delay = period / 2
        cycles = int(duration * pitch)
        for i in range(cycles):
            GPIO.output(buzzer_pin, True)
            time.sleep(delay)
            GPIO.output(buzzer_pin, False)
            time.sleep(delay)

    while True:
        pitch_s = raw_input("Enter Pitch (200 to 2000): ")
        pitch = float(pitch_s)
        duration_s = raw_input("Enter Duration (seconds): ")
        duration = float(duration_s)
        buzz(pitch, duration)
```

このプログラムを実行すると、最初に音のピッチをHz単位で、次に秒単位のブザーの鳴動時間を秒単位で入力するよう、プロンプトが表示される。

```
$ sudo python buzzer.py
Enter Pitch (2000 to 10000): 2000
Enter Duration (seconds): 20
```

● 解説

圧電ブザーの周波数範囲はあまり広くないし、音質もよいとはいえない。しかし、ピッチを多少変化させることはできる。このコードで鳴らせる音の周波数は近似的なものだ。

このプログラムは、単純に短い遅延時間でGPIOの18番ピンのオンとオフを切り替えることによって動作している。遅延時間はピッチから計算される。ピッチ（周波数）が高くなるほど、遅延時間を短くする必要がある。

● 参考

この圧電ブザーのデータシートは、メーカーのウェブサイト（http://www.tdk.co.jp/tefe02/ef532_ps.pdf）で入手できる。

レシピ9.4： トランジスタを使って大電力DCデバイスをスイッチする

● 課題

12VのLEDモジュールのような、大電力で低電圧のDCデバイスの電源を制御したい。

● 解決

このような大電力LEDは大きな電流を消費するので、GPIOピンから直接駆動することはできない。また、3.3Vではなく12Vを必要とするという問題もある。このような大電

力の負荷を制御するには、トランジスタを使う必要がある。

この場合、MOSFET（金属酸化膜半導体電界効果トランジスタ）と呼ばれるトランジスタで、大電力を扱えるものを使うことになる。ここで使うのはFQP30N06というMOSFET（349ページの「トランジスタとダイオード」を参照）で、数百円で購入できる。30Aまでの電流が取り扱え、これは大電力LEDに必要な電流よりもはるかに大きい。[*5]

図9-4に、ブレッドボード上のMOSFETの実体配線図を示す。LEDモジュールのプラス側とマイナス側の電源ピンを正しく接続するように注意してほしい。

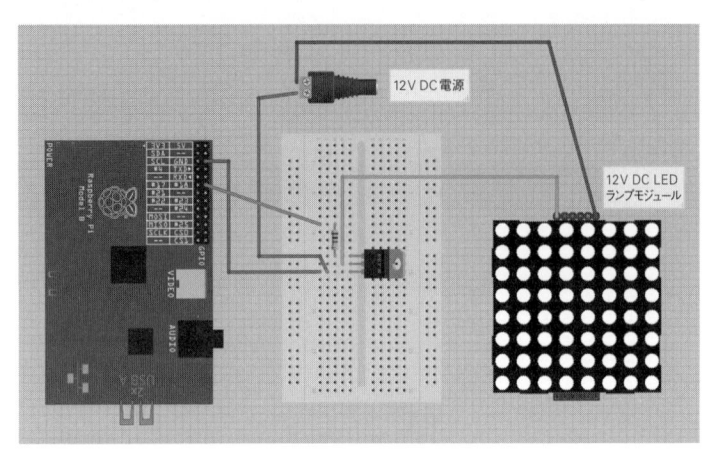

図9-4
MOSFETで大電力を制御する

このレシピの製作には、次のものが必要だ。[*6]

- ブレッドボードとジャンパ線（348ページの「プロトタイピング用機材」を参照）
- 1kΩの抵抗（348ページの「抵抗とコンデンサ」を参照）
- NチャネルMOSFET FQP30N06（または注記の2SK2232）（349ページの「トランジスタとダイオード」を参照）
- 12V電源アダプタ
- 12V DC LEDモジュール

LEDパネルをオン・オフさせるためのPythonコードは、MOSFETなしで1個の低電力LEDを制御したときに使ったものとまったく同じだ（レシピ9.1を参照）。

また、MOSFETにPWMを使ってLEDモジュールの明るさを制御することもできる（レシピ9.2を参照）。

[*5] 訳注：FQP30N06は日本国内では入手が難しいので、似た特性の2SK2232（秋月電子・http://akizukidenshi.com/catalog/g/gI-02414/）などを使うのがよいだろう。

[*6] 訳注：いずれも秋月電子などから購入できる。ブレッドボードとジャンパ線については、レシピ8.10を参照してほしい。
1kΩの1/4W抵抗はhttp://akizukidenshi.com/catalog/g/gR-25102/（100本入り）。
FQP30N06の代替品2SK2232はhttp://akizukidenshi.com/catalog/g/gI-02414/。
12VのLEDモジュールは、たとえばhttp://akizukidenshi.com/catalog/g/gM-00878/など。

▶解説

GPIOコネクタを使ってある程度の電力を供給する場合には、電池か外部電源アダプタを使ってほしい。GPIOコネクタは比較的小さな電流しか供給できないからだ（レシピ8.2）。ここでは、12VのDC電源アダプタからLEDパネルへ電力を供給している。十分な電力が供給できる電源アダプタを選んでほしい。たとえば、LEDモジュールの消費電力が5Wであれば、少なくとも12V 5Wの電源が必要になる（6Wあれば、さらによいだろう）。電源に電力ではなく最大電流が規定されている場合、電圧と最大電流を掛け算すれば電力が計算できる。つまり、500mA 12Vの電源は、6Wの電力を供給できることになる。

抵抗は、MOSFETがオフからオンへ、あるいはその逆に切り替わった際に発生するピーク電流がGPIOへ流れないようにするために必要だ。MOSFETはLEDパネルのマイナス側をスイッチするので、電源のプラス側はLEDパネルのプラス側へ直接接続し、LEDパネルのマイナス側はMOSFETの**ドレイン**へ接続する。MOSFETの**ソース**はGNDへ接続され、そしてMOSFETの**ゲート**ピンがドレインからソースへの電流の流れを制御する。ゲートの電圧が約2Vを超えると、MOSFETはオン状態となり、電流がMOSFETを通してLEDモジュールへ流れることになる。

この回路は、その他の低電圧DCデバイスの電源を制御するためにも使える。ただし例外はモーターやリレーで、これらは特別な取り扱いが必要となる（レシピ10.3を参照）。

▶参考

MOSFETのデータシートは、http://dlnmh9ip6v2uc.cloudfront.net/datasheets/Components/General/FQP30N06L.pdfにある。[*7]

グラフィカルなユーザインタフェースを使ってLEDモジュールを制御する場合に、単純なオン・オフであればレシピ9.7を、スライダーを使って明るさを変えるにはレシピ9.8を参照してほしい。

レシピ9.5：リレーを使って大電力デバイスをスイッチする

▶課題

MOSFETでのスイッチングには向かないデバイスをオン・オフしたい。

▶解決

リレーと小電力トランジスタを使う。

図9-5に、ブレッドボード上のトランジスタとリレーの実体配線図を示す。トランジスタとダイオードの向きに注意してほしい。ダイオードは片側に帯があり、トランジスタは片面が平らで反対側がカーブした形をしている。

[*7] 訳注：2SK2232のデータシートは以下から取得できる。
http://www.semicon.toshiba.co.jp/info/lookup.jsp?pid=2SK2232&lang=ja

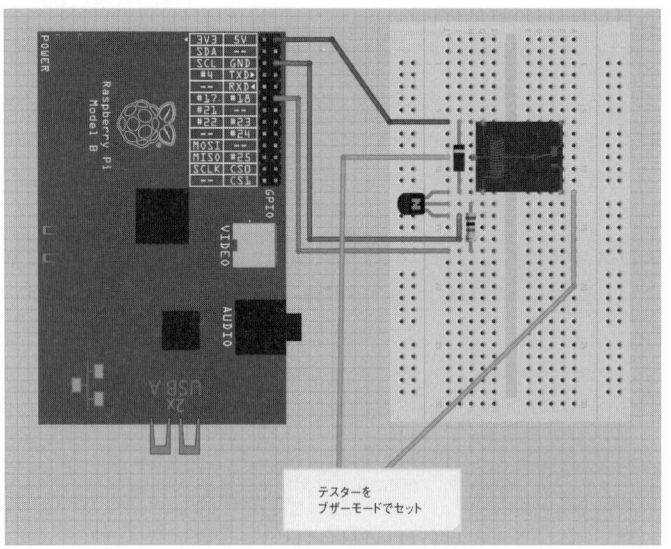

図9-5
Raspberry Piからリレーを使う

テスターを
ブザーモードでセット

このレシピの製作には、次のものが必要だ。*8

- ブレッドボードとジャンパ線（348ページの「プロトタイピング用機材」を参照）
- 1kΩの抵抗（348ページの「抵抗とコンデンサ」を参照）
- トランジスタ2N3904（349ページの「トランジスタとダイオード」を参照）
- ダイオード1N4001（349ページの「トランジスタとダイオード」を参照）
- 5Vリレー（351ページの「その他」を参照）
- テスター

レシピ9.1でLEDの点滅に使ったプログラムがそのまま使える。すべてうまく行っていれば、リレーの接点が閉じるたびにクリック音が聞こえるはずだ。しかし、リレーは低速の機械式デバイスなので、PWMは使わないでほしい。リレーを壊してしまう可能性がある。

---

*8 訳注：いずれも秋月電子などから購入できる。ブレッドボードとジャンパ線については、レシピ8.10を参照してほしい。
1kΩの1/4W抵抗は http://akizukidenshi.com/catalog/g/gR-25102/ （100本入り）。
トランジスタの2N3904は日本国内でも入手できる（秋月電子：http://akizukidenshi.com/catalog/g/gI-05962/）が、ほぼ特性が同等の2SC1815（秋月電子：http://akizukidenshi.com/catalog/g/gI-00881/）などを使うこともできる。ただし足の順番が違う（平らな面に向かって左からエミッタ・コレクタ・ベースの順）ので、コレクタとベースの配線を入れ替える必要がある。
ダイオードの1N4001については、上位互換の1N4007（秋月電子：http://akizukidenshi.com/catalog/g/gI-00934/）のほうが入手しやすいだろう。
5Vリレーは、秋月電子の5V小型リレー（http://akizukidenshi.com/catalog/g/gP-07342/）などが同じように使える。ただピン配置が違うことと、接点容量が少ない（1A：125V AC、2A：30V DC）ことには注意してほしい。
テスターは電子回路の動作チェックや抵抗値の測定、導通チェックなどに使える、電子工作には不可欠の測定器だ。安価なもの（http://akizukidenshi.com/catalog/g/gM-00136/）で十分なので、購入しておくことをお勧めする。

▶ 解説

リレーはエレクトロニクスの初期から使われ続けているデバイスで、使いやすく、また通常ならスイッチが使われるような状況ならどこにでも使える、という大きな利点がある。たとえば、AC（交流）のスイッチや、中身がどうなっているかわからないデバイスをスイッチするためにも使えるのだ。

リレーの接点定格を超えるような使い方をすると、リレーの寿命が短くなる。場合によってはアーク放電を起こして、接点が融着してしまうかもしれない。リレーが危険なほど熱くなってしまうおそれもある。よくわからないときは、接点定格に余裕のあるリレーを使うのがよいだろう。

図9-6に、リレーの構造を示す。

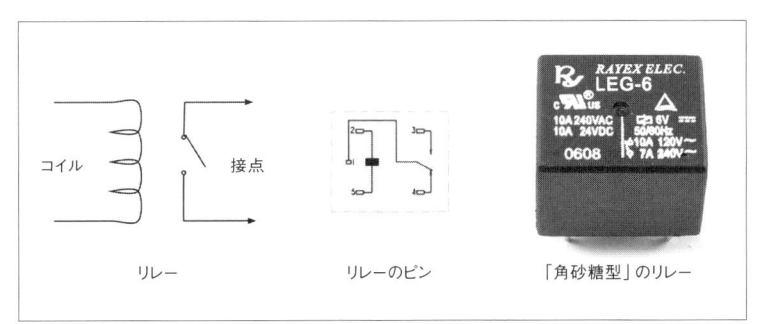

図9-6 リレーの構造

リレーは基本的にスイッチで、接点が電磁石に引き付けられて閉じる仕組みになっている。電磁石とスイッチは電気的にはまったく接続されていないので、スイッチ側に高電圧がかかっていてもリレーのコイルを駆動する回路は保護される。

リレーの欠点は、動作が遅いことと、何十万回も動作すると壊れてしまうことだ。つまり、使えるのは低速のオン・オフ制御だけで、PWMなどの高速なスイッチングはできない。

リレーのコイルには、接点を閉じるために約50mAの電流を流すことが必要となる。Raspberry PiのGPIOピンは約3mAの電流しか供給できないので、小電力トランジスタをスイッチとして使う必要がある。レシピ9.4で使ったような大電力のMOSFETは必要ないので、小電力トランジスタを使えばよい。トランジスタには足が3本あり、**ベース**（中央の足）は電流制限用の1kΩ抵抗を介してGPIOピンへ接続される。**エミッタ**はGNDに接続され、**コレクタ**がリレーのコイルの片側に接続される。ダイオードは、リレーのコイルに流れる電流をトランジスタが急速にスイッチする際に発生する、高電圧のパルスをカットする働きをする。

> ⚠ リレーは交流100Vをスイッチするためにも使えるが、このような高電圧はとても危険なので、ブレッドボード上で使うべきではない。高電圧をスイッチしたい場合は、レシピ9.6を参照してほしい。

▶参考

MOSFETを使って直流をスイッチする方法については、レシピ9.4を参照してほしい。

リレーを制御するもう1つの方法は、PiFaceインタフェースボードを使うことだ（レシピ8.16）。

レシピ9.6：高電圧ACデバイスを制御する

▶課題

Raspberry Piを使ってAC 100Vをスイッチしたい。

▶解決

PowerSwitch Tail II（350ページの「モジュール」を参照）を使う。[*9] この便利なデバイスを使えば、Raspberry Piから簡単にAC機器をオン・オフできるようになる。これには片方にACコンセントが、反対側にはACプラグが付いている。延長ケーブルと似ているが、唯一の違いは中間にある制御ボックスに3つのねじ止め端子が付いていることだ。端子2をGNDに、端子1をGPIOピンに接続すれば、このデバイスがスイッチとして働き、家電製品をオン・オフできるようになる。

レシピ9.1で使ったのと同じPythonコードが使える。図9-7にPowerSwitch Tailの実体配線図を示す。

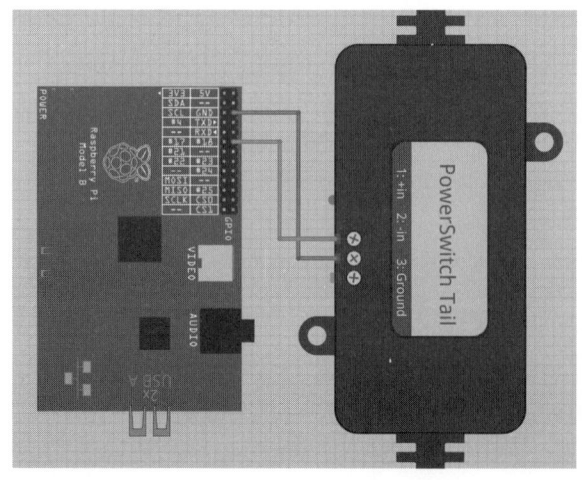

図9-7
Raspberry PiからPowerSwitch Tailを使う

▶解説

PowerSwitch Tailはリレーを使っているが、そのリレーをスイッチするために光アイ

[*9] 訳注：リモート制御リレーは電気用品安全法の対象製品なので、PSEマークが付いていなければ日本国内で使ってはいけない。PowerSwitch TailにはPSEマークがないので、日本では使えないことになる。残念ながら、日本国内で簡単に使える同様の製品は存在しないようだ。

ソレータと呼ばれる部品を使っている。これはLEDの光を光トライアック（高電圧の光スイッチ）に当てることによって光トライアックを導通させ、リレーのコイルに電流を流す仕組みになっている。

光アイソレータ内部のLEDに流れる電流は抵抗で制限されるので、GPIOピンから3.3Vで駆動しても3mAしか流れない。

◯参考

パワーMOSFETを使ってDCをスイッチするにはレシピ9.4を、ブレッドボード上のリレーを使ってスイッチするにはレシピ9.5を参照してほしい。

レシピ9.7： スイッチをオン・オフする ユーザインタフェースを作る

◯課題

ボタンでスイッチをオン・オフできるような、Raspberry Pi上で動作するアプリケーションを作りたい。

◯解決

Tkinterユーザインタフェースフレームワークを使い、チェックボタンでGPIOピンをオン・オフするようなPythonプログラムを書く（図9-8）。

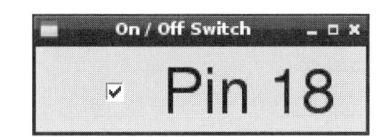

図9-8
スイッチをオン・オフするユーザインタフェース

GPIOの18番ピンには、LEDなどの出力デバイスを接続する必要がある。最初はLEDを使う（レシピ9.1）のが簡単でよいだろう。

エディタ（nanoまたはIDLE）を開き、次のコードを貼り付ける。この本の他のプログラム例と同様に、このプログラムもhttp://www.raspberrypicookbook.comのコードセクションからgui_switch.pyという名前でダウンロードできる。

```python
from Tkinter import *
import RPi.GPIO as GPIO
import time

GPIO.setmode(GPIO.BCM)
GPIO.setup(18, GPIO.OUT)

class App:

    def __init__(self, master):
        frame = Frame(master)
        frame.pack()
```

```
            self.check_var = BooleanVar()
            check = Checkbutton(frame, text='Pin 18',
                    command=self.update,
                    variable=self.check_var, onvalue=True, offvalue=False)
            check.grid(row=1)

        def update(self):
            GPIO.output(18, self.check_var.get())

root = Tk()
root.wm_title('On / Off Switch')
app = App(root)
root.geometry("200x50+0+0")
root.mainloop()
```

RPi.GPIOからGPIOハードウェアへアクセスするにはスーパーユーザ特権が必要なので、このプログラムは次のようにsudoを付けて実行する必要があることに注意してほしい。

```
$ sudo python gui_switch.py
```

> Python 3では、Tkinterライブラリの名前が**tkinter**（tが小文字）に変わっている。

❷ 解説

このプログラム例では、Appという名前のクラスを定義して、アプリケーションコードの大部分を収容している。

初期化関数では BooleanVar のインスタンスとして check_var という名前のメンバ変数を作成し、次にこれをチェックボタンへ variable 引数として与えている。こうすると、チェックボタンがクリックされるたびに、この変数の値が変更されるようになる。そのような変更が発生すると、command 引数に指定された update 関数が実行される。

update 関数は、単純に check_var の値を GPIO 出力へ書き出しているだけだ。

❷ 参考

このプログラムは、LED（レシピ9.1）や大電力DCデバイス（レシピ9.4）、リレー（レシピ9.5）あるいは高電圧ACデバイス（レシピ9.6）の制御に使える。

レシピ9.8： LEDやモーターの電力をPWMで制御するユーザインタフェースを作る

❷ 課題

PWMを使ってスライダーでデバイスへの電力を制御できるような、Raspberry Pi上

で動作するアプリケーションを作りたい。

●解決

Tkinterユーザインタフェースフレームワークを使い、スライダーを使ってPWMのデューティ比を0～100％の間で変化させるPythonプログラムを書く（図9-9）。

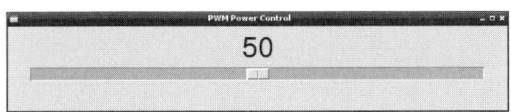

図9-9
PWM電力を制御するユーザインタフェース

GPIOの18番ピンには、LEDなどのPWM信号に反応できる出力デバイスを接続する必要がある。最初はLEDを使う（レシピ9.1）のが簡単でよいだろう。

エディタ（nanoまたはIDLE）を開き、次のコードを貼り付ける。この本の他のプログラム例と同様に、このプログラムもhttp://www.raspberrypicookbook.comのコードセクションから gui_slider.py という名前でダウンロードできる。

```python
from Tkinter import *
import RPi.GPIO as GPIO
import time

GPIO.setmode(GPIO.BCM)
GPIO.setup(18, GPIO.OUT)
pwm = GPIO.PWM(18, 500)
pwm.start(100)

class App:

    def __init__(self, master):
        frame = Frame(master)
        frame.pack()
        scale = Scale(frame, from_=0, to=100,
            orient=HORIZONTAL, command=self.update)
        scale.grid(row=0)

    def update(self, duty):
        pwm.ChangeDutyCycle(float(duty))

root = Tk()
root.wm_title('PWM Power Control')
app = App(root)
root.geometry("200x50+0+0")
root.mainloop()
```

RPi.GPIOからGPIOハードウェアへアクセスするにはスーパーユーザ特権が必要なので、このプログラムは次のようにsudoを付けて実行する必要があることに注意してほしい。

```
$ sudo python gui_slider.py
```

> Python 3では、Tkinterライブラリの名前が**tkinter**（tが小文字）に変わっている。

▶解説

このプログラム例では、Appという名前のクラスを定義して、アプリケーションコードの大部分を収容している。スライダーの値が変化すると、command引数に指定されたupdate関数が実行される。これによって出力ピンのデューティ比が変化する。

▶参考

このプログラムは、LED（レシピ9.1）やDCモーター（レシピ10.3）、あるいは高電圧DCデバイス（レシピ9.4）の制御に使える。

レシピ9.9： RGB LEDの色を変化させる

▶課題

RGB LEDの色を制御したい。

▶解決

RGB LEDの赤、緑、そして青のチャネルの電力を、PWMを使って制御する。
このレシピの製作には、以下のものが必要だ。[10]

- ブレッドボードとジャンパ線（348ページの「プロトタイピング用機材」を参照）
- 1kΩの抵抗（348ページの「抵抗とコンデンサ」を参照）
- RGB LEDカソードコモンタイプ（350ページの「光エレクトロニクス」を参照）
- （この回路を長いこと使うつもりなら）Pi Plate（レシピ8.20参照）またはHumble Pi（レシピ8.19参照）

図9-10に、ブレッドボード上のRGB LEDの実体配線図を示す。LEDの向きに注意してほしい。一番長いリード線が、ブレッドボード上では上から2番目になるようにする。このピンは**カソードコモン**と呼ばれ、LEDのケースに入っている赤緑青のLEDのマイナ

---

[10] 訳注：いずれも秋月電子などから購入できる。1kΩの1/4W抵抗はhttp://akizukidenshi.com/catalog/g/gR-25102/（100本入り）、RGBコモンカソードLEDはhttp://akizukidenshi.com/catalog/g/gI-02476/。ただし、LEDの緑のアノードと青のアノードのピンが入れ替わっているので、配線を変更する必要がある。また、数量限定だがLEDに拡散キャップと抵抗が付いたセット（http://akizukidenshi.com/catalog/g/gI-00729/）も販売されている。
ブレッドボードとジャンパ線については、レシピ8.10を参照してほしい。

ス側（カソード）が、すべてこのピンに接続されている。パッケージに必要なピンの数を
減らすためだ。

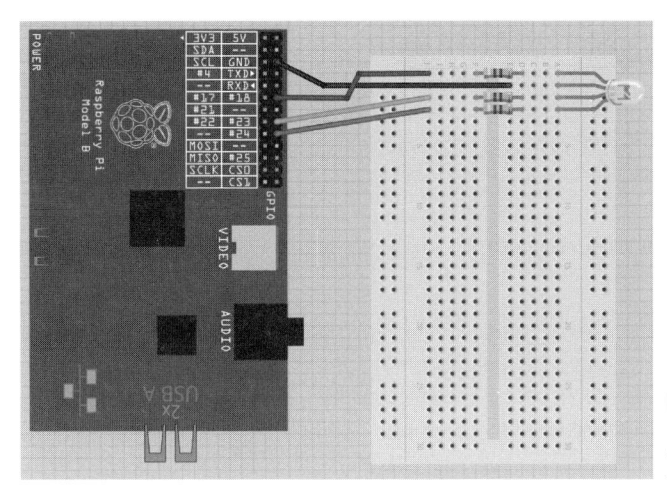

図9-10
Raspberry PiでRGB LED
を使う

この回路を長いこと使うつもりなら、Pi PlateやHumble Piにハンダ付けして作るのが
よいだろう。レシピ8.19および8.20を参考にしてほしい。

これから説明するプログラムには3つのスライダーがあり、それぞれLEDの赤、緑、
そして青のチャネルに対応している（図9-11）。

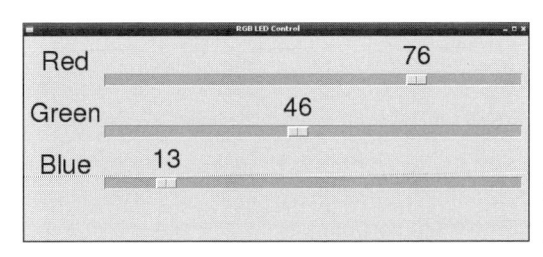

図9-11
ユーザインタフェースからRGB LEDを制御する

エディタ（nanoまたはIDLE）を開き、次のコードを貼り付ける。この本の他のプログ
ラム例と同様に、このプログラムもhttp://www.raspberrypicookbook.comのコードセ
クションからgui_sliderRGB.pyという名前でダウンロードできる。

```
from Tkinter import *
import RPi.GPIO as GPIO
import time

GPIO.setmode(GPIO.BCM)
GPIO.setup(18, GPIO.OUT)
GPIO.setup(23, GPIO.OUT)
GPIO.setup(24, GPIO.OUT)
```

```python
        pwmRed = GPIO.PWM(18, 500)
        pwmRed.start(100)

        pwmGreen = GPIO.PWM(23, 500)
        pwmGreen.start(100)

        pwmBlue = GPIO.PWM(24, 500)
        pwmBlue.start(100)

        class App:

            def __init__(self, master):
                frame = Frame(master)
                frame.pack()
                Label(frame, text='Red').grid(row=0, column=0)
                Label(frame, text='Green').grid(row=1, column=0)
                Label(frame, text='Blue').grid(row=2, column=0)
                scaleRed = Scale(frame, from_=0, to=100,
                    orient=HORIZONTAL, command=self.updateRed)
                scaleRed.grid(row=0, column=1)
                scaleGreen = Scale(frame, from_=0, to=100,
                    orient=HORIZONTAL, command=self.updateGreen)
                scaleGreen.grid(row=1, column=1)
                scaleBlue = Scale(frame, from_=0, to=100,
                    orient=HORIZONTAL, command=self.updateBlue)
                scaleBlue.grid(row=2, column=1)

            def updateRed(self, duty):
                pwmRed.ChangeDutyCycle(float(duty))

            def updateGreen(self, duty):
                pwmGreen.ChangeDutyCycle(float(duty))

            def updateBlue(self, duty):
                pwmBlue.ChangeDutyCycle(float(duty))

        root = Tk()
        root.wm_title('RGB LED Control')
        app = App(root)
        root.geometry("200x150+0+0")
        root.mainloop()
```

● 解説

このコードの働きは、レシピ9.8で説明した1つのPWMチャネルの制御と似ている。しかし今回は、3原色に対応した3つのPWMチャネルと3つのスライダーが必要となる。

ここで使ったRGB LEDはカソードコモンタイプのものだ。アノードコモンタイプのものでも使えるが、その場合はアノードコモンをGPIOコネクタの3.3Vに接続する必要がある。そしてスライダーの向きが逆になり、100が**オフ**、0が完全に**オン**となる。

光がよく混ざって見えるように、光拡散タイプのLEDを使うとよいだろう。

◎参考
PWMチャネルを1つだけ制御したい場合には、レシピ9.8を参照してほしい。

Raspberry Piとブレッドボードやジャンパ線の使い方については、レシピ8.10を参照のこと。

レシピ9.10：LEDをたくさん使う（チャーリープレキシング）

ぜひ、このレシピのビデオをhttp://razzpisampler.oreilly.comで見てほしい。

◎課題
なるべく少ない数のGPIOピンを使って、LEDをたくさん制御したい。

◎解決
このためには、**チャーリープレキシング**（Charlieplexing）と呼ばれるテクニックが使える。このテクニックの名前は、これを考案したCharlie Allen（半導体デバイス製造会社Maximの社員）の名前から取られたもので、プログラムの動作中にGPIOピンを出力から入力へ変更できるというGPIOの機能を利用している。ピンが入力に変更されると、LEDを光らせるだけの電流を流せなくなったり、LEDに接続されている出力に設定された別のピンに影響を及ぼしたりする。

図9-12に、3本のピンで6個のLEDを制御する方法（実体配線図）を示す。

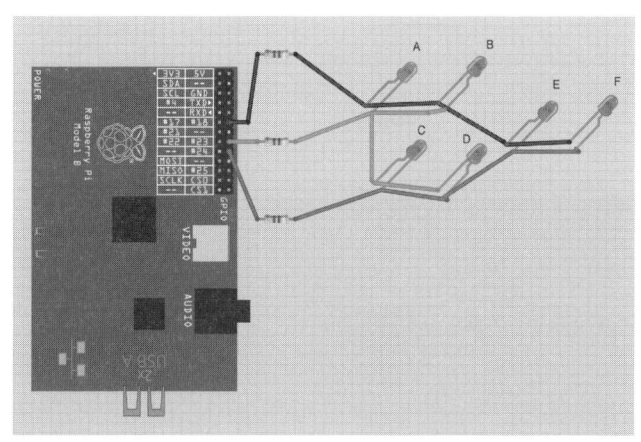

図9-12
チャーリープレキシング

図9-13は、ブレッドボード上の実体配線図を示す。

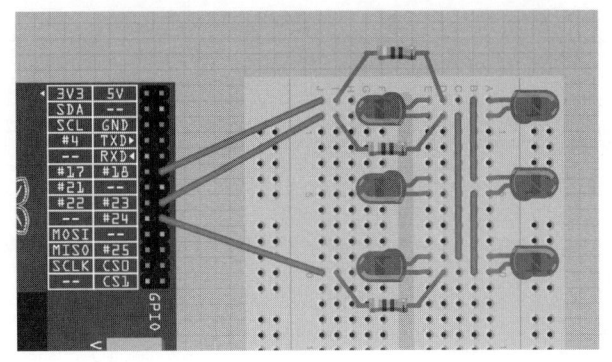

図9-13
ブレッドボード上のチャーリープレキシング

このレシピの製作には、次のものが必要だ。*11

- ブレッドボードとジャンパ線（348ページの「プロトタイピング用機材」を参照）
- 470Ωの抵抗を3本（348ページの「抵抗とコンデンサ」を参照）
- LEDを6個（350ページの「光エレクトロニクス」を参照）

エディタ（nanoまたはIDLE）を開き、次のコードを貼り付ける。この本の他のプログラム例と同様に、このプログラムもhttp://www.raspberrypicookbook.comのコードセクションから`charlieplexing.py`という名前でダウンロードできる。

```
import RPi.GPIO as GPIO

pins = [18, 23, 24]

pin_led_states = [
  [1, 0, -1],   # A
  [0, 1, -1],   # B
  [-1, 1, 0],   # C
  [-1, 0, 1],   # D
  [1, -1, 0],   # E
  [0, -1, 1]    # F
]

GPIO.setmode(GPIO.BCM)

def set_pin(pin_index, pin_state):
    if pin_state == -1:
        GPIO.setup(pins[pin_index], GPIO.IN)
    else:
        GPIO.setup(pins[pin_index], GPIO.OUT)
        GPIO.output(pins[pin_index], pin_state)
```

---

*11 訳注：いずれも秋月電子などから購入できる。470Ωの1/4W抵抗はhttp://akizukidenshi.com/catalog/g/gR-25471/（100本入り）、5mm赤色LEDはhttp://akizukidenshi.com/catalog/g/gI-00624/（100個入り）。ブレッドボードとジャンパ線については、レシピ8.10を参照してほしい。

```
def light_led(led_number):
    for pin_index, pin_state in enumerate(pin_led_states[led_
number]):
        set_pin(pin_index, pin_state)

set_pin(0, -1)
set_pin(1, -1)
set_pin(2, -1)

while True:
    x = int(raw_input("Pin (0 to 5):"))
    light_led(x)
```

▶解説

チャーリープレキシングを理解するために、たとえば図9-12でLED Aを光らせることを考えてみよう。LEDは、プラス側の足がハイでマイナス側の足がローになっているときだけ光る。電圧が逆だと光らない。LED Aを光らせるには、（抵抗を介して）GPIO 18に接続されている足をハイにして、もう片側の抵抗を介してGPIO 23に接続されている足をローにする必要がある。しかし、それに加えてGPIO 24が入力に設定されている必要もある。そうでないと、（GPIO 24がハイなのかローなのかに応じて）LED DかEも光ってしまうからだ。

コード中の`pin_led_states`は、6個のLEDそれぞれに対応するGPIOピンの設定を示している。値が0であれば、そのピンをローにすることを示している。1ならばハイ、そして-1は入力に設定するという意味だ。

GPIOのn個のピンで制御できるLEDの数は、次の式で求められる。

LEDの数 $= n^2 - n$

つまり、4本のピンを使えば16 - 4 = 12個のLEDが、10本使えば90個という膨大な数のLEDが制御できることになる。

この例では、一度に1個のLEDしか光らせていない。同時に2個以上光らせるには、光らせたいLEDを次々に点灯させていくようなリフレッシュループを回す必要がある。十分に速くループさせることで、複数のLEDが同時に点灯しているように見える。

同時に点灯しているように見せたいLEDの数が増えれば増えるほど、実際にLEDが光っている時間は短くなるので、LEDは暗くなってしまう。

▶参考

チャーリープレキシングについては、Wikipedia英語版（http://en.wikipedia.org/wiki/Charlieplexing）により詳しい情報がある。LEDを1個だけ光らせたいなら、レシピ9.1を参照してほしい。

レシピ9.11：アナログメーターをディスプレイとして使う

◉課題
Raspberry Piに、アナログパネルメーターを接続したい。

◉解決
5Vのアナログメーターを使う場合、PWM出力を直接メーターにつないで駆動できる。この際、メーターのマイナス側をGNDに、プラス側をGPIOピンへ接続する（図9-14）。しかし、5Vのメーターであれば、3.3Vまでしか電圧は表示できない。

図9-14
GPIOピンに直接アナログ電圧計を接続する

5Vをほぼフルレンジで表示させたい場合は、PWM信号のスイッチとしてトランジスタを使い、トランジスタのベースに電流制限用の1kΩの抵抗を介してPWM信号を接続する。

このレシピの製作には、次のものが必要だ。[*12]

- 5Vパネルメーター（351ページの「その他」を参照）
- ブレッドボードとジャンパ線（348ページの「プロトタイピング用機材」を参照）
- 1kΩの抵抗を2本（348ページの「抵抗とコンデンサ」を参照）
- トランジスタ2N3904（349ページの「トランジスタとダイオード」を参照）

[*12] 訳注：5Vのアナログパネルメーターは、千石通商（https://www.sengoku.co.jp/mod/sgk_cart/detail.php?code=EEHD-4CRM）などから購入できる。
ブレッドボードとジャンパ線については、レシピ8.10を参照してほしい。
1kΩの抵抗と2N3904については、レシピ9.5を参照のこと。

ブレッドボード上の実体配線図を、図9-15に示す。

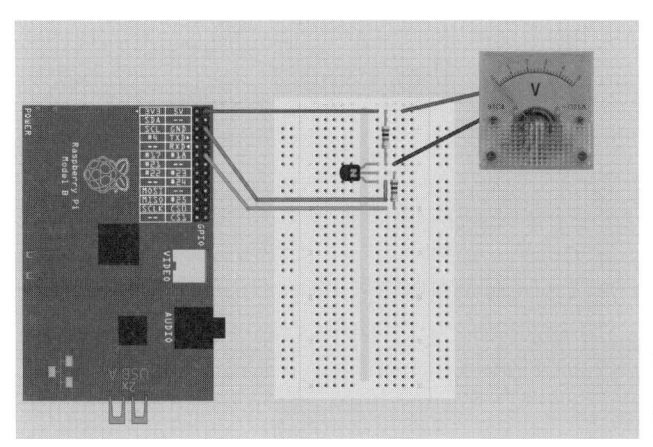

図9-15
3.3VのGPIOに5Vアナログ電圧計を接続する

● 解説

電圧計のテストには、レシピ9.2でLEDの明るさを制御するのに使ったプログラムと同じものが使える。

電圧計の針が、電圧の上端と下端では安定しているが、その中間では多少揺れ動いているかもしれない。これは、PWM信号を作成する際の副作用によるものだ。より安定した出力が必要なら、レシピ10.2で使用する16チャネルモジュールのようなPWMハードウェアを外付けすることもできる。

● 参考

Wikipedia（https://ja.wikipedia.org/wiki/電圧計）には、アナログ電圧計の動作原理について詳しい情報が掲載されている。

Raspberry Piとブレッドボードやジャンパ線の使い方については、レシピ8.10を参照のこと。

レシピ9.12： 割り込みを使ったプログラミング

● 課題

通常、状態が変化したことを検出するためには、常に入力ピンをポーリングする必要がある。ここでは入力ピンのポーリングなしに、たとえばボタンが押されたことなどのイベントに応答したい。

● 解決

RPi.GPIOライブラリのadd_event_detect関数を使う。

次に示すコード例では、ボタンが押された際に呼び出される割り込みサービスルーチン

を登録している。

図9-16に示すように、ブレッドボード上にスイッチを配線する。[*13]

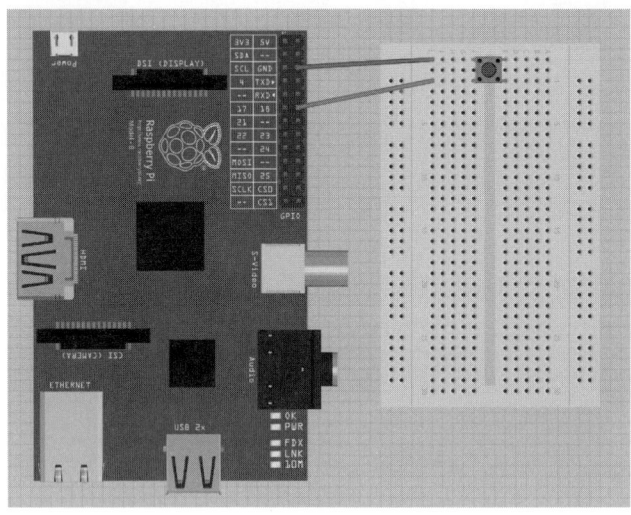

図9-16
割り込みをデモするためにスイッチをGPIO入力に接続する

エディタ（nanoまたはIDLE）を開き、次のコードを貼り付ける。この本の他のプログラム例と同様に、このプログラムもhttp://www.raspberrypicookbook.comのコードセクションから`interrupts.py`という名前でダウンロードできる。

このコード例では、1秒ごとにカウントアップしながら、ボタンが押された際にメッセージを表示するようになっている。

```python
import RPi.GPIO as GPIO
import time

GPIO.setmode(GPIO.BCM)

def my_callback(channel):
    print('You pressed the button')

GPIO.setup(18, GPIO.IN, pull_up_down=GPIO.PUD_UP)
GPIO.add_event_detect(18, GPIO.FALLING, callback=my_callback)

i = 0
while True:
    i = i + 1
    print(i)
    time.sleep(1)
```

[*13] 訳注：押しボタンスイッチは、秋月電子（http://akizukidenshi.com/catalog/g/gP-03647/）などから購入できる。ブレッドボードとジャンパ線については、レシピ8.10を参照してほしい。

このプログラムを、スーパーユーザ特権で実行してみてほしい。ボタンを押したときに、次のような表示が見られるはずだ。

```
$ sudo python interrupts.py
1
2
3
You pressed the button
4
You pressed the button
5
You pressed the button
You pressed the button
6
```

● 解説

たとえば、次のようにループの中で単純に繰り返しチェックを行っても、ボタンが押されたことやGPIO入力が変化したことは検出できる。

```
while True:
    if GPIO.input(18) == False:
        # 行うべき処理をここに書く
    time.sleep(0.1)
```

この方法の欠点は、ボタンが押されたことをチェックしている間、ほとんど他に何もできないことだ。別の欠点として、ボタンが非常にすばやく押された場合、GPIO.inputで検出する前に信号が変化してしまうおそれもある。この手法は**ポーリング**と呼ばれる。

割り込みはポーリングとは異なり、ピンに関数を登録しておくと、そのピンの入力電圧がローからハイへ、あるいはその逆に変化したときに、登録した関数が自動的に呼び出されるという仕組みになっている。

210ページの先ほどのプログラム例で、この働きを見てみよう。まず、引数を1つだけ取るmy_callbackという名前の関数を定義している。この引数で、割り込みを引き起こした入力がわかるので、異なる割り込みに同じハンドラ関数が使える。

```
def my_callback(channel):
    print('You pressed the button')
```

この場合、コールバック関数は単にメッセージを表示しているだけだ。

コードの次の行で、実際に登録を行っている。

```
GPIO.add_event_detect(18, GPIO.FALLING, callback=my_callback)
```

最初の引数は、ピン（18）を示している。2番目の引数には、GPIO.FALLINGかGPIO.RISINGのいずれかを指定する。FALLINGが指定された場合、この関数はそのGPIOピンがハイからローへ変化した場合にのみ呼び出される。この例では、スイッチを

押すと内部でプルアップされた信号がローとなるため、このようにしている。一方、2番目の引数にRISINGが指定された場合には、この関数は入力がローからハイへ変化した場合（スイッチが離された際）にのみ呼び出される。

イベントハンドラ関数は、実行中にもメインのカウントを続けているループをストップさせることはない。独立した実行スレッドで動作しているからだ。

またスイッチは、よく**チャタリング**を起こす。これは、きれいに「開」から「閉」の状態へ移行せず、落ち着くまでに何度か両方の状態を繰り返すことだ。チャタリングが起こると、実際にはボタンを1度しか押していないのに、非常に速いスピードで何度も連打されたように見えてしまう。

このためボタンを押し続けていると、ボタンを押した回数よりも多くメッセージが表示されることがあるはずだ。

実はGPIOライブラリには、いったん割り込みが発生した後には一定の時間内に同じイベントが発生しても無視するという、チャタリングによる問題を回避するためのオプションがある。この機能を使うには、add_event_detectへの呼び出しに、オプションのbouncetime引数を追加するだけでよい。bouncetimeには、待ち時間をミリ秒単位で指定する。

```
GPIO.add_event_detect(18, GPIO.FALLING, callback=my_callback,
bouncetime=100)
```

▶参考

Raspberry Piでのスイッチの使い方についてさらに詳しく理解するには、レシピ11.1を参照してほしい。

レシピ9.13：ウェブインタフェースからGPIO出力を制御する

▶課題

Raspberry Pi上のウェブインタフェースを使って、GPIO出力を制御したい。

▶解決

Pythonのbottleライブラリ（レシピ7.16）を使って、GPIOポートを制御するウェブインタフェースを作成する。

このレシピの製作には、次のものが必要だ。[*14]

[*14] 訳注：いずれも秋月電子などから購入できる。1kΩの1/4W抵抗はhttp://www.akizukidenshi.com/catalog/g/gR-25102/（100本入り）、5mm赤色LEDはhttp://akizukidenshi.com/catalog/g/gI-00624/（100個入り）、押しボタンスイッチはhttp://akizukidenshi.com/catalog/g/gP-03647/。
ブレッドボードとジャンパ線については、レシピ8.10を参照してほしい。

- ブレッドボードとジャンパ線（348ページの「プロトタイピング用機材」を参照）
- 1kΩ抵抗を3本（348ページの「抵抗とコンデンサ」を参照）
- LEDを3個（350ページの「光エレクトロニクス」を参照）
- 押しボタンスイッチ（351ページの「その他」を参照）

ブレッドボード上の実体配線図を図9-17に示す。

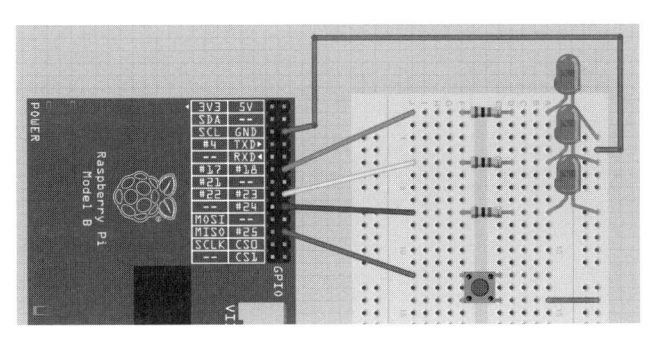

図9-17
ウェブ経由でGPIO出力を制御する

bottleライブラリのインストールについては、レシピ7.16を参照してほしい。

エディタ（nanoまたはIDLE）を開き、次のコードを貼り付ける。この本の他のプログラム例と同様に、このプログラムもhttp://www.raspberrypicookbook.comのコードセクションからweb_control.pyという名前でダウンロードできる。また、同じ場所からダウンロードできるweb_control_testという名前のプログラムは、ウェブサーバを使わずにハードウェアをテストできるように、単純にLEDを順番に点滅させ、スイッチの状態を表示するためのものだ。

筆者のweb_control.pyプログラム例を次に示す。

```python
from bottle import route, run
import RPi.GPIO as GPIO

host = '192.168.1.8'

GPIO.setmode(GPIO.BCM)
led_pins = [18, 23, 24]
led_states = [0, 0, 0]
switch_pin = 25

GPIO.setup(led_pins[0], GPIO.OUT)
GPIO.setup(led_pins[1], GPIO.OUT)
GPIO.setup(led_pins[2], GPIO.OUT)
GPIO.setup(switch_pin, GPIO.IN, pull_up_down=GPIO.PUD_UP)

def switch_status():
    state = GPIO.input(switch_pin)
    if state:
```

```
            return 'Up'
        else:
            return 'Down'

    def html_for_led(led):
        l = str(led)
        result = " <input type='button' onClick='changed(" + l + ")'
 value='LED " + l + "'/>"
        return result

    def update_leds():
        for i, value in enumerate(led_states):
            GPIO.output(led_pins[i], value)

    @route('/')
    @route('/<led>')
    def index(led="n"):
        if led != "n":
            led_num = int(led)
            led_states[led_num] = not led_states[led_num]
            update_leds()
        response = "<script>"
        response += "function changed(led)"
        response += "{"
        response += " window.location.href='/' + led"
        response += "}"
        response += "</script>"

        response += '<h1>GPIO Control</h1>'
        response += '<h2>Button=' + switch_status() + '</h2>'
        response += '<h2>LEDs</h2>'
        response += html_for_led(0)
        response += html_for_led(1)
        response += html_for_led(2)
        return response

    run(host=host, port=80)
```

このプログラムを実行する前に、先頭近くの行で指定しているIPアドレスを実際のRaspberry PiのIPアドレスに変更しておこう。

```
    host = '192.168.1.8'
```

このプログラムは、スーパーユーザとして実行する必要がある。

```
    $ sudo python web_control.py
```

起動に成功すると、次のようなメッセージが表示されるはずだ。

```
Bottle server starting up (using WSGIRefServer())...
Listening on http://192.168.1.8:80/
Hit Ctrl-C to quit.
```

同じネットワーク上のマシンでブラウザウィンドウを開き（Raspberry Pi自体でもかまわない）、Raspberry PiのIPアドレスをブラウズすると、図9-18に示すようなウェブインタフェースが表示されるはずだ。

画面の下のほうにある3つのLEDボタンのどれかをクリックすると、対応するLEDのオンとオフが切り替わるはずだ。

図9-18 GPIO出力を制御するウェブインタフェース

また、（ブレッドボード上の）ボタンを押し続けながらウェブサーバをリロードすると、「Button=」の後のテキストが「Up」から「Down」に変わるはずだ。

◉ 解説

このプログラムの動作を理解するために、まずウェブインタフェースの仕組みを知っておこう。すべてのウェブインタフェースには、ウェブブラウザからのリクエストに応答するサーバ（今回の例ではRaspberry Pi上のプログラム）がどこかに存在する必要がある。

サーバはリクエストを受け取ると、そのリクエストに伴う情報から、それに応答するレスポンスをHTMLで作成する。このプログラムの場合、ウェブサーバ側が受け取る情報はこれだ。

```
def index(led="n"):
```

ルートページ（http://192.168.1.8/）へのリクエストだった場合、led引数にはデフォルトのnが代入される。しかしたとえば、http://192.168.1.8/2をブラウズした場合には、led引数にURLの最後の2が引数へ代入されることになる。

そして、led引数によってLED 2のオン・オフが切り替えられる。

LEDをオン・オフするURLへアクセスできるように、LED 2のボタンが押された際、URLの最後にこの引数を付加する形でこのページがリロードされるようにしてある。

このトリックは、ブラウザへ返すHTMLにJavaScript関数を入れることによって行われている。ブラウザがこの関数を実行すると、対応する引数付きでページがリロードされる。

つまり、「ブラウザによって後で実行されるJavaScriptコードをPythonプログラムで生成する」というちょっとややこしいことをしなくてはならない。このJavaScript関数を生成しているのは、次の行だ。

```
response = "<script>"
response += "function changed(led)"
response += "{"
response += " window.location.href='/' + led"
response += "}"
response += "</script>"
```

ボタンごとにHTMLを繰り返し書かなくてもよいように、これは`html_for_led`関数で生成されるようにしてある。

```
def html_for_led(led):
    l = str(led)
    result = " <input type='button' onClick='changed(" + l + ")' value='LED " + l + "'/>"
    return result
```

このコードは、3つのボタンに対応して3回使われ、ボタンが押されると`changed`関数が呼ばれるようになっている。この関数には引数としてLED番号も渡される。

GPIO出力を実際に変更するコードは、`update_leds`関数の中にある。この関数は、トグルする必要のあるLED番号を含んだリクエストをサーバが受け取るたびに呼び出される。

```
def update_leds():
    for i, value in enumerate(led_states):
        GPIO.output(led_pins[i], value)
```

この関数は単純に、状態のリストで反復処理を行って、各出力を現在の値に設定しているだけだ。

`index`関数の中の次の行は、`led`引数として渡されたLEDの状態リスト中の値をトグルしている。

```
led_states[led_num] = not led_states[led_num]
```

プッシュボタンの状態を報告するプロセスは、もっとずっと単純明快だ。これは入力の状態を読み取って、ボタンの位置を報告するHTMLを生成しているだけだ。これはすべて`switch_status`関数の中に含まれている。

```
def switch_status():
    state = GPIO.input(switch_pin)
    if state:
        return 'Up'
    else:
        return 'Down'
```

▶参考

`bottle`の使い方については、レシピ7.16と`bottle`のドキュメント（http://bottlepy.org/docs/dev/）を参照してほしい。

10章 モーター

この章では、Raspberry Piとさまざまな種類のモーターの使い方を見ていく。

レシピ10.1： サーボモーターを制御する

ぜひ、このレシピのビデオを http://razzpisampler.oreilly.com で見てほしい。

▶ 課題
Raspberry Piを使って、サーボモーターの角度を制御したい。

▶ 解決
　PWMを使って、サーボモーターへ送出するパルス幅を制御して角度を変える。この方法でも動作はするが、生成されるPWM波形が完全には安定していないため、サーボには多少のジッタが生じてしまう。

　また、サーボの電源はRaspberry Piとは別の5V電源から供給すべきだ。そうしないと、サーボの負荷電流の変動によってRaspberry Piがクラッシュしたり、不安定になったりするおそれがある。

　このレシピの製作には、次のものが必要だ。[1]

- 5Vのサーボモーター（351ページの「その他」を参照）
- ブレッドボードとジャンパ線（348ページの「プロトタイピング用機材」を参照）
- 1kΩの抵抗（348ページの「抵抗とコンデンサ」を参照）
- 5V 1Aの電源、または4.8Vの電池パック（351ページの「その他」を参照）

　この実体配線図を図10-1に示す。

---

[1] 訳注：これらの部品は、秋月電子などから購入できる。5Vのスタンダードサーボモーターは http://akizukidenshi.com/catalog/g/gM-06837/、1kΩの1/4W抵抗は http://akizukidenshi.com/catalog/g/gR-25102/ （100本入り）、単三電池4本用の電池ボックスは http://akizukidenshi.com/catalog/g/gP-02678/ など。
ブレッドボードとジャンパ線については、レシピ8.10を参照してほしい。

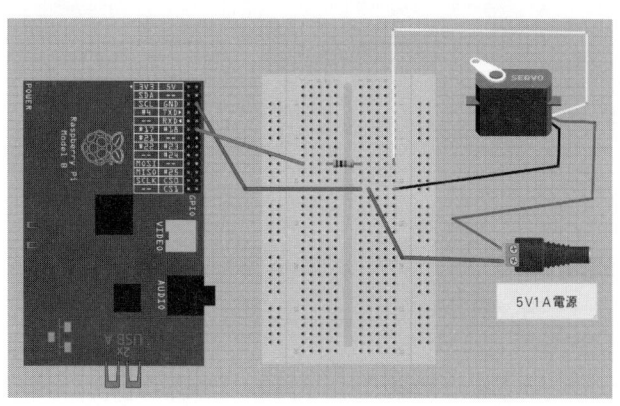

図10-1
サーボモーターの制御

1kΩの抵抗は必須ではないが、サーボが故障したときに生じる可能性のある、不慮の事故からGPIOピンを保護する働きをする。

サーボの線の色は、図10-1に示したものと同じではないかもしれない。[*2]

5V電源の代わりに、電池パックからサーボの電源を供給することもできる。単三電池4本用の電池ボックスと充電式電池を使えば約4.8Vが得られ、これでサーボは十分動作する。アルカリ単三電池を使うと6Vになり、この電圧でもたいていのサーボは大丈夫だが、念のためデータシートをチェックして、お使いのサーボが6Vでも動作するかどうか確かめてほしい。

サーボの角度を設定するユーザインタフェースは、LEDの明るさを制御するために使った`gui_slider.py`を元にしたものだ（レシピ9.2）。これを、0から180度までの範囲にスライダーで角度を設定できるように変更する（図10-2）。

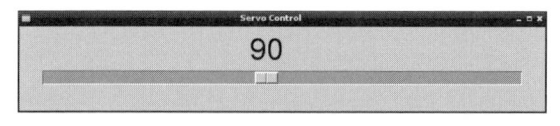

図10-2
サーボモーターを制御するユーザインタフェース

エディタ（nanoまたはIDLE）を開き、次のコードを貼り付ける。この本の他のプログラム例と同様に、このプログラムもhttp://www.raspberrypicookbook.comのコードセクションから`servo.py`という名前でダウンロードできる。

このプログラムはグラフィカルなユーザインタフェースを利用するため、SSHから実行することはできない。Raspberry Pi自体のウィンドウ環境か、あるいはVNCを使ったリモートコントロール（レシピ2.8）で実行する必要がある。またスーパーユーザとして実行する必要もあるので、`sudo python servo.py`と入力して実行してほしい。

```
from Tkinter import *
import RPi.GPIO as GPIO
```

[*2] 訳注：線の色は、プラス側の電源が赤、グランドが黒か茶色、制御線が白やオレンジや黄色などその他の色になっていることが多い。

```
import time

GPIO.setmode(GPIO.BCM)
GPIO.setup(18, GPIO.OUT)
pwm = GPIO.PWM(18, 100)
pwm.start(5)

class App:

    def __init__(self, master):
        frame = Frame(master)
        frame.pack()
        scale = Scale(frame, from_=0, to=180,
            orient=HORIZONTAL, command=self.update)
        scale.grid(row=0)

    def update(self, angle):
        duty = float(angle) / 10.0 + 2.5
        pwm.ChangeDutyCycle(duty)

root = Tk()
root.wm_title('Servo Control')
app = App(root)
root.geometry("200x50+0+0")
root.mainloop()
```

● 解説

サーボモーターは、ラジコンやロボットに使われている。たいていのサーボモーターは**連続回転**ではない。つまり、360度回転できるわけではなく、0から約180度の範囲内でしか回転できないのだ。

サーボモーターの位置は、パルスの長さ（パルス幅）によって決まる。そして、サーボは少なくとも20ミリ秒に1回のパルスを期待している。パルスが1ミリ秒だけハイであれば、サーボの角度はゼロとなる。パルス幅が1.5ミリ秒であれば中央（90度）の位置に、パルス幅が2ミリ秒であれば180度の位置になる（図10-3）。

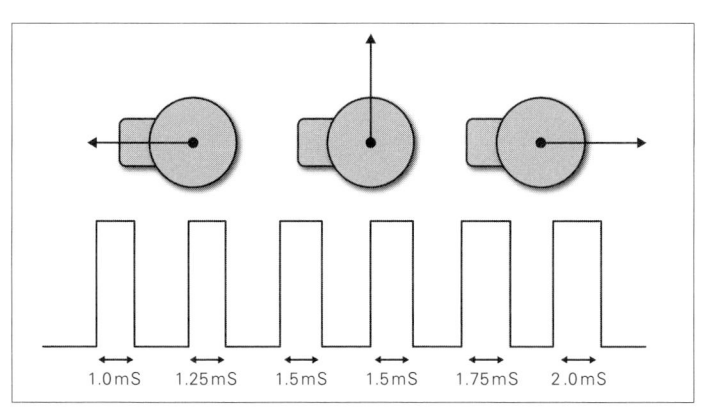

図10-3
サーボモーターの動作

このプログラム例ではPWM周波数を100Hzに設定しているため、パルスは10ミリ秒ごとにサーボへ送出される。角度は、2.5から20.5までのデューティ比に変換される。したがって、実際に送出されるパルスは期待される最小値1ミリ秒よりも短い場合もあれば、最大値2ミリ秒よりも長い場合もある。

◉ 参考

多数のサーボを制御したい場合、あるいは安定度と精度を高める必要があれば、レシピ10.2で説明するサーボコントローラー専用モジュールを使える。

Adafruitでは、サーボを制御する別の方法（https://learn.adafruit.com/adafruits-raspberry-pi-lesson-8-using-a-servo-motor）も開発している。

Raspberry Piとブレッドボードやジャンパ線の使い方については、レシピ8.10を参照のこと。

レシピ10.2：多数のサーボモーターを制御する

◉ 課題

多数のサーボを制御したい。また、サーボモーターの位置決めを正確に行いたい。

◉ 解決

Adafruitから購入できるPWM／サーボドライバー（http://www.adafruit.com/products/815）などの、サーボ制御モジュールを使う。

このモジュールを使えば、Raspberry PiのI2Cインタフェースを使って16個までのサーボやPWMチャネルが制御できる。

このレシピの製作には、次のものが必要だ。[*3]

- 5Vのサーボモーターを1個以上（351ページの「その他」を参照）
- Adafruitの12ビットPWM/サーボドライバー（I2Cインタフェース）（350ページの「モジュール」を参照）
- ブレッドボードとジャンパ線（348ページの「プロトタイピング用機材」を参照）
- 5Vの電源、または4.8Vの電池パック（351ページの「その他」を参照）

図10-4に、ブレッドボードを使ったこれらの実体配線図を示す。

[*3] 訳注：AdafruitのPWM/サーボドライバー（I2Cインタフェース）は、スイッチサイエンス（http://www.switch-science.com/catalog/961/）などから購入できる。
それ以外の部品は、秋月電子などから購入できる。レシピ10.1を参照のこと。
ブレッドボードとジャンパ線については、レシピ8.10を参照してほしい。

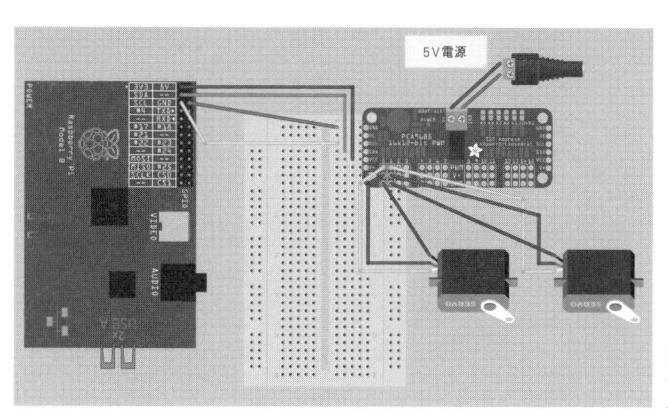

図10-4
サーボモーターとPWMモジュール

モジュールの制御回路への電源は、Raspberry Piの3.3Vピンから供給する。これはサーボモーターの電源とは完全に分離されている。サーボモーターの電源は、外部5V電源アダプタから供給される。

5V電源の代わりに、電池パックからサーボの電源を供給することもできる。単三電池4本用の電池ボックスと充電式電池を使えば約4.8Vが得られ、これでサーボは十分動作する。アルカリ単三電池を使うと6Vになり、この電圧でもたいていのサーボは大丈夫だが、念のためデータシートをチェックして、お使いのサーボが6Vでも動作するかどうか確かめてほしい。

サーボを接続するためのピンヘッダは、サーボのリード線が直接ピンへ接続できるような仕組みになっている。ピンを間違えないように注意してほしい。

このモジュール用のAdafruitのソフトウェアを使うには、Git（レシピ3.19）をインストールするとともに、Raspberry PiでI2Cが使えるように設定する（レシピ8.4）必要がある。先へ進む前に、これらのレシピを参照して設定を完了しておいてほしい。

実はAdafruitのライブラリはインストール可能な本物のライブラリではなく、いくつかのファイルを含む単なるディレクトリだ。したがって、このライブラリを使う際には、ダウンロードしたディレクトリに移動しておく必要がある。そうでないと、プログラムからライブラリを見付けることができないからだ。

Raspberry Pi用のAdafruitソフトウェアをダウンロードするには、次のようにする。

```
$ git clone https://github.com/adafruit/Adafruit-Raspberry-Pi-Python-Code.git
$ cd Adafruit-Raspberry-Pi-Python-Code
$ cd Adafruit_PWM_Servo_Driver
```

最後の2行は、現在のディレクトリをPWM用のコードのあるディレクトリやAdafruitから提供されるプログラム例のディレクトリに変更するためのものだ。このプログラムは、次のようにして実行できる。

```
$ sudo python Servo_Example.py
```

多数のサーボモーターを制御する

次に示すもう1つのプログラム例は、レシピ10.1のプログラムを変更したもので、スライダーを使ってサーボの位置を0～180度の間に設定できる。このプログラムは、`Adafruit_PWM_Servo_Driver`ディレクトリに保存する必要がある。スライダーによって、チャネル0とチャネル1に接続された両方のサーボの位置が変更されるので、2台のサーボは同じ向きに動くことになる。

エディタ（nanoまたはIDLE）を開き、次のコードを貼り付ける。この本の他のプログラム例と同様に、このプログラムもhttp://www.raspberrypicookbook.comのコードセクションから`servo_module.py`という名前でダウンロードできる。このプログラムはグラフィカルなユーザインタフェースを利用するため、SSHから実行することはできない。Raspberry Pi自体のウィンドウ環境か、あるいはVNCを使ったリモートコントロール（レシピ2.8）で実行する必要がある。

```python
from Tkinter import *
from Adafruit_PWM_Servo_Driver import PWM
import time

pwm = PWM(0x40)
pwm.setPWMFreq(50)

class App:

    def __init__(self, master):
        frame = Frame(master)
        frame.pack()
        scale = Scale(frame, from_=0, to=180,
             orient=HORIZONTAL, command=self.update)
        scale.grid(row=0)

    def update(self, angle):
        pulse_len = int(float(angle) * 500.0 / 180.0) + 110
        pwm.setPWM(0, 0, pulse_len)
        pwm.setPWM(1, 0, pulse_len)

root = Tk()
root.wm_title('Servo Control')
app = App(root)
root.geometry("200x50+0+0")
root.mainloop()
```

▶解説

importの後の最初の行は、引数に指定されたI2Cアドレス（この例では0x40）を使うPWMの新しいインスタンスを作成する。モジュールにはハンダ付けジャンパがあり、他に使用中のI2CデバイスとI2Cアドレスが干渉する場合やこのモジュールを2つ以上使いたい場合のために、I2Cアドレスが変更できるようになっている。

その次の行で、PWM周波数を50Hzに設定している。このため位置決めパルスは20ミ

リ秒ごとに送信されることになる。

実際に特定のチャネルにPWMを設定しているのが、次の行だ。

```
pwm.setPWM(0, 0, pulse_len)
```

最初の引数が、デューティ比を変更すべきPWMチャネルだ。PWMの各サイクルは4,096個の刻み目に分割されており、2番目の引数でパルスが開始する刻み目を指定する。これは常に0になっている。3番目の引数は、パルスが終了する刻み目だ。この値は次の行で計算されるが、500.0と110という定数は標準的なサーボでなるべく180度に近い動きをさせるために多少の試行錯誤を行って決めた値だ。

```
pulse_len = int(float(angle) * 500.0 / 180.0) + 110
```

このモジュール用の電源を選ぶ際に注意してほしいのは、標準的なラジコンサーボの消費電流は、動作中容易に400mAに達し、負荷がかかっている場合にはさらに大きくなるということだ。大型のサーボを何台も同時に動かすつもりなら、大電流を流せる電源アダプタが必要になる。

◎参考

モジュールを使わずにサーボを1台だけ制御する方法については、レシピ10.1を参照のこと。Arduinoを使って同時にサーボを何台も制御するには、レシピ14.9を参照してほしい。

AdafruitのRaspberry Pi用ライブラリについてのドキュメントは、Adafruitのウェブサイト（https://learn.adafruit.com/adafruit-16-channel-servo-driver-with-raspberry-pi/library-reference）で参照できる。

Raspberry Piとブレッドボードやジャンパ線の使い方については、レシピ8.10を参照のこと。

レシピ10.3： DCモーターの速度を制御する

◎課題

Raspberry Piを使って、DCモーターの速度を制御したい。

◎解決

レシピ9.4と同様の回路を使える。しかし、トランジスタやRaspberry Piさえ壊してしまいかねない電圧のスパイクを防止するため、モーターの端子間にダイオードを接続するのがよいだろう（図10-5）。1N4001が、これに適したダイオードだ（349ページの「トランジスタとダイオード」を参照）。ダイオードは片側に帯があるので、これが正しい向きになるよう注意してほしい。

低電力のモーター（200mA未満）には、レシピ9.5で使ったリレー用の回路を使うこ

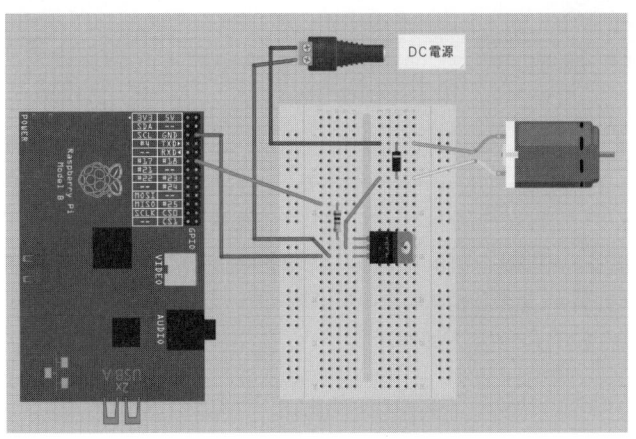

図10-5
大電力のモーターを制御する

ともできる。
このレシピの製作には、次のものが必要だ。[*4]

- 3〜12VのDCモーター
- ブレッドボードとジャンパ線（348ページの「プロトタイピング用機材」を参照）
- 1kΩの抵抗（348ページの「抵抗とコンデンサ」を参照）
- NチャネルMOSFET FQP30N06（または2SK2232）（349ページの「トランジスタとダイオード」を参照）
- ダイオード1N4001（349ページの「トランジスタとダイオード」を参照）
- モーターに合った電圧を供給できる電源

低電力のDCモーター（200mA未満）しか使わない場合には、より小型の（そして安価な）トランジスタ（たとえばレシピ9.5で使った2N3904）を使える（図10-6）。

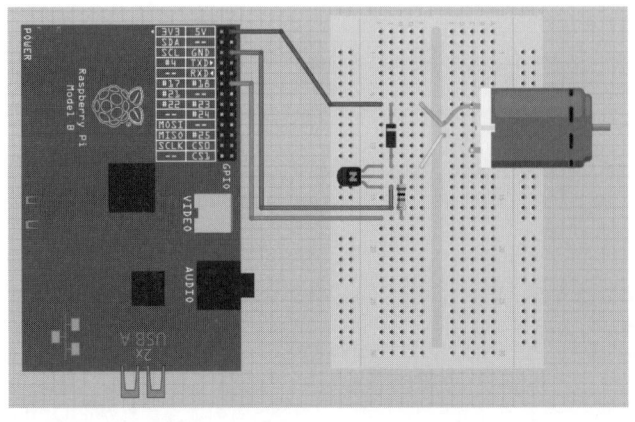

図10-6
小電力のモーターを制御する

[*4] 訳注：部品の詳細については、レシピ9.4と9.5を参照のこと。
ブレッドボードとジャンパ線については、レシピ8.10を参照してほしい。

小さなモーターならば、GPIOコネクタの5Vから電源を取ることもできるだろう。もしRaspberry Piがクラッシュするようなら、図10-5に示すように外部電源を使ってほしい。

モーターのスピードの制御には、レシピ9.8のプログラム（gui_slider.py）が使える。また、このプログラムはhttp://www.raspberrypicookbook.comのコードセクションからgui_slider.pyという名前でダウンロードできる。このプログラムはグラフィカルなユーザインタフェースを利用するため、SSHから実行することはできない。Raspberry Pi自体のウィンドウ環境か、あるいはVNCを使ったリモートコントロール（レシピ2.8）で実行する必要がある。

● 解説

この回路で制御できるのは、実はレシピ9.5でリレーをスイッチするために使った回路と同じで、リレーのコイルをモーターで置き換えたものだ。動作の説明については、レシピ9.4を参照してほしい。

● 参考

この回路で制御できるのは、モーターの速度だけだ。回転方向を制御することはできない。回転方向の制御については、レシピ10.4を参照してほしい。

Raspberry Piとブレッドボードやジャンパ線の使い方については、レシピ8.10を参照のこと。

レシピ10.4： DCモーターの回転方向を制御する

● 課題

小型DCモーターの速度と方向の両方を制御したい。

● 解決

Hブリッジチップかモジュールを使う。Hブリッジがどういうものかについては、229ページの「解説」を参照してほしい。

ここでは、モーターの制御に使えるレシピを2つ紹介する。最初のものは、ブレッドボードとL293Dチップを使った「DIY版」だ。2番目の回路は、SparkFunから購入できる、Raspberry Piとジャンパ線で直結可能な、既製のHブリッジモジュールを使ったものだ。

L293DでもSparkFunのモジュールでも、ハードウェアの追加なしに2個のモーターを駆動できる。

→ オプション1：L293Dとブレッドボードを使う

L293Dを使う場合、次のものが必要だ。[*5]

- 3〜12VのDCモーター
- ブレッドボードとジャンパ線（348ページの「プロトタイピング用機材」を参照）
- HドライバチップL293D（348ページの「IC」を参照）
- モーターに合った電圧を供給できる電源

ブレッドボードの実体配線図を、図10-7に示す。

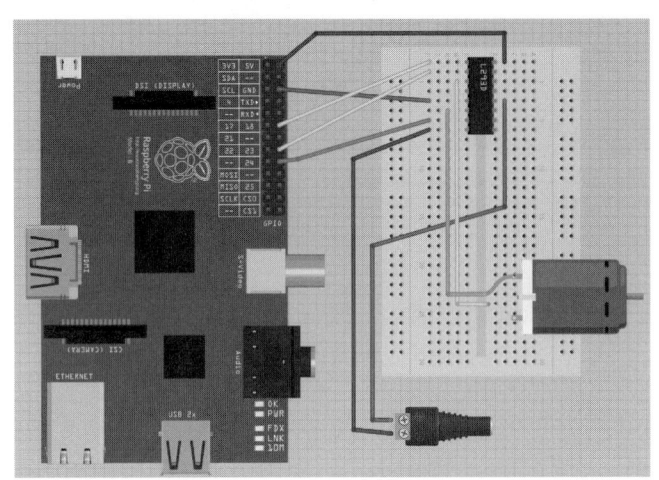

図10-7
L293Dを使ってモーターを制御する[6]

チップの向きに注意してほしい。へこみのあるほうがブレッドボードの上側に来るように差し込むこと。

→ **オプション2：モーター制御モジュール**

SparkFunのモータードライバや、それと同様のモーター制御モジュールを使う場合、次のものが必要だ。[7]

- 3〜12VのDCモーター
- ジャンパ線（348ページの「プロトタイピング用機材」を参照）
- ヘッダピン（351ページの「その他」を参照）

---

[5] 訳注：L293Dは日本国内では入手が難しいので、上位互換品のSN754410を使うのがよいだろう。秋月電子（http://akizukidenshi.com/catalog/g/gI-05277/）などで購入できる。
ブレッドボードとジャンパ線については、レシピ8.10を参照してほしい。

[6] 訳注：L293DでもSN754410でもIC出力にクランプダイオードは内蔵されているが、長期間使うつもりなら、念のためICの出力とモーターと電源やGNDとの間に、ダイオードを逆向き（通常は電流が流れない向き）に入れておいたほうが安心だろう（特に、大型のモーターの場合）。具体的には各ICのデータシートを参照のこと。
http://e2e.ti.com/support/applications/motor_drivers/f/38/t/110876.aspx での議論（英語）も参照してほしい。

[7] 訳注：ジャンパ線については、レシピ8.10を参照してほしい。
ヘッダピンは、秋月電子（http://akizukidenshi.com/catalog/g/gC-00167/）などで購入できる。長いものを購入して、必要な分だけカットして使うと経済的だ。
SparkFunのデュアルモータードライバは、千石電商（http://www.sengoku.co.jp/mod/sgk_cart/detail.php?code=EEHD-4CCR）やスイッチサイエンス（http://www.switch-science.com/catalog/385/）などで購入できる。

- SparkFunのデュアルモータードライバ（350ページの「モジュール」を参照）
- モーターに合った電圧を供給できる電源

実体配線図を、図10-8に示す。ここに示したモーターは、DCモーター単体であることに注意してほしい。たとえばモーターで車輪を回すつもりなら、通常は、モーターとモーターの回転数を落としてトルクを上げるためのギアボックスが一体になった**ギアモーター**を使う。[*8]

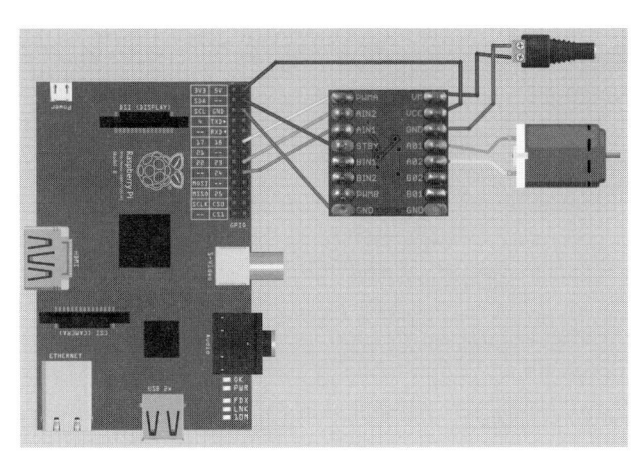

図10-8
SparkFunのモーター制御モジュールを使う

モーター制御モジュールにはヘッダピンが付いていないので、配線前にヘッダピンをボードにハンダ付けする必要がある。そうしておけば、メス―メスのジャンパ線を使って配線できる。

図10-9は、小型のDCギアモーターとモジュールを図10-8にしたがって配線した写真だ。

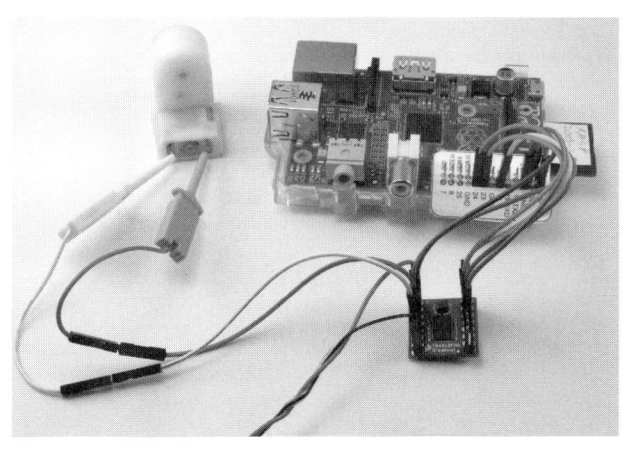

図10-9
完成した小型DCモーターの回路（SparkFunのモータードライバとギアモーターを使ったもの）

[*8] 訳注：ギアモーターはスイッチサイエンス（http://www.switch-science.com/catalog/1393/）などで購入できる。

→ **ソフトウェア**

どちらのハードウェアのオプションを選択した場合でも、モーターのテストには同じプログラムが使える。このプログラムには、文字「f」または「r」と0から9までの数字が入力できる。モーターは「f」で時計回り、「r」で反時計回りに、数値で指定したスピード（0が停止、9がフルスピード）で回転する。

```
$ sudo python motor_control.py
Command, f/r 0..9, E.g. f5 :f5
Command, f/r 0..9, E.g. f5 :f1
Command, f/r 0..9, E.g. f5 :f2
Command, f/r 0..9, E.g. f5 :r2
```

エディタ（nanoまたはIDLE）を開き、次のコードを貼り付ける。この本の他のプログラム例と同様に、このプログラムもhttp://www.raspberrypicookbook.comのコードセクションから`motor_control.py`という名前でダウンロードできる。このプログラムはコマンドラインのインタフェースを使っているので、SSHから実行できる。

Python 3を使う場合、`raw_input`を`input`に置き換えること。

```python
import RPi.GPIO as GPIO
import time

enable_pin = 18
in1_pin = 23
in2_pin =24

GPIO.setmode(GPIO.BCM)
GPIO.setup(enable_pin, GPIO.OUT)
GPIO.setup(in1_pin, GPIO.OUT)
GPIO.setup(in2_pin, GPIO.OUT)

pwm = GPIO.PWM(enable_pin, 500)
pwm.start(0)

def clockwise():
    GPIO.output(in1_pin, True)
    GPIO.output(in2_pin, False)

def counter_clockwise():
    GPIO.output(in1_pin, False)
    GPIO.output(in2_pin, True)

while True:
    cmd = raw_input("Command, f/r 0..9, E.g. f5 :")
    direction = cmd[0]
    if direction == "f":
        clockwise()
    else:
```

```
        counter_clockwise()
    speed = int(cmd[1]) * 10
    pwm.ChangeDutyCycle(speed)
```

> **解説**

プログラムについて説明する前に、Hブリッジの動作について少し理解しておこう。

図10-10に、Hブリッジの動作を示す。S1～S4のスイッチは、実際にはチップの中のトランジスタだ。モーターを流れる電流の向きを反転することによって、Hブリッジはモーターの回転方向を逆転させることもできる。

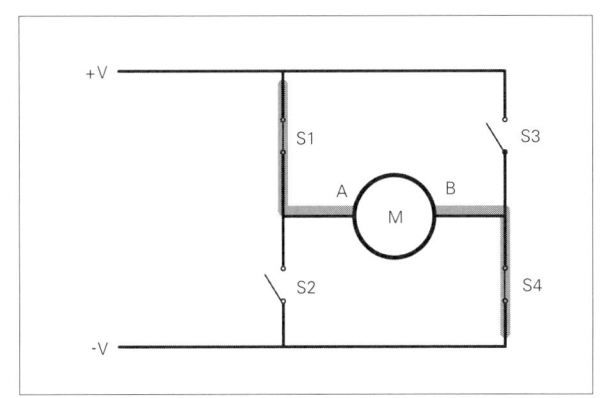

図10-10 Hブリッジ

図10-10では、S1とS4は閉じており、S2とS3は開いている。このため、端子Aがプラス側、端子Bがマイナス側となり、AからBへ向かってモーターに電流が流れる。

ここでスイッチを切り替えて、S2とS3が閉じ、S1とS4が開いた状態にすると、今度は端子Bがプラス側、端子Aがマイナス側となり、モーターは逆向きに回転することになる。

しかし、この回路には危険が潜んでいる。おわかりだろうか。何らかの原因でS1とS2が両方とも閉じると、電源のプラス側とマイナス側が直接接続されてショートしてしまうことになる。S3とS4が同時に閉じた場合も同様だ。

個別のトランジスタを使ってHブリッジを作ることもできるが、L293DのようなHブリッジICを使うほうが簡単だ。このチップにはHブリッジが2つ入っているので、2台のモーターが制御できる。

L293の2つのモーター制御チャネルには、それぞれ3本の制御ピンがある。Enableピンは、単純にそのチャネル全体を有効または無効にする。先ほどのプログラム例では、このピンはPWM出力に接続されてモーターの速度を制御していた。他の2本のピン（IN1とIN2）は、モーターの回転方向を制御するためのものだ。これら2本の制御ピンは、関数clockwiseとcounter_clockwiseの中で使われている。

```
    def clockwise():
        GPIO.output(in1_pin, True)
```

```
        GPIO.output(in2_pin, False)

    def counter_clockwise():
        GPIO.output(in1_pin, False)
        GPIO.output(in2_pin, True)
```

IN1がハイでIN2がローの場合、モーターは一定方向に回転する。これらのピンが逆になると、モーターは逆方向に回転する。

◉参考

レシピ10.8では、Raspberry PiインタフェースボードであるRaspiRobotボードに搭載されたL293Dを使うことになる。

モーター1個の速度だけを制御したい場合、L293Dを使う必要はなく、トランジスタを1個だけ使えばよい（レシピ10.3）。

L293Dのデータシート（http://www.ti.com/lit/ds/symlink/l293d.pdf）とSparkFunのモータードライバモジュール製品ページ（https://www.sparkfun.com/products/9457）をチェックしてみてほしい。[*9]

Raspberry Piとブレッドボードやジャンパ線の使い方については、レシピ8.10を参照のこと。

レシピ10.5：ユニポーラステッピングモーターを使う

◉課題

Raspberry Piを使って、5本線のユニポーラステッピングモーターを駆動したい。

◉解決

ULN2803ダーリントンドライバチップを使う。

ステッピングモーターは、モーター技術の中でDCモーターとサーボモーターの中間の位置を占めている。通常のDCモーターと同様に連続回転するが、どちらの方向にも一度に1ステップずつ動くため、非常に精密な位置決めが可能となる。

このレシピの製作には、次のものが必要だ。[*10]

・5Vで5本線のユニポーラステッピングモーター（351ページの「その他」を参照）

[*9] 訳注：SN754410のデータシートはここ（http://www.ti.com/lit/ds/symlink/sn754410.pdf）にある。
[*10] 訳注：10ULN2803も日本国内では入手が難しいので、互換品のTD62083APGを使うのがよいだろう。こちらは秋月電子（http://akizukidenshi.com/catalog/g/gI-01516/、2個入り）などで購入できる。また、ユニポーラステッピングモーターもここで購入できる（たとえばhttp://akizukidenshi.com/catalog/g/gP-04241/など）。ユニポーラのステッピングモーターには線が6本出ているものもあるが、これは2相巻線の中点どうしが内部で接続されずに引き出されているだけなので、この2本を接続すれば同じように扱える（図10-12参照）。
ブレッドボードとジャンパ線については、レシピ8.10を参照してほしい。

- ダーリントンドライバULN2803（349ページの「IC」を参照）
- ブレッドボードとジャンパ線（348ページの「プロトタイピング用機材」を参照）

図10-11に、ULN2803を使った実体配線図を示す。このチップは、この種のモーターを2台駆動できることに注意してほしい。2台目のステッピングモーターを駆動するには、GPIOコネクタからULN2803の5〜8番ピンへ4本の制御信号を接続し、2番目のモーターの4本の線[*11]をULN2803の11〜14番ピンへ接続する。

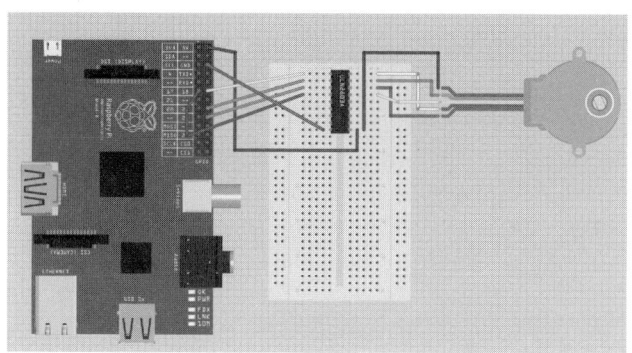

図10-11
ULN2803を使ってユニポーラステッピングモーターを制御する

小型のステッピングモーターならば、GPIOコネクタから5V電源を供給しても大丈夫かもしれない。Raspberry Piがクラッシュしたり、大型のステッピングモーターを使う必要がある場合には、モーターの電源を別に供給するのがよいだろう（ULN2803の10番ピン）。

エディタ（nanoまたはIDLE）を開き、次のコードを貼り付ける。この本の他のプログラム例と同様に、このプログラムもhttp://www.raspberrypicookbook.comのコードセクションからstepper.pyという名前でダウンロードできる。このプログラムはコマンドラインのインタフェースを使っているので、SSHから実行できる。

Python 3を使う場合、raw_inputをinputに置き換えること。

```
import RPi.GPIO as GPIO
import time

GPIO.setmode(GPIO.BCM)

coil_A_1_pin = 18
coil_A_2_pin = 23
coil_B_1_pin = 24
coil_B_2_pin = 17

GPIO.setup(coil_A_1_pin, GPIO.OUT)
GPIO.setup(coil_A_2_pin, GPIO.OUT)
```

[*11] 訳注：上に書いた4本の線は、巻線の中点以外の4本のことだ。巻線の中点（内部で接続されていなければ両方とも）は、5V電源に接続する。

```python
GPIO.setup(coil_B_1_pin, GPIO.OUT)
GPIO.setup(coil_B_2_pin, GPIO.OUT)

forward_seq = ['1010', '0110', '0101', '1001']
reverse_seq = list(forward_seq) # to copy the list
reverse_seq.reverse()

def forward(delay, steps):
  for i in range(steps):
    for step in forward_seq:
      set_step(step)
      time.sleep(delay)

def backwards(delay, steps):
  for i in range(steps):
    for step in reverse_seq:
      set_step(step)
      time.sleep(delay)

def set_step(step):
  GPIO.output(coil_A_1_pin, step[0] == '1')
  GPIO.output(coil_A_2_pin, step[1] == '1')
  GPIO.output(coil_B_1_pin, step[2] == '1')
  GPIO.output(coil_B_2_pin, step[3] == '1')

while True:
  set_step('0000')
  delay = raw_input("Delay between steps (milliseconds)?")
  steps = raw_input("How many steps forward? ")
  forward(int(delay) / 1000.0, int(steps))
  set_step('0000')
  steps = raw_input("How many steps backwards? ")
  backwards(int(delay) / 1000.0, int(steps))
```

このプログラムを実行すると、ステップ間の時間間隔を入力するプロンプトが表示される。ここで指定する値は2以上でなくてはならない。次に、各方向に動作させるステップ数のプロンプトが表示される。

```
$ sudo python stepper.py
Delay between steps (milliseconds)?2
How many steps forward? 100
How many steps backwards? 100
Delay between steps (milliseconds)?10
How many steps forward? 50
How many steps backwards? 50
Delay between steps (milliseconds)?
```

●解説

ステッピングモーターは、歯車の形をしたローターと、その歯車を一度に1ステップず

つ進めるための電磁石から構成されている（図10-12）。線の色は、モーターによって異なることに注意してほしい。

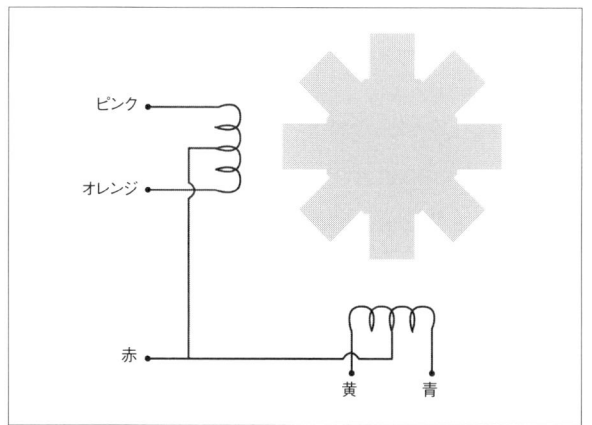

図10-12 ステッピングモーター

特定の順番でコイルを励磁することによって、モーターは回転する。ステッピングモーターが360度を何ステップで回転するかは、ローターの歯の数によって決まる。[*12]

このプログラム例では、文字列のリストを使って1ステップに必要な4つの励磁シーケンスを表現している。

```
forward_seq = ['1010', '0110', '0101', '1001']
```

モーターを逆方向に回転させるためのシーケンスは、単純に正方向のシーケンスを逆にしたものだ。

プログラムの中でforward関数とbackward関数を使うことによって、モーターは正方向または逆方向に1ステップ動く。どちらの関数も、最初の引数にはステップシーケンスの励磁段階の間の時間間隔（ミリ秒単位）を指定する。この最小値は使うモーターによって異なる。あまり小さすぎるとモーターは回らない。通常は2ミリ秒以上なら大丈夫だ。2番目の引数には、その方向に動かすステップ数を指定する。

```
def forward(delay, steps):
  for i in range(steps):
    for step in forward_seq:
      set_step(step)
      time.sleep(delay)
```

forward関数には、2つのforループがネストされている。外側のループはステップ数だけ繰り返すためのもの、内側のループはモーターの励磁シーケンスを反復処理するためのもので、励磁段階ごとにset_stepを呼んでいる。

[*12] 訳注：ステッピングモーターにはギアつきのものもあり、この場合は当然、モーター自体のステップ数とギアの減速比を掛け合わせた数で回転することになる。

```
def set_step(step):
  GPIO.output(coil_A_1_pin, step[0] == '1')
  GPIO.output(coil_A_2_pin, step[1] == '1')
  GPIO.output(coil_B_1_pin, step[2] == '1')
  GPIO.output(coil_B_2_pin, step[3] == '1')
```

`set_step`関数は、引数として与えられたパターンにしたがって、各制御ピンをハイかローに設定する。

メインループでは、正回転と逆回転との間に0000というステップを設定して、モーターが実際に回転していない際には出力をすべてゼロに設定している。こうしないと、いずれかのコイルがずっとオンになり、モーターに不必要な電流が流れてしまうことになるからだ。

◉参考

4本線のバイポーラステッピングモーターの使い方は、レシピ10.6を参照してほしい。

ステッピングモーターの種類や動作についてより詳しい情報を得るには、Wikipedia（http://ja.wikipedia.org/wiki/ステッピングモーター）を参照してほしい。モーターを駆動する際の励磁パターンが、わかりやすいアニメーションで解説されている。

サーボモーターの使い方に関してはレシピ10.1を、DCモーターの制御についてはレシピ10.3と10.4を参照のこと。

Raspberry Piとブレッドボードやジャンパ線の使い方については、レシピ8.10を参照してほしい。

レシピ10.6：バイポーラステッピングモーターを使う

◉課題

Raspberry Piを使って、4本線のバイポーラステッピングモーターを駆動したい。

◉解決

HブリッジドライバチップL293Dを使う。バイポーラステッピングモーターを駆動するには、Hブリッジが必要だ。**バイポーラ**という名前は、DCモーターを両方向に回転させる場合のように（レシピ10.4参照）、巻線を流れる電流の向きを反転させる必要があることを意味している。

このレシピの製作には、次のものが必要だ。[13]

- 12Ｖで4本線のバイポーラステッピングモーター（351ページの「その他」を参照）

---

[13] 訳注：L293Dは日本国内では入手が難しいので、上位互換品のSN754410を使うのがよいだろう。秋月電子（http://akizukidenshi.com/catalog/g/gI-05277/）などで購入できる。また、バイポーラステッピングモーターもここで購入できる（http://akizukidenshi.com/catalog/g/gP-05372/）など）。
ブレッドボードとジャンパ線については、レシピ8.10を参照してほしい。

- Hブリッジチップ L293D（349ページの「IC」を参照）
- ブレッドボードとジャンパ線（348ページの「プロトタイピング用機材」を参照）

　ここで使用したモーターは12Vのもので、レシピ10.5で使ったユニポーラステッピングモーターよりも少し大型だ。したがって、このモーターの電源はRaspberry Piではなく、外部電源から供給する必要がある（図10-13参照）。

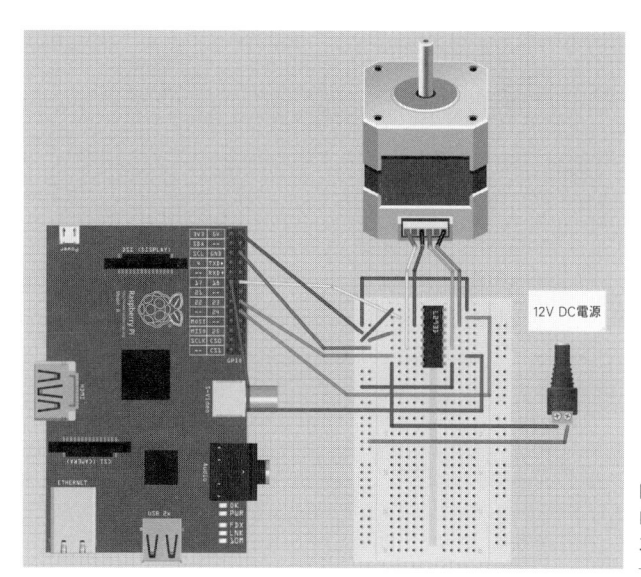

図10-13
L293Dを使ってバイポーラステッピングモーターを制御する

●解説

　レシピ10.5と全く同じstepper.pyを使って、このステッピングモーターを制御できる。この回路はL293Dに2回路内蔵されているHブリッジを両方とも使っているので、制御するモーターごとに1つのチップが必要だ。

●参考

　5本線のユニポーラステッピングモーターの使い方は、レシピ10.5を参照してほしい。
　ステッピングモーターの種類や動作についてより詳しい情報を得るには、Wikipedia（http://ja.wikipedia.org/wiki/ステッピングモーター）を参照してほしい。モーターを駆動する際の励磁パターンが、わかりやすいアニメーションで解説されている。
　サーボモーターの使い方に関してはレシピ10.1を、DCモーターの制御についてはレシピ10.3と10.4を参照のこと。
　また、RaspiRobotボードを使ってステッピングモーターを駆動することもできる（レシピ10.7）。
　Raspberry Piとブレッドボードやジャンパ線の使い方については、レシピ8.10を参照のこと。

レシピ10.7： RaspiRobotボードを使って バイポーラステッピングモーターを駆動する

ぜひ、このレシピのビデオを http://razzpisampler.oreilly.com で見てほしい。

◉課題
RaspiRobotボードを使って、バイポーラステッピングモーターを制御したい。

◉解決
RaspiRobotボードには、レシピ10.6で使ったものと同じL293DデュアルHブリッジチップが使われている。

RaspiRobotボードでは、モーターへの電源はDCソケットから直接供給され、また同じ電源が5Vに安定化されたものがRaspberry Piへ供給されるようになっている。

したがってこの場合、12Vの電源が、12VのステッピングモーターとRaspberry Piの両方に電源を供給することになる。[14]

> ⚠ RaspiRobotボードの電源が入っているときに、Raspberry Piの電源をUSBコネクタから供給してはいけない。Raspberry PiのUSBからの5Vと、RaspiRobotボードからの安定化された5Vとのわずかな電圧差によって大電流が流れ、ボードやRaspberry Piを壊してしまうおそれがある。

ステッピングモーターと電源を、図10-14に示すようにRaspiRobotボードへ接続する。Adafruitの12Vステッピングモーターの線は、隣のDCソケット側から黄、赤、灰、そして緑の順番に接続する。

レシピ10.6のプログラムに、ピン配置とステップシーケンスに多少の変更を施して、RaspiRobotボードに使える。

エディタ（nanoまたはIDLE）を開き、次のコードを貼り付ける。この本の他のプログラム例と同様に、このプログラムも http://www.raspberrypicookbook.com のコードセクションから stepper_rrb.py という名前でダウンロードできる。このプログラムはコマンドラインのインタフェースを使っているので、SSHから実行できる。

Python 3を使う場合、raw_input を input に置き換えること。

---

[14] 訳注：RaspiRobotボードは、+6Vの外部電源を使用するよう設計されている。実際には12Vでも動かないことはないのだが、その電圧をRaspberry Piへ供給する5Vへ安定化するためのレギュレータICに大きな負荷がかかってしまう。実際に訳者が試したところ、レギュレータICが手で触れないほど熱くなり、保護回路が働いてRaspberry Piがリセットされてしまった。レギュレータICに放熱器を付ければ使えるかもしれないが、やはりRaspiRobotボードは6Vで使うのがよいだろう。12V用のステッピングモーターでも、6Vで動かないことはないので、試してみるだけなら大丈夫だ。

図 10-14
RaspiRobotボードを使ってバイポーラステッピングモーターを制御する

```python
import RPi.GPIO as GPIO
import time

GPIO.setmode(GPIO.BCM)

coil_A_1_pin = 17
coil_A_2_pin = 4
coil_B_1_pin = 10
coil_B_2_pin = 25

GPIO.setup(coil_A_1_pin, GPIO.OUT)
GPIO.setup(coil_A_2_pin, GPIO.OUT)
GPIO.setup(coil_B_1_pin, GPIO.OUT)
GPIO.setup(coil_B_2_pin, GPIO.OUT)

forward_seq = ['1011', '1111', '1110', '1010']
reverse_seq = list(forward_seq) # to copy the list
reverse_seq.reverse()

def forward(delay, steps):
  for i in range(steps):
    for step in forward_seq:
      set_step(step)
      time.sleep(delay)

def backwards(delay, steps):
  for i in range(steps):
    for step in reverse_seq:
      set_step(step)
      time.sleep(delay)

def set_step(step):
  GPIO.output(coil_A_1_pin, step[0] == '1')
  GPIO.output(coil_A_2_pin, step[1] == '1')
  GPIO.output(coil_B_1_pin, step[2] == '1')
  GPIO.output(coil_B_2_pin, step[3] == '1')
```

```
    while True:
      set_step('0000')
      delay = raw_input("Delay between steps (milliseconds)?")
      steps = raw_input("How many steps forward? ")
      forward(int(delay) / 1000.0, int(steps))
      set_step('0000')
      steps = raw_input("How many steps backwards? ")
      backwards(int(delay) / 1000.0, int(steps))
```

●解説

RaspiRobotボードでは、L293Dとの接続がレシピ10.6とは異なり、GPIOピンは各チャネルを有効にするイネーブル（ピン17と10）と各モーターの回転方向の制御（ピン4と25）に使われている。このため、ピンの割り当てを変える以外に、ステップシーケンスを次のように変更する必要もある。

```
    forward_seq = ['1011', '1111', '1110', '1010']
```

このシーケンスの各励磁段階で、最初と3番目のビットは常に1（両方のモーターを有効にする）となっている。ステッピングモーターの2つの巻線の極性を制御しているのは、2番目と4番目のビットだけだ。

●参考

RaspiRobotのウェブサイトhttp://www.raspirobot.comには、RaspiRobotボードやその他のプロジェクトに関する詳しい情報が掲載されている。

ブレッドボード上でL293Dを使ってステッピングモーターを駆動する方法については、レシピ10.6を参照してほしい。

レシピ10.8：シンプルなロボットローバーを製作する

●課題

Raspberry Piをコントローラーとして使って、シンプルなロボットローバーを製作したい。

●解決

RaspiRobotボードをRaspberry Piのインタフェースボードとして使い、2個のモーターとMagician Chassisのようなロボットシャーシキットを制御する。

このレシピの製作には、次のものが必要だ。[*15]

[*15] 訳注：RaspiRobotボードは、スイッチサイエンス（http://www.switch-science.com/catalog/1239/）や千石電商（http://www.sengoku.co.jp/mod/sgk_cart/detail.php?code=EEHD-4EWS）などで購入できる。Magician Chassisについては、日本国内の入手先を見付けることができなかった。

- RaspiRobotボード（350ページの「モジュール」を参照）
- ギアモーター付きのMagician Chassis（351ページの「その他」を参照）
- ワイヤレスのキーボードとマウス

　ロボット製作の第1段階は、Magician Chassisの組み立てだ。このシャーシには単三電池4本用の電池ボックスが付いているが、Raspberry Piへ電源を供給するには6本用の電池ボックスが必要なので、Magician Chassisの組み立て指示の電池ボックスの部分は飛ばしてしまおう。[*16]

　RaspiRobotボードがキットとして提供されている場合、基板に部品をハンダ付けする必要がある。ボードに付属する指示に従って組み立て、図10-15に示すように配線する。

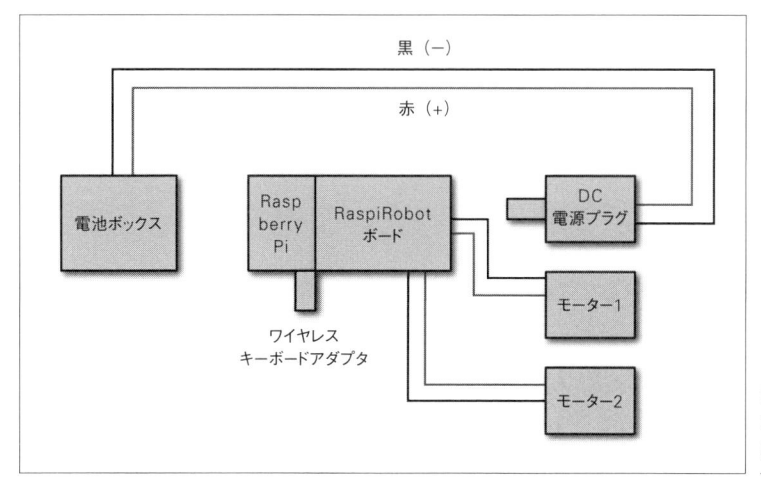

図10-15 ロボットローバーの配線図

　電池ボックスからRaspiRobotボードへ電源が供給され、そこから5VがRaspberry Piへ供給される。したがって、電源は1つしか必要ない。

　完成したローバーは図10-16のようになる。

　ロボットを動かすために、ワイヤレスキーボードの上下左右の矢印キーを使ってローバーを操作する制御プログラムを使う。このプログラムを動かすには、RaspiRobotボード用のライブラリをダウンロードしてインストールする必要がある。

　RaspiRobotライブラリの前に、RPi.GPIO（レシピ8.3）とPySerial（レシピ8.8）という2つのライブラリをインストールしておく必要がある。Raspberry Pi上のターミナルセッションで次のコマンドを入力してほしい。

```
$ sudo apt-get install python-rpi.gpio
$ sudo apt-get install python-serial
```

[*16] 訳注：レシピ10.7にも書いたようにRaspiRobotボードは+6Vの電源用に設計されているので、あまり高い電圧を供給すると電源レギュレータICに負担がかかってしまい、保護回路が働いてRaspberry Piがリセットされてしまうことがある。つまり、単三電池6本用の電池ボックスに1.5Vのアルカリ乾電池を入れると、電圧が高くなりすぎるおそれがあるのだ。1.2Vの充電式電池なら、おそらく大丈夫だろう。

シンプルなロボットローバーを製作する

図10-16 完成したローバー

Raspberry Pi上のターミナルウィンドウで、次のコマンドを実行する。

```
$ wget https://github.com/simonmonk/raspirobotboard/archive/master.zip
$ unzip master.zip
$ cd raspirobotboard-master
$ sudo python setup.py install
```

エディタ（nanoまたはIDLE）を開き、次のコードを貼り付ける。この本の他のプログラム例と同様に、このプログラムもhttp://www.raspberrypicookbook.comのコードセクションからrover.pyという名前でダウンロードできる。[17]

キーボードからの入力を取り込むのに、このプログラムはPyGameライブラリを使用する。これにはユーザインタフェースが必要となる（ローバー自体には画面がないため、このインタフェースを見ることはできないが）。このため、このプログラムはSSHから起動することはできない。VNCセッション（レシピ2.8）から起動する。あるいは、ブート時にこのプログラムが自動実行されるように設定することもできる（レシピ3.20）。

```
from raspirobotboard import *
import pygame
import sys
from pygame.locals import *

rr = RaspiRobot()

pygame.init()
screen = pygame.display.set_mode((640, 480))
```

---

[17] 訳注：ダウンロードできるコードは、実際には上記の掲載プログラムとは多少違っていて、距離センサーが取り付け可能なRaspiRobotバージョン2用のコードが付け加えられている。RaspiRobotバージョン1を使った場合、追加されたコードは単純に無視されるようになっているので、結果としてはどちらのコードも同じ動作となる。

```
        pygame.display.set_caption('RaspiRobot')
        pygame.mouse.set_visible(0)

        while True:
            for event in pygame.event.get():
                if event.type == QUIT:
                    sys.exit()
                if event.type == KEYDOWN:
                    if event.key == K_UP:
                        rr.forward()
                        rr.set_led1(True)
                        rr.set_led2(True)
                    elif event.key == K_DOWN:
                        rr.set_led1(True)
                        rr.set_led2(True)
                        rr.reverse()
                    elif event.key == K_RIGHT:
                        rr.set_led1(False)
                        rr.set_led2(True)
                        rr.right()
                    elif event.key == K_LEFT:
                        rr.set_led1(True)
                        rr.set_led2(False)
                        rr.left()
                    elif event.key == K_SPACE:
                        rr.stop()
                        rr.set_led1(False)
                        rr.set_led2(False)
```

● 解説

ローバーに周辺機器を追加して、もっと楽しむこともできる。たとえば、ウェブカムを接続してウェブへストリーミングすることによって、ローバーロボットを動き回るスパイカメラに仕立てることもできる（レシピ4.5）。

他の方法、たとえばWiFiドングルを接続して、Raspberry Pi上のウェブページに設置した左、右、停止などのボタンでロボットを制御することも考えられる（レシピ9.13を参照）。また、Chronos腕時計からワイヤレス通信でロボットを操作することさえできるのだ（https://github.com/simonmonk/raspirobotboard/wiki/Tutorial-03-Chronos-Watch-Controlled-Rover を参照）。[*18]

● 参考

RaspiRobotのウェブサイトhttp://www.raspirobot.comには、RaspiRobotボードやその他のプロジェクトに関する詳しい情報が掲載されている。

[*18] 訳注：Chronos腕時計は、日本国内での認証を取得していないので、電波暗室の中以外で使ってはいけない。詳しくはhttp://www.tij.co.jp/tool/jp/ez430-chronosを参照してほしい。

11章 デジタル入力

この章では、スイッチやキーパッドなどのデジタル入力を使うレシピを紹介する。また、Raspberry Piの入力へ接続できるデジタル出力を持つモジュールも取り上げる。

ほとんどのレシピでは、ハンダ付け不要のブレッドボードと、オス─メスやオス─オスのジャンパ線を使う必要がある（レシピ8.10を参照）。

レシピ11.1：押しボタンスイッチを接続する

ぜひ、このレシピのビデオをhttp://razzpisampler.oreilly.comで見てほしい。

● 課題

スイッチをRaspberry Piへ接続して、それを押すとPythonのコードが実行されるようにしたい。

● 解決

スイッチをGPIOピンへ接続し、Pythonプログラムの中でRPi.GPIOライブラリを使ってボタンが押されたことを検出する。

このレシピの製作には、次のものが必要だ。[*1]

- ブレッドボードとジャンパ線（348ページの「プロトタイピング用機材」を参照）
- 押しボタンスイッチ（351ページの「その他」を参照）

図11-1に、ブレッドボードとジャンパ線を使って押しボタンスイッチを接続する実体配線図を示す。

エディタ（nanoまたはIDLE）を開き、次のコードを貼り付ける。この本の他のプログラム例と同様に、このプログラムもHTTP://www.raspberrypicookbook.comのコード

[*1] 訳注：押しボタンスイッチは秋月電子（http://akizukidenshi.com/catalog/g/gP-03647/）などから購入できる。ブレッドボードとジャンパ線については、レシピ8.10を参照してほしい。

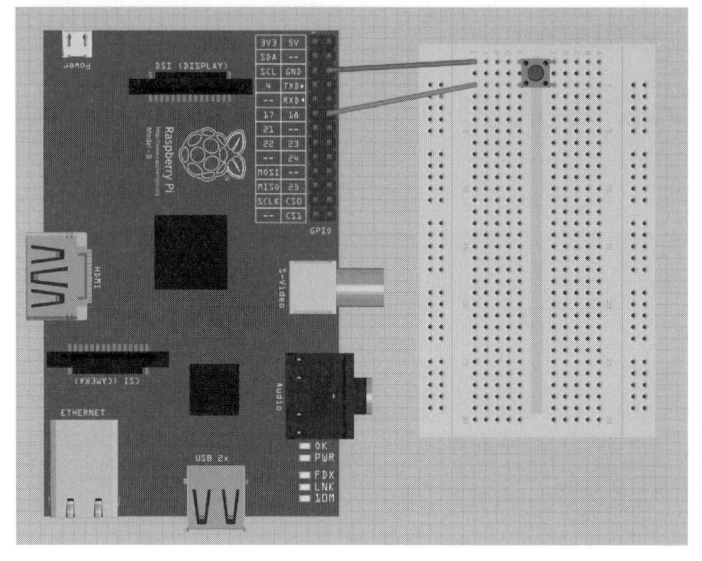

図11-1
押しボタンスイッチを Raspberry Pi に接続する

セクションから switch.py という名前でダウンロードできる。

このコード例は、ボタンが押された際にメッセージを表示する。

```python
import RPi.GPIO as GPIO
import time

GPIO.setmode(GPIO.BCM)

GPIO.setup(18, GPIO.IN, pull_up_down=GPIO.PUD_UP)

while True:
    input_state = GPIO.input(18)
    if input_state == False:
        print('Button Pressed')
        time.sleep(0.2)
```

このプログラムは、スーパーユーザーとして実行する必要がある。

```
pi@raspberrypi ~ $ sudo python switch.py
Button Pressed
Button Pressed
Button Pressed
Button Pressed
```

▶解説

お気づきのようにこの配線は、スイッチが押されると入力に設定された GPIO のピン 18 が GND と接続されるようになっている。この入力ピンは、GPIO.setup 中のオプション引数 pull_up_down=GPIO.PUD_UP によって、通常は 3.3V へプルアップされて

いる。つまり、`GPIO.input`を使って入力値を読み出すと、ボタンが押された際には`False`が返るのだ。これはちょっと直感に反する。

　GPIOの各ピンには、ソフトウェアから設定可能なプルアップとプルダウン抵抗が付いている。GPIOピンを入力として使う場合、`GPIO.setup`へのオプション引数`pull_up_down`を使って、どちらかの抵抗を有効にしたり、両方とも有効にしたり、あるいは両方とも無効にすることができる。この引数が省略されると、抵抗は両方とも無効となる。これによって入力は**フローティング**状態となり、入力値は確定せずに電気ノイズによってハイとローの間を行ったり来たりするようになってしまう。

　`GPIO.PUD_UP`に設定された場合には、プルアップ抵抗が有効となる。`GPIO.PUD_DOWN`に設定された場合には、プルダウン抵抗が有効となる。

　押しボタンスイッチはオープンかクローズか、どちらかの状態しかとらないので、足は2本で済むはずだ。足が2本しかない押しボタンスイッチもあるが、たいていは4本ある。これらの端子の配線を図11-2に示す。

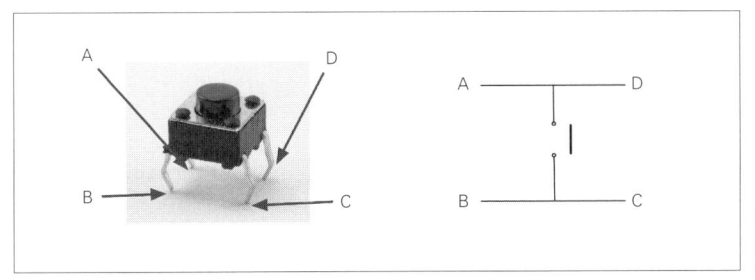

図11-2
押しボタンスイッチ

　スイッチ内部でピンBとCが相互に接続されており、AとDも同様なので、確かにこのスイッチは電気的には2つの接点しか持っていないことになる。

● 参考

　Raspberry Piとブレッドボードやジャンパ線の使い方については、レシピ8.10を参照のこと。
　スイッチを使って割り込みを発生させる方法については、レシピ9.12を参照してほしい。
　スイッチのチャタリングを除去する方法については、レシピ11.5を参照してほしい。
　外部プルアップまたはプルダウン抵抗を使う方法については、レシピ11.6を参照してほしい。

レシピ11.2： 押しボタンスイッチで状態を切り替える

● 課題

　押しボタンスイッチを使って、スイッチを押すたびにオンとオフとを切り替えるようにしたい。

◗ **解決**

ボタンの最後の**状態**を記録しておき、ボタンが押されるたびにその値を反転させる。
次の例では、スイッチを押すたびにLEDのオンとオフが切り替わる。
このレシピの製作には、次のものが必要だ。[*2]

- ブレッドボードとジャンパ線（348ページの「プロトタイピング用機材」を参照）
- 押しボタンスイッチ（351ページの「その他」を参照）
- LED（350ページの「光エレクトロニクス」を参照）
- 470Ωの抵抗（348ページの「抵抗とコンデンサ」を参照）

図11-3に、ブレッドボードとジャンパ線を使って押しボタンスイッチとLEDを接続する実体配線図を示す。

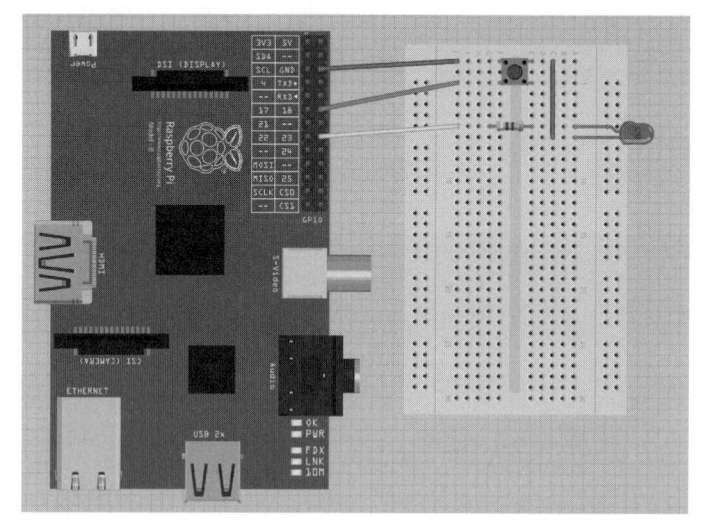

図11-3
Raspberry Piへ押しボタンスイッチとLEDを接続する

Raspberry Piをブレッドボードに接続するオス―メスのジャンパ線のほかにも、オス―オスのジャンパ線か単線も必要になる。

エディタ（nanoまたはIDLE）を開き、次のコードを貼り付ける。この本の他のプログラム例と同様に、このプログラムもhttp://www.raspberrypicookbook.comのコードセクションからswitch_on_off.pyという名前でダウンロードできる。

```
import RPi.GPIO as GPIO
import time
```

[*2] 訳注：いずれも秋月電子などから購入できる。470Ωの1/4W抵抗はhttp://akizukidenshi.com/catalog/g/gR-25471/（100本入り）、5mm赤色LEDはhttp://akizukidenshi.com/catalog/g/gI-00624/（100個入り）、押しボタンスイッチはhttp://akizukidenshi.com/catalog/g/gP-03647/。
ブレッドボードとジャンパ線については、レシピ8.10を参照してほしい。

```
GPIO.setmode(GPIO.BCM)

switch_pin = 18
led_pin = 23

GPIO.setup(switch_pin, GPIO.IN, pull_up_down=GPIO.PUD_UP)
GPIO.setup(led_pin, GPIO.OUT)

led_state = False
old_input_state = True # pulled-up

while True:
    new_input_state = GPIO.input(switch_pin)
    if new_input_state == False and old_input_state == True:
        led_state = not led_state
    old_input_state = new_input_state
    GPIO.output(led_pin, led_state)
```

● 解説

変数led_stateに、LEDの現在の状態（オンの場合はTrue、オフの場合はFalse）が保存されている。ボタンが押されるたびに、次の行が実行される

```
led_state = not led_state
```

notによってled_stateの値が反転するので、led_stateがTrueの場合はFalseに、逆の場合は反対に切り替わることになる。

変数old_input_stateは、ボタンの状態を保存しておいて、状態がTrue（ボタンが押されていない）からFalse（ボタンが押されている）へ変化したときだけボタンが押されたと検出するために使われている。

● 参考

ときどき、ボタンを押したのにLEDが切り替わらないように見えることがあるかもしれない。これは、スイッチのチャタリングのためだ。レシピ11.5で、スイッチのチャタリングを防止するためのテクニックを紹介している。

レシピ11.3： 2ポジションのトグルスイッチやスライドスイッチを使う

● 課題

2ポジションのトグルスイッチやスライドスイッチをRaspberry Piに接続して、Pythonプログラムの中でスイッチの状態が検出できるようにしたい。

●解決

スイッチの中心とどちらかの端の接点だけを接続して、押しボタンスイッチ（レシピ11.1）と同じように使う（図11-4）。

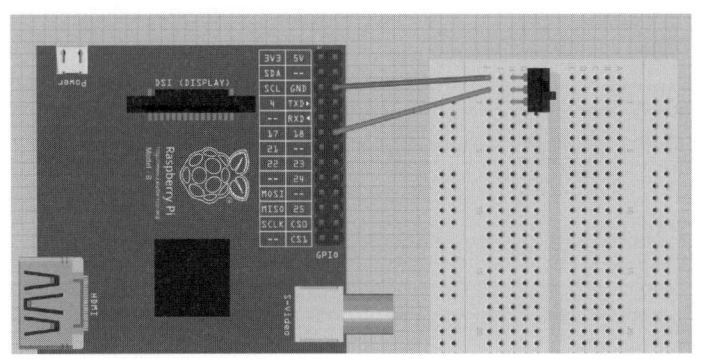

図11-4
Raspberry Piへスライドスイッチを接続する

このレシピの製作には、次のものが必要だ。[*3]

- ブレッドボードとジャンパ線（348ページの「プロトタイピング用機材」を参照）
- 小型のトグルまたはスライドスイッチ（351ページの「その他」を参照）

このように配線した場合、レシピ11.1で使ったものと同じコードが使える。

●解説

このタイプのスライドスイッチは、LEDなどの表示を追加しなくても、どちらの状態にあるのかがわかるので便利だ。しかし押しボタンスイッチよりも壊れやすく、ちょっと値段も高い。押しボタンスイッチは、見た目のよいプラスチックのカバーで隠すことができるため、最近は押しボタンスイッチのほうが電子機器にはよく使われるようになってきている。

●参考

3ポジションで中点オフのスイッチを使うには、レシピ11.4を参照してほしい。

[*3] 訳注：小型スライドスイッチは、秋月電子（http://akizukidenshi.com/catalog/g/gP-02736/、4個入り）などから購入できる。ブレッドボードとジャンパ線については、レシピ8.10を参照してほしい。

レシピ11.4: 3ポジションのトグルスイッチやスライドスイッチを使う

◯ 課題

3ポジション（中点オフ）のトグルスイッチをRaspberry Piに接続して、Pythonプログラムの中でスイッチの状態が検出できるようにしたい。

◯ 解決

図11-5に示すように、スイッチを2本のGPIOピンへ接続して、Pythonプログラムの中でRPi.GPIOライブラリを使ってスイッチの状態を検出する。

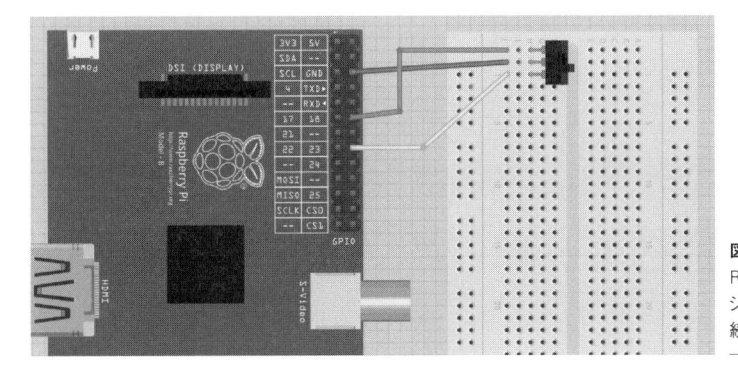

図11-5
Raspberry Piへ3ポジションのスイッチを接続する

このレシピの製作には、次のものが必要だ。[*4]

・ブレッドボードとジャンパ線（348ページの「プロトタイピング用機材」を参照）
・小型の中点オフ3ポジションのトグルスイッチ（351ページの「その他」を参照）

スイッチのコモン（中心）接点をGNDに接続し、スイッチの両端はそれぞれ内部プルアップ抵抗を有効にしたGPIOピンへ接続する。

エディタ（nanoまたはIDLE）を開き、次のコードを貼り付ける。この本の他のプログラム例と同様に、このプログラムもhttp://www.raspberrypicookbook.comのコードセクションからswitch_3_pos.pyという名前でダウンロードできる。

```
import RPi.GPIO as GPIO
import time

GPIO.setmode(GPIO.BCM)
```

[*4] 訳注：中点オフのトグルスイッチは、秋月電子（http://akizukidenshi.com/catalog/g/gP-02400/）などから購入できる。ブレッドボードとジャンパ線については、レシピ8.10を参照してほしい。

```
    top_input = 18
    bottom_input = 23

    GPIO.setup(top_input, GPIO.IN, pull_up_down=GPIO.PUD_UP)
    GPIO.setup(bottom_input, GPIO.IN, pull_up_down=GPIO.PUD_UP)

    switch_position = "unknown"

    while True:
        top_state = GPIO.input(top_input)
        bottom_state = GPIO.input(bottom_input)
        new_switch_position = "unknown"
        if top_state == False:
            new_switch_position = "up"
        elif bottom_state == False:
            new_switch_position = "down"
        else:
            new_switch_position = "center"
        if new_switch_position != switch_position:
            switch_position = new_switch_position
            print(switch_position)
```

このプログラムを実行して、スイッチを上から中央へ、そして下へ切り替えると、スイッチの状態が変化するたびに次のように報告される。

```
$ sudo python switch_3_pos.py
up
center
down
```

▶解説

このプログラムでは、2本の入力のプルアップ抵抗を有効に設定している。変数`switch_position`は、スイッチの現在の状態を保存するために使われる。

ループの中で、GPIO入力が読み出され、`if`、`elif`、そして`else`によってスイッチの状態が検出され、`new_switch_position`という名前の変数にその値が代入される。これが以前の値と異なっていれば、スイッチの状態がプリントされる。

トグルスイッチにはさまざまな種類があり、DPDT（双極双投）、SPDT（単極双投）、SPST（単極単投）、モーメンタリ[*5]などと呼ばれる。これらの文字の意味は、次のとおりだ。

- D（双）—ダブル
- S（単）—シングル
- P（極）—ポール（回路）
- T（投）—スロー（1回路あたりの接点）

[*5] 訳注：「モーメンタリ」とは、通常の押しボタンスイッチのように、押して離すと元の状態に戻ってしまうスイッチのことだ。

つまり、DPDT（双極双投）スイッチは、2接点のスイッチが2回路入っていることになる。**ポール（極）** とは、1つの機械的なレバーで独立したスイッチの接点がいくつコントロールされるか、ということを示している。つまり、双極のスイッチは2つの回路を独立にオン・オフできる。単投のスイッチは、1つ（双極の場合は2つ）の接点をオープンしたり、クローズしたりすることしかできない。しかし、双投のスイッチはコモン接点を2つの接点のどちらかに接続することができる。

図11-6に、よく見かけるスイッチの種類を示す。

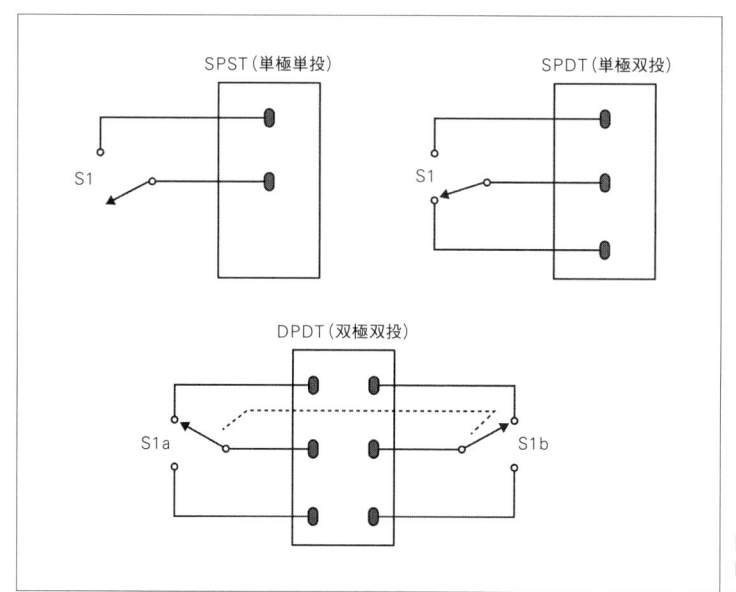

図11-6
トグルスイッチの種類

● 参考

if文の働きについてさらに理解するには、レシピ5.18を参照してほしい。最も基本的なスイッチのレシピは、レシピ11.1を参照のこと。

レシピ11.5：ボタンを押したときのチャタリング[*6]を除去したい

● 課題

スイッチのボタンを押した際、期待したアクションが複数回起こってしまうことがある。これはスイッチの接点が**チャタリング**を起こしたためだ。このため、スイッチのチャタリ

[*6] 訳注：原文ではバウンシング（bouncing：チャタリング）やデバウンス（debounce：チャタリング除去）という用語が使われているが、日本語ではチャタリングという言葉のほうがよく使われる。英語が母国語の技術者と話すときは、バウンシングと言ったほうが話が通じやすいかもしれない。

ングを除去するコードを書きたい。

●解決
この問題の解決方法はいくつかある。実験のため、レシピ11.2のブレッドボード回路をもう一度作ってみよう。

オリジナルのコード（チャタリング除去を行っていないもの）は、次のとおりだ。

```
import RPi.GPIO as GPIO
import time

GPIO.setmode(GPIO.BCM)

switch_pin = 18
led_pin = 23

GPIO.setup(switch_pin, GPIO.IN, pull_up_down=GPIO.PUD_UP)
GPIO.setup(led_pin, GPIO.OUT)

led_state = False
old_input_state = True # pulled-up

while True:
    new_input_state = GPIO.input(switch_pin)
    if new_input_state == False and old_input_state == True:
        led_state = not led_state
    old_input_state = new_input_state
    GPIO.output(led_pin, led_state)
```

問題は、スイッチの接点がチャタリングを起こすと、スイッチが非常に短い時間で複数回押されたのと同じ結果になってしまうことだ。チャタリングが奇数回だけ発生した場合には、結果は何も問題ないように見える。しかしチャタリングが偶数回の場合には、LEDが一瞬だけ点灯してすぐにまた消えてしまうことになる。

これを解決するには、スイッチが押されてからチャタリングが収まるまでの短い時間、起こった変化を無視してしまえばよい。

簡単にてばやく行う方法は、ボタンが押されたことを検出した後に`time.sleep`を追加して短い時間、たとえば0.2秒間だけスリープすることだ。厳密にいえば、これは必要な時間よりもおそらくずっと長いはずだ。試してみれば、この時間はかなり短くできることがわかるだろう。

```
import RPi.GPIO as GPIO
import time

GPIO.setmode(GPIO.BCM)

switch_pin = 18
led_pin = 23
```

```
        GPIO.setup(switch_pin, GPIO.IN, pull_up_down=GPIO.PUD_UP)
        GPIO.setup(led_pin, GPIO.OUT)

        led_state = False
        old_input_state = True # pulled-up

        while True:
            new_input_state = GPIO.input(switch_pin)
            if new_input_state == False and old_input_state == True:
                led_state = not led_state
                time.sleep(0.2)
            old_input_state = new_input_state
            GPIO.output(led_pin, led_state)
```

このプログラムは、http://www.raspberrypicookbook.comのコードセクションから switch_on_off_no_bounce.py という名前でダウンロードできる。

● 解説

この解決方法でもたいていの場合は大丈夫だが、割り込みを利用してスイッチの状態を検出することもできる（レシピ9.12）。

チャタリングはたいていのスイッチで発生するし、図11-7に示したオシロスコープでの測定例のように、スイッチによってはかなりひどい場合もある。

スイッチが閉じたときにも開いたときにも、接点がチャタリングを起こしていることがわかる。大部分のスイッチは、これほどひどくはないはずだ。

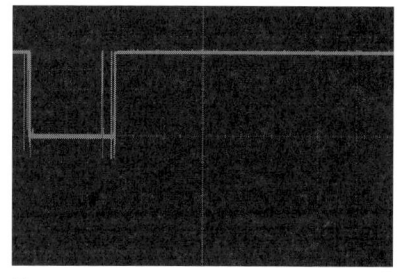

図11-7
できの悪いスイッチの接点のチャタリング

● 参考

押しボタンスイッチの接続の基本については、レシピ11.1を参照してほしい。

レシピ11.6：外部プルアップ抵抗を使う

● 課題

Raspberry Piから長く線を引き出してスイッチへ接続したいが、入力ピンでときどき間違った値が読み出される。

● 解決

内部プルアップ抵抗はかなり「弱い」ので（約40kΩ）、スイッチへ長いリード線を接続したり電気的ノイズの多い環境だったりすると、デジタル入力に間違ったトリガーがか

かってしまうことがある。この問題に対処するには、内部プルアップ抵抗とプルダウン抵抗をオフにして、外部プルアップ抵抗を使う。

図11-8に、外部プルアップ抵抗の使い方を示す。[*7]

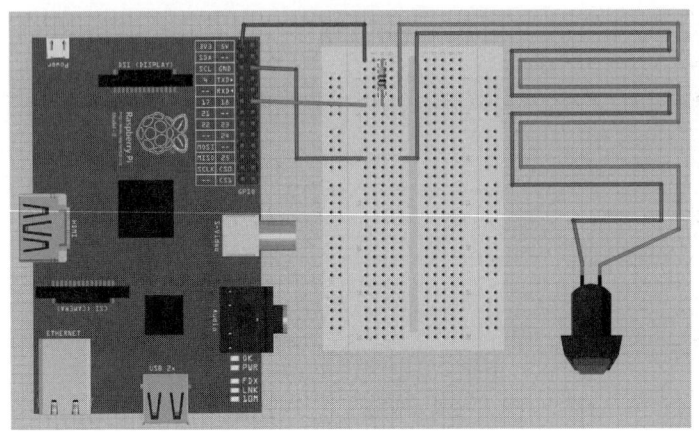

図11-8
外部プルアップ抵抗を使う

このハードウェアをテストするには、`switch.py`プログラムが使える。レシピ11.1を参照してほしい。[*8]

▶ 解説

抵抗の値が低いほど、スイッチまで長く電線を引き延ばすことができる。しかし、ボタンを押したときには、その抵抗を通して3.3VからGNDへ電流が流れる。100Ωの抵抗であれば、流れる電流は3.3V/100Ω = 33mAとなる。これは3.3Vピンから安全に引き出せる50mAという電流の範囲内だが、これより小さい抵抗は使わないこと。

ほとんどすべての場合、1kΩの抵抗で長い電線も問題なく動作するはずだ。

▶ 参考

押しボタンスイッチの接続の基本については、レシピ11.1を参照してほしい。

レシピ11.7：ロータリー（直交）エンコーダーを使う

▶ 課題

ロータリーエンコーダーを使って、回転を検出したい。

[*7] 訳注：ここで使っている抵抗の値は1kΩだ。
[*8] 訳注：厳密にいえば、内部プルアップを設定している行をコメントアウトする必要がある。

◯ 解決

図11-9に示すように、2本のGPIOピンへロータリー（直交）エンコーダーを接続する。

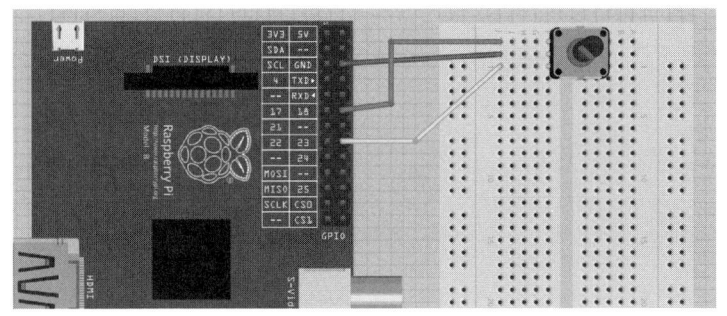

図11-9 ロータリーエンコーダーを接続する

このレシピの製作には、次のものが必要だ。[*9]

- ブレッドボードとジャンパ線（348ページの「プロトタイピング用機材」を参照）
- ロータリーエンコーダー（351ページの「その他」を参照）

このタイプのロータリーエンコーダーは、1組のスイッチと同じように動作するため、**直交**エンコーダーと呼ばれる。ロータリーエンコーダーの軸を回したときにスイッチが開閉するシーケンスで、回転方向がわかる。

ここに示したロータリーエンコーダーは、中央の足が**コモン**端子、両端の足がA端子とB端子になっている。すべてのロータリーエンコーダーがこのような配置になっているわけではないので、使おうとしているロータリーエンコーダーのデータシートでピン配置を確認してほしい。ロータリーエンコーダーにはプッシュスイッチが組み込まれているものが多く、その場合、さらに接点が1組増えるため、もっと面倒になる。

エディタ（nanoまたはIDLE）を開き、次のコードを貼り付ける。この本の他のプログラム例と同様に、このプログラムもhttp://www.raspberrypicookbook.comのコードセクションからrotary_encoder.pyという名前でダウンロードできる。

```
import RPi.GPIO as GPIO
import time

GPIO.setmode(GPIO.BCM)

input_A = 18
input_B = 23
```

[*9] 訳注：ロータリーエンコーダーは、秋月電子（http://akizukidenshi.com/catalog/g/gP-00292/）などから購入できる。ただし、このロータリーエンコーダーはピン配置が違い、図11-9の配置でいうとコモン端子が下側になっているため、配線を変更する必要がある。具体的には、上から黄色、オレンジ、青の順番に配線すればよい。
ブレッドボードとジャンパ線については、レシピ8.10を参照してほしい。

```python
GPIO.setup(input_A, GPIO.IN, pull_up_down=GPIO.PUD_UP)
GPIO.setup(input_B, GPIO.IN, pull_up_down=GPIO.PUD_UP)

old_a = True
old_b = True

def get_encoder_turn():
    # return -1, 0, or +1
    global old_a, old_b
    result = 0
    new_a = GPIO.input(input_A)
    new_b = GPIO.input(input_B)
    if new_a != old_a or new_b != old_b :
        if old_a == 0 and new_a == 1 :
            result = (old_b * 2 - 1)
        elif old_b == 0 and new_b == 1 :
            result = -(old_a * 2 - 1)
    old_a, old_b = new_a, new_b
    time.sleep(0.001)
    return result

x = 0

while True:
    change = get_encoder_turn()
    if change != 0 :
        x = x + change
        print(x)
```

このテストプログラムは、ロータリーエンコーダーを時計回りに回したときにカウントアップし、反時計回り回したときにはカウントダウンするという、単純なものだ。

```
pi@raspberrypi ~ $ sudo python rotary_encoder.py
1
2
3
4
5
6
7
8
9
10
9
8
7
6
5
4
```

▶解説

図11-10に、AとBという2つの接点から受け取るパルスのシーケンスを示す。このパターンは、4ステップごとの繰返しになっていることがわかるだろう（このため**直交**エンコーダーという名前が付いた）。[*10]

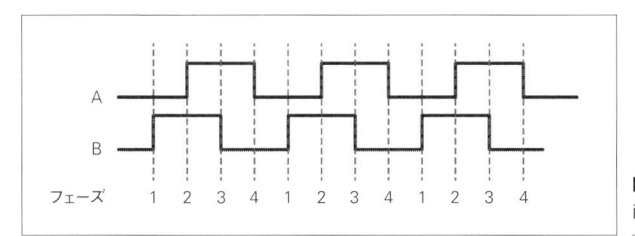

図11-10
直交エンコーダーの動作

時計回りに回転させた（図11-10では左から右へ）場合、シーケンスは次のようになる。

フェーズ	A	B
1	0	0
2	0	1
3	1	1
4	1	0

表11-1
時計回りに回転させた場合

反時計回りの場合には、シーケンスは逆になる。

フェーズ	A	B
4	1	0
3	1	1
2	0	1
1	0	0

表11-2
反時計回りに回転させた場合

さっき示したPythonプログラムでは、get_encoder_turn関数に回転方向を求めるためのアルゴリズムが実装されている。この関数は0（まったく動かなかった場合）、1（時計回りに回転）、または-1（反時計回りに回転）を返す。ここではold_aとold_bという2つのグローバル変数を使って、スイッチAとBの直前の状態を保存している。これらを新しく読み出した値と比較することによって、（ちょっと論理を工夫すれば）エンコーダーがどちらの方向に回転しているのかがわかる。

1ミリ秒というスリープ時間は、以前のサンプルから、早すぎるタイミングで次の新しいサンプルを行わないようにするためのものだ。さもないと、遷移状態のために間違った

[*10] 訳注：これにはちょっと説明が必要かもしれない。図11-10に示した4フェーズを360度（1回転）とすると、AとBの信号は90度ずれていることがわかる。これを「AとBの位相が直交している」といい、ここから**直交**エンコーダーという名前が付けられたわけだ。

値が読み出されるおそれがある。

このテストプログラムは、ロータリーエンコーダーのノブをどれだけ速く回しても、信頼できる動作をするはずだ。しかし、ループの中で時間のかかる処理を行うのは避けてほしい。シーケンスのステップを読みそこなってしまうかもしれないからだ。

◆参考

ノブの回転位置は、可変抵抗器とステップレスポンス手法を使って（レシピ12.1）、あるいはアナログ・デジタル変換器を使って（レシピ12.4）測定することもできる。

レシピ11.8：キーパッド

◆課題

Raspberry Piにキーパッドをつなげたい。

◆解決

キーパッドには、横の行と縦の列の交点にプッシュボタンが配置されている。どのキーが押されたかを知るには、まず、すべての行と列をRaspberry PiのGPIOピンへ接続する必要がある。したがって4×3のキーパッドの場合、4+3=7本のピンが必要になる。列を順番にスキャン（その列にハイを出力）して、各行の入力の値を読み出すことによって、どのキーが押されているか判断できる。

キーパッドには、ピン配置がかなり違うものがあることに注意してほしい。

このレシピの製作には、次のものが必要だ。[11]

- ブレッドボードとジャンパ線（348ページの「プロトタイピング用機材」を参照）
- 4×3のキーパッド（351ページの「その他」を参照）
- 7ピンのピンヘッダ（351ページの「その他」を参照）

図11-11に、351ページの「その他」に掲げたSparkFunのキーパッドを使ったプロジェクトの実体配線図を示す。このキーパッドはピンヘッダなしで市販されているので、キーパッドにはピンヘッダをハンダ付けする必要がある。

エディタ（nanoまたはIDLE）を開き、次のコードを貼り付ける。この本の他のプログラム例と同様に、このプログラムもhttp://www.raspberrypicookbook.comのコードセクションからkeypad.pyという名前でダウンロードできる。

---

[11] 訳注：4×3のキーパッドは、千石電商（http://www.sengoku.co.jp/mod/sgk_cart/detail.php?code=EEHD-0G4H）などから購入できる。ヘッダピンは、秋月電子（http://akizukidenshi.com/catalog/g/gC-00167/）などから購入できる。長いものを購入して、必要な分だけカットして使うと経済的だ。
ブレッドボードとジャンパ線については、レシピ8.10を参照してほしい。

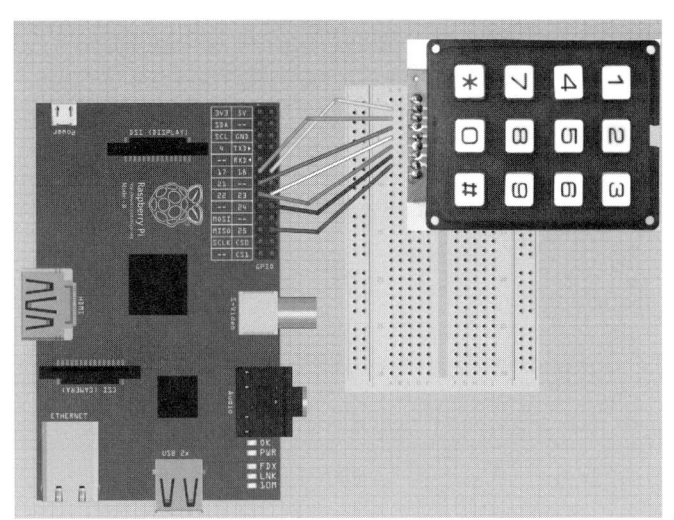

図11-11
キーパッドの実体配線図

> ⚠️ このプログラムを実行する前に、実際に使っているキーパッドと、行と列のピンが合っているかを確かめ、必要に応じて変数rowsとcolsの値を変更してほしい。これを行わないと、キーを押したときにGPIOピンの出力どうしが（片方がハイで片方がローの状態で）ショートしてしまうおそれがある。こうなると、Raspberry Piが故障してしまうかもしれない。

このコードで定義されている行と列は、付録Aに示したSparkFunのキーパッドに合わせたものだ。最初の行はGPIOピン17に、2番目は25に、というように接続されている。キーパッドコネクタの行と列の配線を、図11-12に示す。

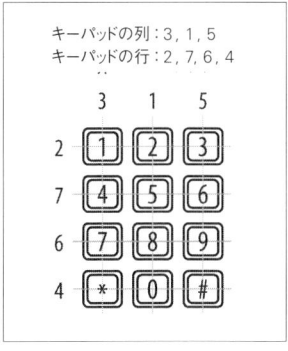

図11-12
キーパッドのピン接続

```
import RPi.GPIO as GPIO
import time

GPIO.setmode(GPIO.BCM)

rows = [17, 25, 24, 23]
cols = [27, 18, 22]
keys = [
    ['1', '2', '3'],
    ['4', '5', '6'],
    ['7', '8', '9'],
    ['*', '0', '#']]

for row_pin in rows:
    GPIO.setup(row_pin, GPIO.IN, pull_up_down=GPIO.PUD_DOWN)

for col_pin in cols:
```

```
        GPIO.setup(col_pin, GPIO.OUT)

    def get_key():
        key = 0
        for col_num, col_pin in enumerate(cols):
            GPIO.output(col_pin, 1)
            for row_num, row_pin in enumerate(rows):
                if GPIO.input(row_pin):
                    key = keys[row_num][col_num]
            GPIO.output(col_pin, 0)
        return key

    while True:
        key = get_key()
        if key :
            print(key)
        time.sleep(0.3)
```

このプログラムは、http://www.raspberrypicookbook.comのコードセクションからkeypad.pyという名前でダウンロードできる。

また、このプログラムはGPIOへアクセスするため、スーパーユーザー権限で実行しなくてはならない。キーを順番に押したときの実行結果を示す。

```
pi@raspberrypi ~ $ sudo python keypad.py
1
2
3
4
5
6
7
8
9
*
0
#
```

❯ 解説

変数keysには、行と列に対応するキーの名前が入っている。
この変数は、キーパッドに合わせてカスタマイズできる。
たくさんのピンを入力や出力として初期化する必要があるので、行と列のピンはループを使って初期化されている。
実際の処理は、すべてget_key関数の中で行われている。ここではまず、各列を順番にハイに設定し、次に内側のループで行を順番に調べている。行のどれかがハイであれば、その行と列に対応するキーの名前がkeysから検索される。どのキーも押されていなければ、keyのデフォルト値（0）が返される。

メインのwhileループは、単純にキーの値を取得してプリントしているだけだ。sleepを使って、表示があまり忙しくならないように出力を遅らせている。

◯ 参考
このようにキーパッドを接続する代わりに、USBキーパッドを使うこともできる。

レシピ11.9：動きを検出する

◯ 課題
動きが検出されたときに、Pythonで何かアクションを起こしたい。

◯ 解決
PIR（受動赤外線）センサーモジュールを使う。
このレシピの製作には、次のものが必要だ。[*12]

- メス―メスのジャンパ線（348ページの「プロトタイピング用機材」を参照）
- PIRセンサーモジュール（350ページの「モジュール」を参照）

図11-13に、センサーモジュールの実体配線図を示す。このモジュールは、電源として5Vを供給し、3.3Vを出力するので、Raspberry Piと組み合わせて使うには理想的だ。

> ⚠ 使用するPIRモジュールが3.3Vを出力することを確かめてほしい。5V出力の場合、抵抗を2本使って3.3Vに分圧する必要がある（レシピ8.12を参照）。

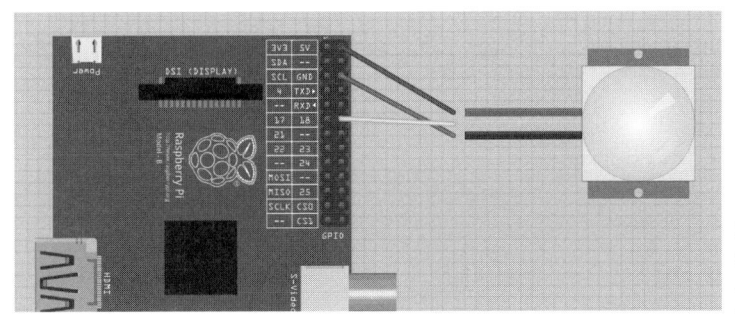

図11-13
PIRセンサーモジュールの配線

エディタ（nanoまたはIDLE）を開き、次のコードを貼り付ける。この本の他のプログラム例と同様に、このプログラムもhttp://www.raspberrypicookbook.comのコードセ

[*12] 訳注：PIRセンサーモジュールは、秋月電子（http://akizukidenshi.com/catalog/g/gM-05426/）などから購入できる。このモジュールは3.3Vから動作するので、電源は5Vではなく3.3Vに接続するのがよいだろう。
ジャンパ線については、レシピ8.10を参照してほしい。

クションからpir.pyという名前でダウンロードできる。

```
import RPi.GPIO as GPIO
import time

GPIO.setmode(GPIO.BCM)

GPIO.setup(18, GPIO.IN)

while True:
    input_state = GPIO.input(18)
    if input_state == True:
        print('Motion Detected')
        time.sleep(1)
```

このプログラムは、単純にGPIO入力ピン18の状態をプリントアウトしているだけだ。

```
$ sudo python pir.py
Motion Detected
Motion Detected
```

●解説

いったんトリガーされると、PIRセンサーの出力はしばらくハイ状態を保つ。この時間は、回路基板上の半固定抵抗を使って調整することができる。

●参考

このレシピをレシピ7.15と組み合わせれば、侵入者を検出した際に電子メールを送信することもできる。

レシピ11.10：Raspberry PiにGPSを接続する

●課題

Raspberry PiにシリアルGSPモジュール[13]を接続し、Pythonを使ってデータへアクセスしたい。

●解決

3.3VシリアルGPSモジュールは、Raspberry PiのRxDピンへ直接接続できる。しかし、シリアルポートを使えるようにするためには、まずレシピ8.7にしたがってコンソール機能を無効にしなくてはならない。

---

[13] 訳注：GPSモジュールは、スイッチサイエンス（http://www.switch-science.com/catalog/1085/）などから購入できる。ジャンパ線については、レシピ8.10を参照してほしい。

図11-14に、モジュールの実体配線図を示す。Raspberry PiのRxDを、GPSモジュールのTxへ接続する。他に接続するのはGNDと5Vだけなので、メス—メスのジャンパ線3本だけで配線は完了だ。

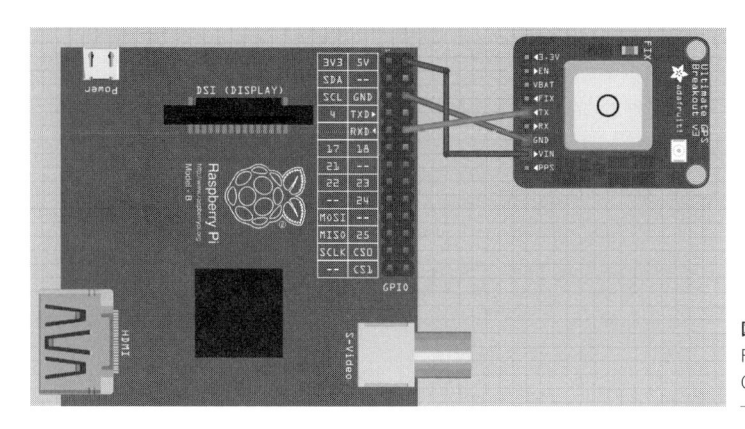

図11-14
Raspberry Pi へ GPSを接続する

GPSのメッセージにはデコードが必要だ。幸い、これをしてくれる便利なツールがある。次のパッケージをインストールしてほしい。

```
$ sudo apt-get install gpsd
$ sudo apt-get install gpsd-clients*14
```

この中で、最も重要なのはgpsdだ。これはシリアルやUSBなどからGPSデータを読み出してくれるツールで、TCPポート2947でクライアントプログラムへのインタフェースを提供してくれる。

gpsdサービスを起動するには、次のコマンドを実行する。[15]

```
$ sudo gpsd /dev/ttyAMA0
```

GPSの動作は、次のコマンドで確認できる。

```
$ cgps -s
```

-sはつけなくてもよい。このオプションを付けると、生データの表示がされなくなる（図11-15参照）。

3番目にインストールしたパッケージ（python-gps）は、ご想像どおり、便利な形でGPSデータにアクセスできるPythonライブラリだ。ここではpython-gpsを使った短いプログラムで、緯度、経度、そして時間だけを表示してみる。

---

[13] 訳注：GPSモジュールは、スイッチサイエンス（http://www.switch-science.com/catalog/1085/）などから購入できる。ジャンパ線については、レシピ8.10を参照してほしい。
[14] 訳注：2行目を実行すると、python-gpsパッケージも自動的にインストールされるはずだ。もしされなかった場合は、sudo apt-get install python-gpsとしてインストールしておいてほしい。
[15] 訳注：gpsdは、ボーレートを自動認識するので指定しなくてもよい。その代わり、GPSからのデータが受信できるまでにはしばらく時間がかかる。また、屋内ではGPSの電波が弱いため、このレシピを試すのは屋外がよいだろう。

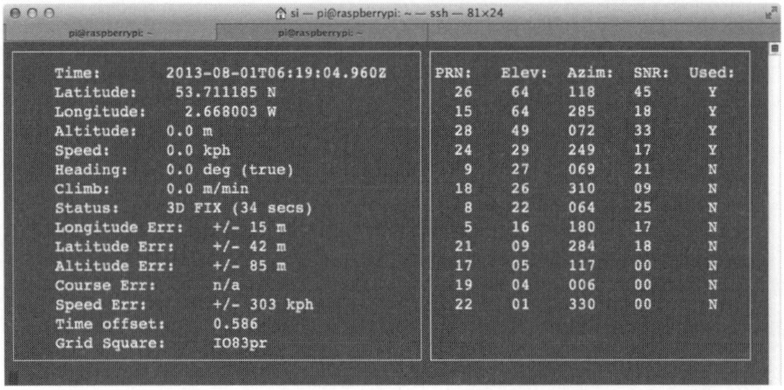

図11-15
cgpsでGPSをテストする

エディタ（nanoまたはIDLE）を開き、次のコードを貼り付ける。このファイルの名前はgps.pyにしてはいけない。PythonのGPSライブラリと衝突してしまうからだ。なお、この本の他のプログラム例と同様に、このプログラムもhttp://www.raspberrypicookbook.comのコードセクションからgps_test.pyという名前でダウンロードできる。

```python
from gps import *
session = gps()
session.stream(WATCH_ENABLE|WATCH_NEWSTYLE)

while True:
    report = session.next()
    if report.keys()[0] == 'epx' :
        lat = float(report['lat'])
        lon = float(report['lon'])
        print("lat=%f\tlon=%f\ttime=%s" % (lat, lon, report['time']))
        time.sleep(0.5)
```

このプログラムを実行すると、次のような結果が表示されるはずだ。

```
$ python gps_test.py
lat=53.710257 lon=-2.664245 time=2013-08-01T08:06:24.960Z
lat=53.710258 lon=-2.664252 time=2013-08-01T08:06:25.960Z
lat=53.710258 lon=-2.664252 time=2013-08-01T08:06:25.960Z
lat=53.710248 lon=-2.664243 time=2013-08-01T08:06:26.960Z
lat=53.710248 lon=-2.664243 time=2013-08-01T08:06:26.960Z
lat=53.710248 lon=-2.664250 time=2013-08-01T08:06:27.960Z
```

◉解説

このプログラムは**セッション**を作成し、その後に読むべきデータのストリームを確立する。GPSは、さまざまなフォーマットでメッセージを繰り返し吐き出す。ここではif文によって、位置情報を含むメッセージだけを選択している。メッセージはディクショナリに保存され、そのフィールドへアクセスして表示する。

GPSデータをPythonで利用する以外にも、xgpsツールを使ってGPSデータを表示

することもできる（図11-16）。次のコマンドを入力してみてほしい。

```
$ xgps
```

このユーティリティは画面を必要とするので、Raspberry Pi自体の画面上で実行するか、VNC（レシピ2.8）を使う必要がある。

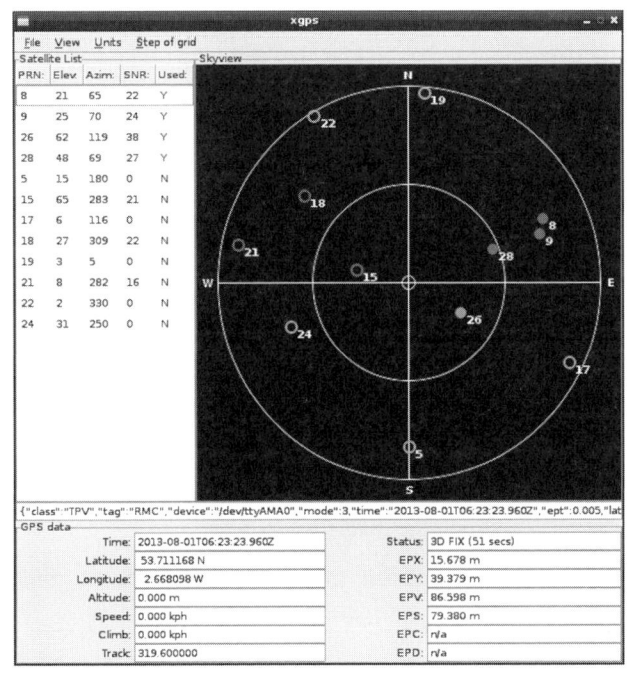

図11-16
xgpsでGPSを見る

● 参考

USB接続のGPSモジュールを使う場合も、同様の手法が使える（http://blog.retep.org/2012/06/18/getting-gps-to-work-on-a-raspberry-pi/）。

gpsdについてさらに情報を得るには、https://savannah.nongnu.org/projects/gpsd を参照してほしい。

レシピ11.11：押されたキーを横取りする

● 課題

USBキーボードや数値キーパッドで押されたキーを横取りしたい。

● 解決

この問題を解決するには、少なくとも2つの方法がある。単刀直入に行うなら、sys.stdin.read関数を使えばよい。この関数は動作にグラフィカルなユーザインタフェー

スを必要としないので、sshセッションから実行できるという、他の手法にはない利点がある。

エディタ（nanoまたはIDLE）を開き、次のコードを貼り付ける。この本の他のプログラム例と同様に、このプログラムもhttp://www.raspberrypicookbook.comのコードセクションからkeys_sys.pyという名前でダウンロードできる。[*16]

```
import sys, tty, termios

def read_ch():
    fd = sys.stdin.fileno()
    old_settings = termios.tcgetattr(fd)
    try:
        tty.setraw(sys.stdin.fileno())
        ch = sys.stdin.read(1)
    finally:
        termios.tcsetattr(fd, termios.TCSADRAIN, old_settings)
    return ch

while True:
    ch = read_ch()
    if ch == 'x':
        break
    print("key is: " + ch)
```

これに代わるもう1つの方法が、Pygameを使うことだ。Pygameは、Pythonでゲームを書くためのライブラリだが、キーが押されたことを検出することもできる。またこれを使って、何らかのアクションを行う（あるいは、レシピ10.8で行ったように、ロボットを操縦する）こともできる。

次のプログラム例はPygameの使い方を説明するもので、キーが押されるたびにメッセージをプリントアウトする。しかし、プログラムの動作にはウィンドウシステムへのアクセスが必要なため、VNC（レシピ2.8）を使うか、Raspberry Pi上で直接実行する必要がある。

このプログラムも、http://www.raspberrypicookbook.comからkeys_pygame.pyという名前でダウンロードできる。

```
import pygame
import sys
from pygame.locals import *

pygame.init()
screen = pygame.display.set_mode((640, 480))
pygame.mouse.set_visible(0)

while True:
    for event in pygame.event.get():
```

[*16] 訳注：コードを見ればわかることだが、このプログラムを抜けるには文字「x」を入力する。

```
            if event.type == QUIT:
                sys.exit()
            if event.type == KEYDOWN:
                print("Code: " + str(event.key) + " Char: " + chr(event.
key))
```

このプログラムを実行すると、空白のPygameウィンドウが表示される。このPygameウィンドウにフォーカスがないとキーを横取りすることはできない。このプログラムは押されたキーの文字とASCII値をメッセージとして、プログラムが実行されたターミナルウィンドウに表示する。

ただし、ここではカーソルキーやシフトキーを押した場合、これらのキーには対応するASCII値が存在しないため、プログラムはエラーを返す。

```
$ python keys_pygame.py
Code: 97 Char: a
Code: 98 Char: b
Code: 99 Char: c
Code: 120 Char: x
Code: 13 Char:
```

このプログラムは、Ctrl-Cを押しても停止させることはできない。[*17]プログラムを停止するには、Pygameウィンドウ右上の×印をクリックする。

● 解説

Pygameの手法を使う場合、Pygameではキーボード上のカーソルキーなどASCII値が対応していないキーにも定数が定義されているため、これらのキーを扱うことができる。これは、他の手法では不可能だ。

● 参考

キーボードイベントを横取りすることは、マトリックスキーパッド（レシピ11.8）の代用にもなる。

レシピ11.12： マウスの動きを横取りする

● 課題

Pythonプログラムの中で、マウスの動きを検出したい。

● 解決

この解決法は、Pygameを使ってキーボードイベントを横取りするやり方（レシピ

[*17] 訳注：実際にはCtrl-Cでエラーとなるのでプログラムは停止する。

11.11）と非常によく似ている。

エディタ（nanoまたはIDLE）を開き、次のコードを貼り付ける。この本の他のプログラム例と同様に、このプログラムもhttp://www.raspberrypicookbook.comのコードセクションからmouse_pygame.pyという名前でダウンロードできる。

```python
import pygame
import sys
from pygame.locals import *

pygame.init()
screen = pygame.display.set_mode((640, 480))
pygame.mouse.set_visible(0)

while True:
    for event in pygame.event.get():
        if event.type == QUIT:
            sys.exit()
        if event.type == MOUSEMOTION:
            print("Mouse: (%d, %d)" % event.pos)
```

Pygameウィンドウの中でマウスが動くと、MOUSEMOTIONイベントがトリガーされ、イベントのposの値から座標を得ることができる。この座標値は、ウィンドウの左上隅からの相対座標だ。

```
Mouse: (262, 285)
Mouse: (262, 283)
Mouse: (262, 281)
Mouse: (262, 280)
Mouse: (262, 278)
Mouse: (262, 274)
Mouse: (262, 270)
Mouse: (260, 261)
Mouse: (258, 252)
Mouse: (256, 241)
Mouse: (254, 232)
```

▶解説

他に横取りできるイベントには、MOUSEBUTTONDOWNとMOUSEBUTTONUPがある。これらはそれぞれ、マウスの左ボタンが押されたこと、および離されたことを検出するために使える。

▶参考

mouseに関するPygameのドキュメントは、Pygameのウェブサイト（http://www.pygame.org/docs/ref/mouse.html）にある。

Pygameを使ってキーボードイベントを横取りする方法は、レシピ11.11を参照してほしい。

レシピ11.13：リアルタイムクロックモジュールを使う

◎課題

Raspberry Piがネットワークに接続されていなくても、時間を覚えているようにしたい。

◎解決

RTC（リアルタイムクロック）モジュールを使う。

非常によく使われているRTCチップがDS1307だ。このチップはI2Cインタフェースを持ち、チップそのものと正確な時間を刻むための水晶発振器、そして3Vリチウム電池用の電池ホルダーを備えた既製のモジュールとして購入できる。

このレシピの製作には、次のものが必要だ。[*18]

- DS1307または互換RTCモジュール（350ページの「モジュール」を参照）。aLaModeボードを使うこともできる（レシピ14.13）。
- メス―メスのジャンパ線（348ページの「プロトタイピング用機材」を参照）

> ⚠️ ここで使用するRTCモジュールは、3.3V互換でなくてはならない。つまり、I2Cインタフェースにまったくプルアップ抵抗が付いていないか、あるいは5Vではなく3.3Vにプルアップされている必要があるのだ。ここで使ったAdafruitのモデルはキットなので、モジュールを組み立てる際に2本の抵抗をハンダ付けしなければよい。他の既存モジュールを使う場合には、プルアップ抵抗があれば注意して取り除いてほしい。

RTCモジュールがキットの場合には、プルアップ抵抗を外すことに注意して組み立て、それから図11-17に示すようにモジュールをRaspberry Piへ接続する。

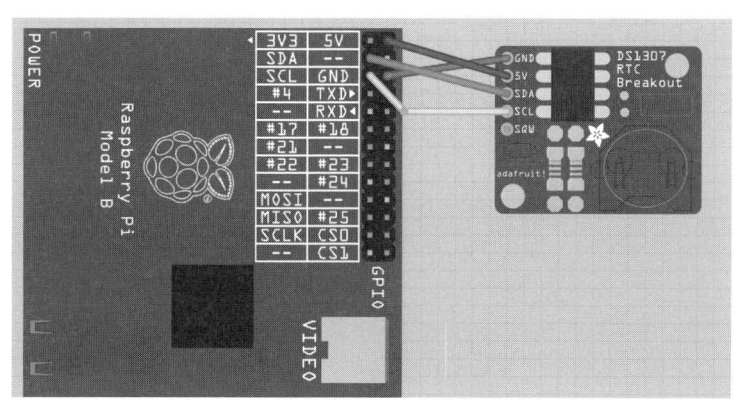

図11-17 RTCモジュールを接続する

[*18] 訳注：RTCモジュールは、スイッチサイエンス（http://www.switch-science.com/catalog/213/）などから購入できる。このモジュールはDS1307を搭載しており、I2Cの信号線はプルアップされていないので、直接Raspberry Piへ接続できる。ジャンパ線については、レシピ8.10を参照してほしい。

DS1307はI2Cモジュールなので、Raspberry PiでI2Cが使えるように設定する必要がある（レシピ8.4を参照）。I2Cツール（レシピ8.5）を使って、デバイスが見えるかどうかチェックすることができる。

```
$ sudo i2cdetect -y 1
     0  1  2  3  4  5  6  7  8  9  a  b  c  d  e  f
00:          -- -- -- -- -- -- -- -- -- -- -- -- --
10:  -- -- -- -- -- -- -- -- -- -- -- -- -- -- -- --
20:  -- -- -- -- -- -- -- -- -- -- -- -- -- -- -- --
30:  -- -- -- -- -- -- -- -- -- -- -- -- -- -- -- --
40:  -- -- -- -- -- -- -- -- -- -- -- -- -- -- -- --
50:  -- -- -- -- -- -- -- -- -- -- -- -- -- -- -- --
60:  -- -- -- -- -- -- -- -- 68 -- -- -- -- -- -- --
70:  -- -- -- -- -- -- -- --
```

68という数字は、RTCモジュールがI2Cバスにアドレス68（16進数表記）で接続されていることを示している。

古いRaspberry PiモデルBのリビジョン1のボードを使っている場合、先ほどの行のyオプションの後に0を指定する必要がある。

そして、次のコマンドを実行して、hwclockというプログラムからRTCが使えるようにする必要がある。[*19]

```
$ sudo modprobe rtc-ds1307
$ sudo bash
$ echo ds1307 0x68 > /sys/class/i2c-adapter/i2c-1/new_device
```

これで、次のコマンドを使ってRTCにアクセスできるようになった。

```
$ sudo hwclock -r
Sat 01 Jan 2000 00:08:08 UTC -0.293998 seconds
```

しかし、ご覧のようにクロックはまだ設定されていない。

RTCモジュールの時間を設定するには、まずRaspberry Piが正しい時間を知っていることを確かめる必要がある。Raspberry Piがインターネットへ接続されている場合には、時間は自動的に設定される。時間が正しいかどうかは、dateコマンドを使ってチェックできる。

```
$ date
Tue Aug 20 06:42:47 UTC 2013
```

時間が違っている場合には、dateを使って設定することもできる（レシピ3.33）。

[*19] 訳注：ここでも、リビジョン1のボードを使っている場合には、i2c-1をi2c-0に変更してほしい。
sudo bashを実行すると、プロンプトが#に代わるはずだ。これは、スーパーユーザーとしてシェルを実行中であることを示している。上記のechoコマンドを実行し終わったら、exitと入力して一般ユーザ（pi）に戻る。

Raspberry PiのシステムをRTCモジュールへ転送するには、次のコマンドを使う。

```
$ sudo hwclock -w
```

-rオプションを使って時間を読み出してみよう。

```
$ sudo hwclock -r
Wed 02 Jan 2013 03:11:43 UTC -0.179786 seconds
```

RTCが正しい時間を知っていても、それを使ってLinuxがブートした際に正しいシステム時間を設定できなければ意味がない。それには、いくつかの構成変更を行う必要がある。

まず、(sudo nano /etc/modulesとして)/etc/modulesを編集し、モジュールのリストの末尾にrtc-ds1307を追加する。I2CやSPIなどのオプションを設定する際にモジュールを追加している場合には、このファイルは次のようになるはずだ。

```
# /etc/modules: kernel modules to load at boot time.
#
# This file contains the names of kernel modules that should be
# loaded at boot time, one per line. Lines beginning with "#" are
# ignored.Parameters can be specified after the module name.

snd-bcm2835
i2c-bcm2708
i2c-dev
spidev
rtc-ds1307
```

次に、システム時間を設定するための2つのコマンドを起動時に自動実行させる必要がある。そのためにはsudo nano /etc/rc.localとして/etc/rc.localを編集し、最後のexit 0という行の直前に、次の2行を挿入する。リビジョン1のRaspberry Piを使っている場合には、i2c-1をi2c-0に変更するよう気を付けてほしい。

```
echo ds1307 0x68 > /sys/class/i2c-adapter/i2c-1/new_device
sudo hwclock -s
```

これを追加すると、次のようなファイルになるはずだ。

```
#
# In order to enable or disable this script just change the execution
# bits.
#
# By default this script does nothing.

# Print the IP address
_IP=$(hostname -I) || true
if [ "$_IP" ]; then
```

リアルタイムクロックモジュールを使う

```
    printf "My IP address is %s\n" "$_IP"
fi
echo ds1307 0x68 > /sys/class/i2c-adapter/i2c-1/new_device
sudo hwclock -s
exit 0
```

これで、リブートするとRaspberry Piは自分のシステム時間をRTCを使って設定するようになる。しかし、インターネットへの接続が利用できる場合には、時刻の設定にはインターネットのほうが優先される。

●解説

RTCは、Raspberry Piに必須のものではない。インターネットに接続されている場合、Raspberry Piは自動的にネットワークタイムサーバに接続して自分のクロックを設定するからだ。しかし、ネットワークに接続されていない状態でRaspberry Piを使うことがあるなら、ハードウェアのRTCを準備しておくのがよいだろう。

Raspberry Pi用のArduinoベースのインタフェースボードであるaLaMode（レシピ14.13）にもRTCモジュールが組み込まれていて、ここで説明した方法で使える。

●参考

AB Electronicsでは、GPIOソケットに直接ぴったり差し込めるRTCを販売している（http://www.abelectronics.co.uk/products/3/Raspberry-Pi/15/RTC-Pi-Real-time-Clock-Module）。図11-18がその写真だ。

図11-18
AB ElectronicsのRTCモジュール

このレシピは、Adafruitのチュートリアル（https://learn.adafruit.com/adding-a-real-time-clock-to-raspberry-pi/）を元にしている。

12章 センサー

　この章では、さまざまな種類のセンサーを使ってRaspberry Piで温度や光などを測定するレシピを見て行こう。

　Arduinoなどのボードと比べて、Raspberry Piにはアナログ入力がない。つまり、多くのセンサーにはアナログ・デジタル変換（ADC）が必要になるということだ。幸い、これは比較的簡単に行える。また、抵抗性のセンサーにはコンデンサと数個の抵抗を使うこともできる。

　ほとんどのレシピでは、ハンダ付け不要のブレッドボードと、オス—メスやオス—オスのジャンパ線を使う必要がある（レシピ8.10を参照）。

レシピ12.1：抵抗性センサーを使う

　ぜひ、このレシピのビデオを http://razzpisampler.oreilly.com で見てほしい。

▶ 課題

Raspberry Piに可変抵抗器を接続して、回転角度を測定したい。

▶ 解決

　Raspberry Piと1個のコンデンサ、2本の抵抗、そして2本のGPIOピンを使えば、抵抗値を測定できる。ここでは、小型の可変抵抗器（半固定抵抗）の抵抗値を測定してみよう。

　このレシピの製作には、次のものが必要だ。[1]

- ブレッドボードとジャンパ線（348ページの「プロトタイピング用機材」を参照）
- 10kΩの半固定抵抗（348ページの「抵抗とコンデンサ」を参照）
- 1kΩの抵抗を2本（348ページの「抵抗とコンデンサ」を参照）

---

[1] 訳注：いずれも秋月電子などから購入できる。10kΩの半固定抵抗は http://akizukidenshi.com/catalog/g/gP-06110/ 、1kΩの1/4W抵抗は http://akizukidenshi.com/catalog/g/gR-25102/ （100本入り）、0.22μFのコンデンサは http://akizukidenshi.com/catalog/g/gP-03096/ （10個入り）。
ブレッドボードとジャンパ線については、レシピ8.10を参照してほしい。

- 0.22μFのコンデンサ（348ページの「抵抗とコンデンサ」を参照）

図12-1に、ブレッドボード上の実体配線図を示す。

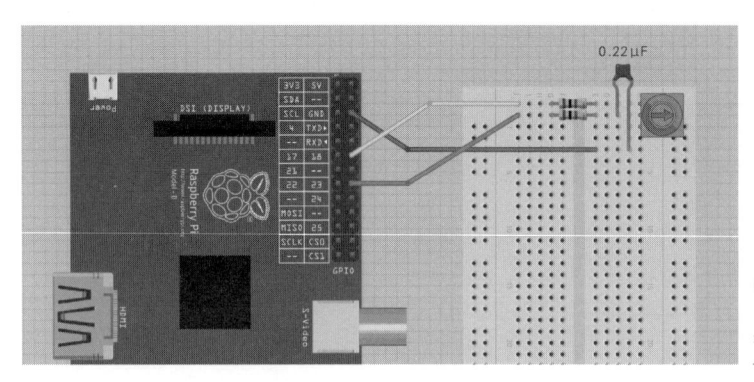

図12-1
Raspberry Piで抵抗値を測定する

エディタ（nanoまたはIDLE）を開き、次のコードを貼り付ける。この本の他のプログラム例と同様に、このプログラムもhttp://www.raspberrypicookbook.comのコードセクションから pot_step.py という名前でダウンロードできる。

```python
import RPi.GPIO as GPIO
import time

GPIO.setmode(GPIO.BCM)

a_pin = 18
b_pin = 23

def discharge():
    GPIO.setup(a_pin, GPIO.IN)
    GPIO.setup(b_pin, GPIO.OUT)
    GPIO.output(b_pin, False)
    time.sleep(0.005)

def charge_time():
    GPIO.setup(b_pin, GPIO.IN)
    GPIO.setup(a_pin, GPIO.OUT)
    count = 0
    GPIO.output(a_pin, True)
    while not GPIO.input(b_pin):
        count = count + 1
    return count

def analog_read():
    discharge()
    return charge_time()
```

```
while True:
    print(analog_read())
    time.sleep(1)
```

このプログラムを実行すると、次のような出力が得られるはずだ。

```
$ sudo python pot_step.py
10
12
10
10
16
23
43
53
67
72
86
105
123
143
170
```

測定値は、半固定抵抗のノブを回すことによって、約10から約170までの間で変化する。

> ● 解説

このプログラムの動作を説明するために、まず**ステップレスポンス**テクニックを使って可変抵抗の抵抗値を測定する方法を説明しよう。

図12-2に、このレシピの回路図を示す。

この手法は、**ステップ**状に変化する入力に応じて、出力がローからハイへ変化する時間を測定するため、**ステップレスポンス**と呼ばれている。

コンデンサは電気のタンクのような働きをし、電荷を蓄えるにしたがって端子間の電圧が上昇する。この電圧を直接測定することはできない。Raspberry PiにはADCがないからだ。しかし、端子間の電圧が約1.65V（デジタル入力がハイとなる電圧）を超えるだけの電荷をコンデンサ

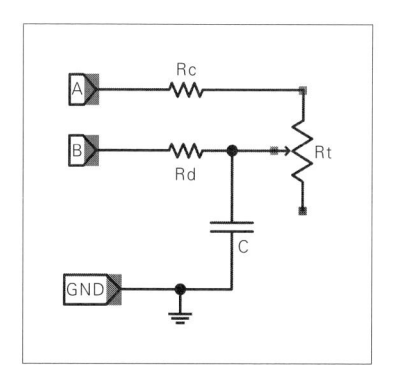

図12-2
ステップレスポンスを使った抵抗値の測定

が蓄えるまでの時間を測定することはできる。コンデンサが電荷を蓄える速度は、可変抵抗器（Rt）の値によって決まる。抵抗値が低いほど、コンデンサは電荷を速く蓄え、そして電圧も速く上昇するのだ。

正しい測定値を得るためには、測定を開始する前に毎回コンデンサを空にしておかなく

てはならない。図12-2では、端子AがRcとRtを介してコンデンサを充電するために使われ、端子BがRdを介してコンデンサを放電する（空にする）ために使われている。抵抗RcとRdは、コンデンサが充放電する際に過大な電流が流れないようにするためのものだ。

測定値を得るためのステップは、まずRdを通してコンデンサを放電し、そして次にRcとRtを通して充電するという手順になる。

放電の際、端子A（GPIO 18）は入力に設定され、実質的にRcとRtは回路から切り離される。次に端子B（GPIO 23）はローを出力するように設定される。この状態は5ミリ秒間保たれて、コンデンサは空になる。

これでコンデンサが空になったので、充電を始められる。端子Bを入力に設定し（実質的に回路から切り離される）、端子Aから3.3Vを出力するように設定する。コンデンサCは、RcとRtを通して充電され始める。そして、（関数charge_timeの中の）whileループでは、端子Bがローからハイ（約1.65V）へ変化するまで、単純になるべく早くカウントアップしている。

端子Bがハイに変化した時点で、カウントはストップしてカウント値が返される。

図12-3に、入力電圧がハイとローとの間で切り替わるにつれて、この種の回路コンデンサの電圧がどう変化するかを示した。

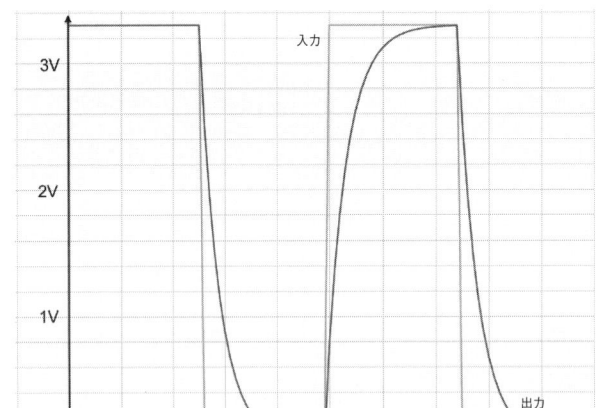

図12-3
コンデンサの充電と放電

コンデンサの電圧は、最初は急激に上昇するが、コンデンサが満杯に近くなるにつれてゆっくり上昇するようになることがわかるだろう。幸い、ここで興味があるのはコンデンサの電圧が約1.65Vになるまでの直線に近い領域だ。このポイントまでコンデンサの電圧が上昇するまでにかかる時間は、ほぼRtの抵抗値、つまりノブの角度に比例することになる。

この手法は、それほど正確とは言えないが、非常にローコストで使いやすい。

● 参考

ステップレスポンスを使った測定は、光センサー（レシピ12.2）やガスセンサー（レシピ12.3）など、あらゆる種類の抵抗性センサーに適している。

半固定抵抗の角度をもっと正確に測定する方法については、レシピ12.4を参照してほしい。ここでは、半固定抵抗をADCに接続している。

レシピ12.2： 光を測定する

Raspberry Piと光抵抗センサーを使って、光の強さを測定したい。

◉ 解決
基本的にはレシピ12.1と同じレシピとコードを使って、半固定抵抗を光センサーに置き換える。

このレシピの製作には、次のものが必要だ。[*2]

・ブレッドボードとジャンパ線（348ページの「プロトタイピング用機材」を参照）
・光抵抗センサー（348ページの「抵抗とコンデンサ」を参照）
・1kΩの抵抗を2本（348ページの「抵抗とコンデンサ」を参照）
・0.22μFのコンデンサ（348ページの「抵抗とコンデンサ」を参照）

図12-4に、ブレッドボード上の実体配線図を示す。

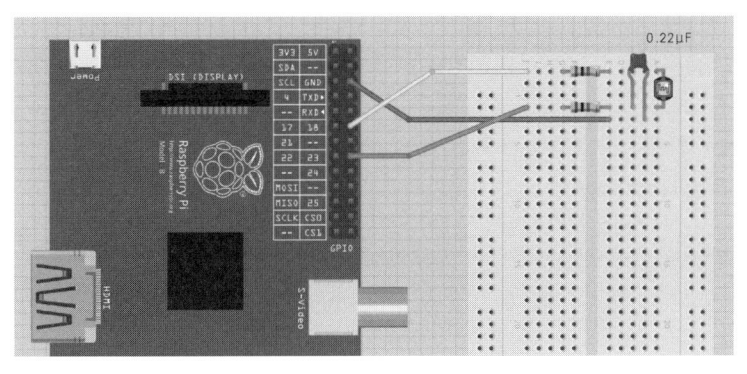

図12-4
Raspberry Piで光を測定する

レシピ12.1と同じプログラム（pot_step.py）を使えば、光センサーに手をかざして光をさえぎると出力が変化することがわかるだろう。

◉ 解説
光抵抗センサーは、透明な窓を通して入ってくる光の強さに応じて抵抗値が変化する抵

---
*2 訳注：いずれも秋月電子などから購入できる。光抵抗センサーは http://akizukidenshi.com/catalog/g/gI-05858/、1kΩの1/4W抵抗は http://akizukidenshi.com/catalog/g/gR-25102/（100本入り）、0.22μFのコンデンサは http://akizukidenshi.com/catalog/g/gP-03096/（10個入り）。
ブレッドボードとジャンパ線については、レシピ8.10を参照してほしい。

抗器だ。光が強いほど、抵抗値は低くなる。ここで使ったセンサーは、強い光の中では約1kΩ、真っ暗闇の中では100kΩ以上まで抵抗値が変化する。

このセンサーでは、おおよその光の強さしかわからない。

◯参考

光抵抗センサーにADCを使うこともできる（レシピ12.4）。

レシピ12.3：メタンを検出する

メタンセンサーを使って、ガスのレベルを測定したい。

◯解決

低コストの抵抗性ガスセンサーをRaspberry Piに接続して、メタンなどのガスを簡単に検出できる。ここでも、レシピ12.1で説明した**ステップレスポンス**手法を使う。

このレシピの製作には、次のものが必要だ。[*3]

- ブレッドボードとジャンパ線（348ページの「プロトタイピング用機材」を参照）
- メタンセンサー（350ページの「モジュール」を参照）
- 1kΩの抵抗を2本（348ページの「抵抗とコンデンサ」を参照）
- 0.22μFのコンデンサ（348ページの「抵抗とコンデンサ」を参照）

このセンサーには加熱エレメントが入っているため、約150mAの電流が流せる5V電源を必要とする。電源に150mAの余裕があれば、Raspberry Piから供給してもよい。

センサーモジュールの足はかなり太いため、ブレッドボードにはそのままでは刺さらない。これを回避する方法の1つとして、足に短いリード線をハンダ付けすることが考えられる。もう1つの方法は、SparkFunのガスセンサー変換ボード（図12-5、https://www.sparkfun.com/products/8891）を使うことだ。

SparkFunの変換ボードを使う場合には図12-6のように、またガスセンサーにリード線をハンダ付けする場合は図12-7のようにブレッドボードを配線する。

図12-5
ガスセンサーにリード線をハンダ付けする

[*3] 訳注：メタンガスセンサーと変換ボード（下記参照）のセットがスイッチサイエンスで販売されている（http://www.switch-science.com/catalog/362/）ので、これを使うのが便利だろう。
その他の部品は、秋月電子などから購入できる。1kΩの1/4W抵抗はhttp://akizukidenshi.com/catalog/g/gR-25102/（100本入り）、0.22μFのコンデンサはhttp://akizukidenshi.com/catalog/g/gP-03096/（10個入り）。
ブレッドボードとジャンパ線については、レシピ8.10を参照してほしい。

図12-7に示した接続は、センサーそのものではなく変換ボードのシンボルを使っていることに注意してほしい。変換ボードのピンは4本だが、センサーには6本のピンがある。

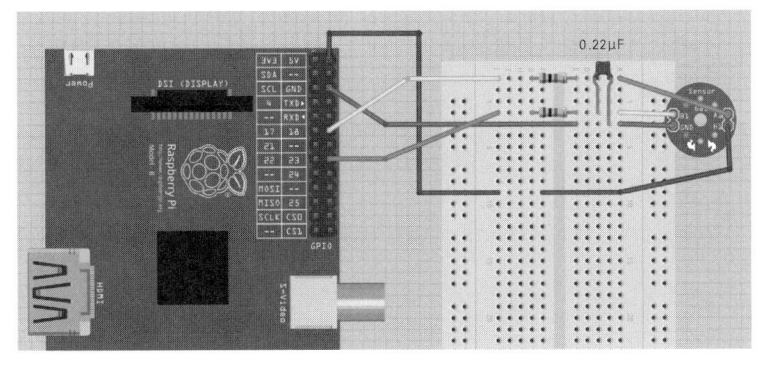

図12-6
Raspberry Piにメタンガスセンサーを接続する（変換ボードを介する）

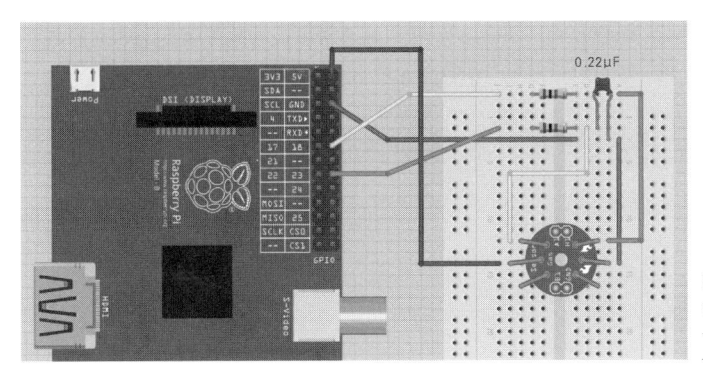

図12-7
Raspberry Piにメタンガスセンサーを接続する（直接）

プログラムは、レシピ12.1とまったく同じものが使える。メタンセンサーに息を吹きかけてテストしてみよう。息を吹きかけたときに、センサーの測定値が低下するはずだ。

❯ 解説

メタンガスセンサーのわかりやすい使い道としてすぐ思いつくのは、**おなら検出**プロジェクトだ。もっとまじめな使い道としては、ガス漏れの検出に使えるだろう。たとえば、さまざまなセンサーで自宅を見張るRaspberry Pi住宅監視プロジェクトを想像してみてほしい。休暇中でも、家が爆発しそうになったら（あるいは、そうではなくても）電子メールを送って教えてくれるかもしれない。

この種のセンサー（図12-8）は、特定のガスに感度を持つ触媒を浸み込ませた抵抗性の表面を、加熱エレメントを使って温めている。ガスを感知すると、触媒層の抵抗値が変化する。

ヒーターとセンサーの表面は、両方とも電気的には単なる抵抗器だ。したがって、どちらも接続する向きは気にしなくてよい。

ここで使ったガスセンサーはメタンに最も敏感だが、他のガスも感度は低いが検出する。センサーに息を吹きかけたときに測定値が変化したのは、このためだ（健康な人の息には、

通常メタンは含まれていない)。息を吹きかけたことによる温度の変化も影響しているかもしれない。

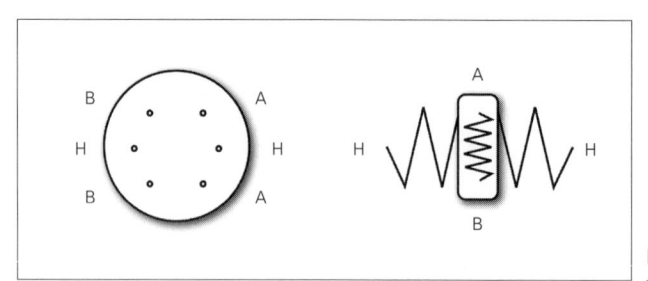

図12-8 メタンガスセンサー

◉参考

このセンサーのデータシートは、SparkFunのウェブサイト (https://www.sparkfun.com/datasheets/Sensors/Biometric/MQ-4.pdf) にある。ここにはさまざまなガスへの感度など、このセンサーについて役立つ情報が掲載されている。

このシリーズの低コストのセンサーには、他にもさまざまなガスを検出できるものがある。SparkFunから供給されるセンサーについて、同様にSparkFunのウェブサイト (https://www.sparkfun.com/categories/146) を参照してほしい。

レシピ12.4：電圧を測定する

アナログ電圧を測定したい。

◉解決

Raspberry PiのGPIOコネクタには、デジタル入力しかない。電圧を測定したい場合、別にアナログ・デジタル変換器(ADC)を用意する必要がある。

ここでは、MCP3008という8チャネルのADCチップを使う。このチップには8個のアナログ入力があるので、これらに1つずつ8個のセンサーを接続し、SPIインタフェースを使ってこのチップをRaspberry Piへ橋渡しして、センサーの値を読み取ることができる。

このレシピの製作には、次のものが必要だ。[*4]

- ブレッドボードとジャンパ線(348ページの「プロトタイピング用機材」を参照)
- 8チャネルADCチップMCP3008(349ページの「IC」を参照)
- 10kΩの半固定抵抗(348ページの「抵抗とコンデンサ」を参照)

[*4] 訳注：MCP3008はスイッチサイエンス (http://www.switch-science.com/catalog/1514/) など、10kΩの半固定抵抗は秋月電子 (http://akizukidenshi.com/catalog/g/gP-06110/) などから購入できる。
ブレッドボードとジャンパ線については、レシピ8.10を参照してほしい。

図12-9に、このチップを使ったブレッドボード上の実体配線図を示す。チップは正しい向きに差し込むよう注意してほしい。パッケージにへこみのあるほうが、ブレッドボードの上側に来るようにする。

半固定抵抗は、一端を3.3Vに、他端をGNDに接続して、中央の端子が0～3.3Vの任意の電圧に設定できるようにしておく。

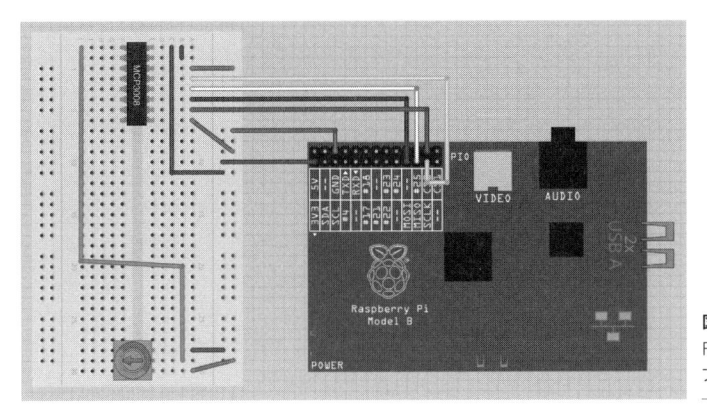

図12-9
Raspberry PiとADCチップMCP3008の接続

次のプログラムを動かす前に、SPIが有効になっていて、SPI用のPythonライブラリがインストールされていることを確かめてほしい（レシピ8.6）。

エディタ（nanoまたはIDLE）を開き、次のコードを貼り付ける。この本の他のプログラム例と同様に、このプログラムもhttp://www.raspberrypicookbook.comのコードセクションからadc_test.pyという名前でダウンロードできる。

```
import spidev, time

spi = spidev.SpiDev()
spi.open(0, 0)

def analog_read(channel):
    r = spi.xfer2([1, (8 + channel) << 4, 0])
    adc_out = ((r[1]&3) << 8) + r[2]
    return adc_out

while True:
    reading = analog_read(0)
    voltage = reading * 3.3 / 1024
    print("Reading=%d\tVoltage=%f" % (reading, voltage))
    time.sleep(1)
```

このプログラムの重要な部分は、analog_read関数の中にある。この関数は0から7までの引数を取り、これによってチップの左側にある8個のアナログ入力のどれを読み出すかを指定する。

ビット操作によって適切なチャネルへの要求コマンドを設定し、MCP3008へ送信すると、

指定されたチャネルの電圧に対応する値が読み出される。

```
$ sudo python adc_test.py
Reading=0        Voltage=0.000000
Reading=126      Voltage=0.406055
Reading=221      Voltage=0.712207
Reading=305      Voltage=0.982910
Reading=431      Voltage=1.388965
Reading=527      Voltage=1.698340
Reading=724      Voltage=2.333203
Reading=927      Voltage=2.987402
Reading=10       Voltage=3.296777
Reading=1020     Voltage=3.287109
Reading=1022     Voltage=3.293555
```

▶解説

MCP3008には10ビットのADCが内蔵されているので、ここから読み出した値は0から1023までの間の数値となる。このテストプログラムでは、得られた値に電圧範囲（3.3V）を掛け、それを1,024で割ることによって電圧に変換している。

これ以降に説明するMCP3008を使うレシピは、好きなように組み合わせて8個までのセンサーから測定値を読み出すことができる。

抵抗性センサーをMCP3008で使うには、固定抵抗と組み合わせて分圧器を構成すればよい（レシピ12.6と図12-11を参照）。

▶参考

ノブの回転だけを検出したい場合には、半固定抵抗ではなくロータリーエンコーダーを使うこともできる（レシピ11.7）。

ステップレスポンス手法を使って、ADCを使わずに半固定抵抗の回転角度を検出することもできる。

MCP3008のデータシートは、http://ww1.microchip.com/downloads/en/DeviceDoc/21295d.pdfにある。

レシピ12.5：電圧を測定できるように分圧する

電圧を測定したいが、その電圧はMCP3008で測定（レシピ12.4）できる3.3Vよりも高い。

▶解決

抵抗を2本使って分圧器を構成し、電圧を適切な値にする。
このレシピの製作には、次のものが必要だ。[5]

・ブレッドボードとジャンパ線（348ページの「プロトタイピング用機材」を参照）

- 8チャンネルADCチップ MCP3008（349ページの「IC」を参照）
- 10kΩの抵抗（349ページの「抵抗とコンデンサ」を参照）
- 3.3kΩの抵抗（349ページの「抵抗とコンデンサ」を参照）
- 9Vの電池と電池スナップ

図12-10に、ブレッドボードを使ったこの回路の実体配線図を示す。この例では、電池の電圧を測定している。

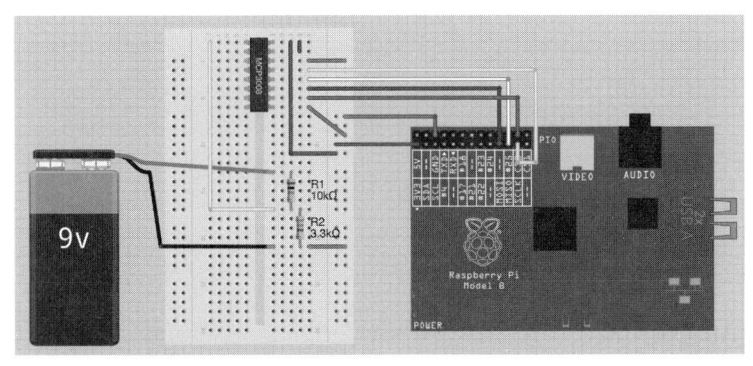

図12-10
アナログ入力の電圧を分圧する

> ⚠️ このレシピを使って、高電圧（交流電源など）や、どんな種類のものでも交流の電圧を測定してはいけない。これは低電圧の直流にだけ使える方法だ。

エディタ（nanoまたはIDLE）を開き、次のコードを貼り付ける。この本の他のプログラム例と同様に、このプログラムもhttp://www.raspberrypicookbook.comのコードセクションからadc_scaled.pyという名前でダウンロードできる。

```
import spidev

R1 = 10000.0
R2 = 3300.0

spi = spidev.SpiDev()
spi.open(0,0)

def analog_read(channel):
    r = spi.xfer2([1, (8 + channel) << 4, 0])
    adc_out = ((r[1]&3) << 8) + r[2]
    return adc_out
```

---

*5 訳注：MCP3008はスイッチサイエンス（http://www.switch-science.com/catalog/1514/）などから購入できる。その他の部品は秋月電子などから購入できる。10kΩ：http://akizukidenshi.com/catalog/g/gR-25103/（100本入り）、3.3kΩ：http://akizukidenshi.com/catalog/g/gR-25332/（100本入り）、電池スナップ：http://akizukidenshi.com/catalog/g/gP-00207/。
ブレッドボードとジャンパ線については、レシピ8.10を参照してほしい。

```
reading = analog_read(0)
voltage_adc = reading * 3.3 / 1024
voltage_actual = voltage_adc / (R2 / (R1 + R2))
print("Battery Voltage=" + str(voltage_actual))
```

このプログラムは、レシピ12.4のものと非常によく似ている。主な違いは、2つの抵抗の値の比によってスケーリングが行われる点にある。これら2つの抵抗の値は、変数R1とR2に入っている。

このプログラムを実行すると、次のように電池の電圧が表示される。

```
$ sudo python adc_scaled.py
Battery Voltage=8.62421875
```

> ⚠ 9V以上の電圧を接続するなら、次の解説をよく読んでからにしてほしい。さもないと、MCP3008を壊してしまうかもしれない。

▶解説

この回路は、**分圧器**と呼ばれる（図12-11）。入力電圧と、2つの抵抗の値が与えられたとき、出力電圧を計算するための式は次のようになる。

Vout = Vin * R2 / (R1 + R2)

つまり、R1とR2が同じ抵抗値（たとえば両方とも1kΩ）だった場合、*Vout*は*Vin*の半分になる。

R1とR2を選ぶ際には、R1とR2を通って流れる電流も考慮する必要がある。これは、Vin／(R1+R2)として計算できる。先ほどの例では、R1は10kΩでR2は3.3kΩだった。つまり、流れる電流は9V / 13.3kΩ = 0.68mAとなる。これは電流としては小さい値だが、電池を消耗させることには変わりないので、つないだまま放置しておいてはいけない。

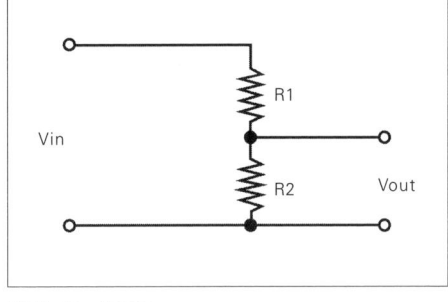

図12-11 分圧器

▶参考

計算が面倒だという人は、オンライン抵抗計算機（http://www.electronics2000.co.uk/calc/potential-divider-calculator.php）を使うのもよいだろう。

分圧器は、抵抗センサーをADCに接続する際、抵抗値を電圧へ変換するためにも使われる（レシピ12.6）。

レシピ12.6： 抵抗性センサーとADCを使う

▶解説
抵抗性センサーを、ADCチップMCP3008と使いたい。

▶解決
　固定抵抗と抵抗性センサーとで分圧器を構成し、センサーの抵抗値を電圧に変換してADCで測定する。

　例として、レシピ12.2の光センサーを、ステップレスポンステクニックの代わりにMCP3008を使ってもう一度作ってみよう。

　このレシピの製作には、次のものが必要だ。[*6]

- ブレッドボードとジャンパ線（348ページの「プロトタイピング用機材」を参照）
- 8チャンネルADCチップMCP3008（349ページの「IC」を参照）
- 10kΩの抵抗（348ページの「抵抗とコンデンサ」を参照）
- 光抵抗センサー（348ページの「抵抗とコンデンサ」を参照）

　図12-12に、ブレッドボードを使ったこの回路の実体配線図を示す。

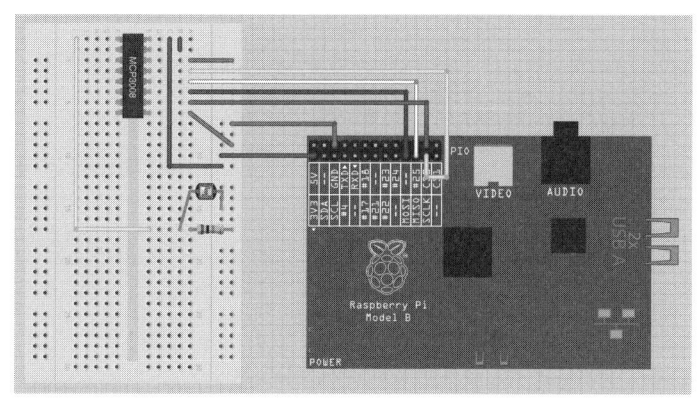

図12-12
光抵抗センサーをADCと使う

　ここでは、レシピ12.4とまったく同じプログラム（`adc_test.py`）が使える。光センサーに手をかざして光をさえぎると出力が変化することがわかるだろう。なお、Raspberry PiでSPIを使えるように設定する必要もあるので、まだ設定していない場合にはレシピ8.6にしたがってほしい。

[*6] 訳注：MCP3008はスイッチサイエンス（http://www.switch-science.com/catalog/1514/）などから購入できる。その他の部品は秋月電子などから購入できる。10kΩの1/4W抵抗はhttp://akizukidenshi.com/catalog/g/gR-25103/、光抵抗センサーはhttp://akizukidenshi.com/catalog/g/gI-05858/
ブレッドボードとジャンパ線については、レシピ8.10を参照してほしい。

```
$ sudo python adc_test.py
Reading=341 Voltage=1.098926
Reading=342 Voltage=1.102148
Reading=227 Voltage=0.731543
Reading=81 Voltage=0.261035
Reading=86 Voltage=0.277148
```

実際の測定値は違うかもしれないが、ここで重要なのは、光の強さが変化すると数値も変化するということだ。

▶解説

固定抵抗の値はそれほど重要ではない。高すぎたり低すぎたりしても、値の変化する範囲が狭くなるだけだ。センサーの抵抗値の最大値と最小値の間にある抵抗を選べばよいだろう。興味のあるセンサーに適切な抵抗値を決めるには、測定値の範囲を取得して何度か実験する必要があるかもしれない。よくわからないときには、10kΩから始めてみよう。

この光抵抗センサーは、他の抵抗性センサーと置き換えることができる。たとえば、レシピ12.3のガスセンサーも使えるはずだ。

▶参考

ADCの助けを借りずに光の強さを測定するには、レシピ12.2を参照してほしい。同時にADCの複数のチャネルを使う例としては、レシピ12.8を参照のこと。

レシピ12.7：ADCを使って温度を測定する

▶解説

TMP36とアナログ・デジタル変換器を使って、温度を測定したい。

▶解決

ADCチップ MCP3008を使う。

しかし、アナログチャネルを複数使う必要がない場合、DS18B20デジタル温度センサーを使うことを検討したほうがよいだろう。こちらのほうが正確で、ADCチップを別に用意する必要もないからだ（レシピ12.9）。

このレシピの製作には、次のものが必要だ。[*7]

・ブレッドボードとジャンパ線（348ページの「プロトタイピング用機材」を参照）

[*7] 訳注：MCP3008はスイッチサイエンス（http://www.switch-science.com/catalog/1514/）などから購入できる。TMP36はちょっと入手が難しいようなので、ほぼ同じ仕様のMCP9700を使うのがよいだろう。こちらは秋月電子（http://akizukidenshi.com/catalog/g/gI-03286/、8個入り）などで購入できる。
ブレッドボードとジャンパ線については、レシピ8.10を参照してほしい。

- 8チャネルADCチップMCP3008（349ページの「IC」を参照）
- 温度センサーTMP36（349ページの「IC」を参照）

図12-13に、ブレッドボードを使ったこの回路の実体配線図を示す。

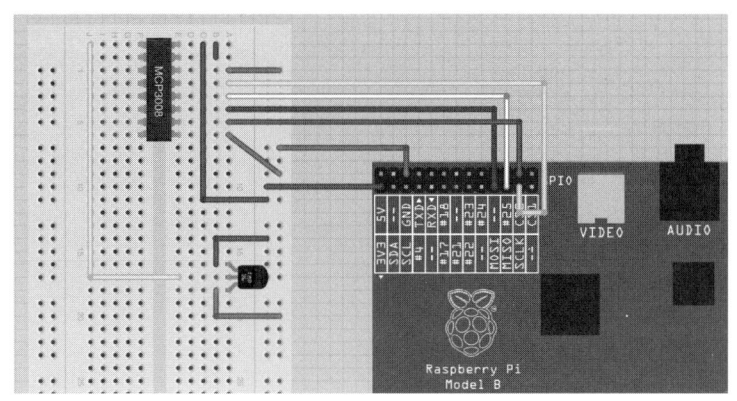

図12-13
TMP36とADCを使う

TMP36の向きに注意してほしい。TMP36のパッケージは、片面が平らで反対側がカーブした形をしている。

Raspberry PiでSPIを使えるように設定する必要もあるので、まだ設定していない場合にはレシピ8.6にしたがってほしい。

エディタ（nanoまたはIDLE）を開き、次のコードを貼り付ける。この本の他のプログラム例と同様に、このプログラムもhttp://www.raspberrypicookbook.comのコードセクションからadc_tmp36.pyという名前でダウンロードできる。

```python
import spidev, time

spi = spidev.SpiDev()
spi.open(0,0)

def analog_read(channel):
    r = spi.xfer2([1, (8 + channel) << 4, 0])
    adc_out = ((r[1]&3) << 8) + r[2]
    return adc_out

while True:
    reading = analog_read(0)
    voltage = reading * 3.3 / 1024
    temp_c = voltage * 100 - 50
    temp_f = temp_c * 9.0 / 5.0 + 32
    print("Temp C=%f\t\tTemp f=%f" % (temp_c, temp_f))
    time.sleep(1)
```

このプログラムは、レシピ12.4のプログラムに基づいたものだ。多少の計算を付け加

えることによって、温度を摂氏と華氏の両方で表示している。

```
$ sudo python adc_tmp36.py
Temp C=19.287109 Temp f=66.716797
Temp C=18.642578 Temp f=65.556641
Temp C=18.964844 Temp f=66.136719
Temp C=20.253906 Temp f=68.457031
Temp C=20.898438 Temp f=69.617188
Temp C=20.576172 Temp f=69.037109
Temp C=21.865234 Temp f=71.357422
Temp C=23.154297 Temp f=73.677734
Temp C=23.476562 Temp f=74.257812
Temp C=23.476562 Temp f=74.257812
Temp C=24.121094 Temp f=75.417969
Temp C=24.443359 Temp f=75.998047
Temp C=25.087891 Temp f=77.158203
```

● 解説

TMP36は、温度と比例した電圧を出力する。TMP36のデータシートによれば、温度Cは電圧（ボルト単位）に100を掛け算し、50を引くことによって得られる。

TMP36は、おおよその温度を知るにはよいが、精度はたった2％しかない。長いリード線を接続した場合、精度はさらに悪化する。ある程度ならばデバイスを個別に調整し、精度を上げることもできるが、より高い精度が必要ならDS18B20（レシピ12.9）を使ったほうがよい。これは、-10～+85度までの温度範囲で0.5％の精度となっている。またデジタルデバイスなので、長いリード線を接続しても精度が悪くなることはない。

● 参考

TMP36のデータシートは、http://dlnmh9ip6v2uc.cloudfront.net/datasheets/Sensors/Temp/TMP35_36_37.pdfにある。[*8]

レシピ12.8：加速度を測定する

● 解説

Raspberry Piに3軸加速度センサーを接続したい。

● 解決

アナログ加速度センサーとADCチップMCP3008を使い、X、YおよびZ軸のアナログ出力を測定する。

[*8] 訳注：製造元で発行しているデータシートがあるので、こちらを参照したほうがよいだろう。日本語のデータシートもあるが、リビジョンが最新ではないようなので注意してほしい。
http://www.analog.com/jp/mems-sensors/digital-temperature-sensors/tmp36/products/product.html

このレシピの製作には、次のものが必要だ。[*9]

- ブレッドボードとジャンパ線（348ページの「プロトタイピング用機材」を参照）
- 8チャンネルADCチップ MCP3008（349ページの「IC」を参照）
- 3軸加速度センサーADXL335モジュール（350ページの「モジュール」を参照）

図12-14に、ブレッドボードを使ったこの回路の実体配線図を示す。

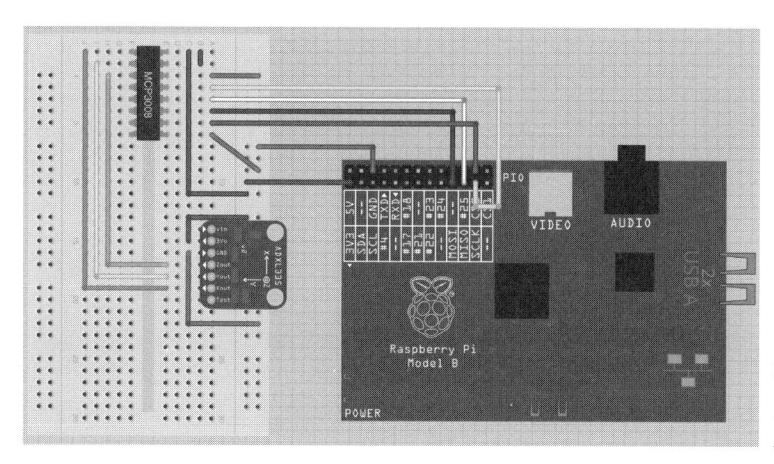

図12-14
3軸加速度センサーを使う

Raspberry PiでSPIを使えるように設定する必要もあるので、まだ設定していない場合にはレシピ8.6にしたがってほしい。

エディタ（nanoまたはIDLE）を開き、次のコードを貼り付ける。この本の他のプログラム例と同様に、このプログラムもhttp://www.raspberrypicookbook.comのコードセクションからadc_accelerometer.pyという名前でダウンロードできる。

```python
import spidev, time

spi = spidev.SpiDev()
spi.open(0,0)

def analog_read(channel):
    r = spi.xfer2([1, (8 + channel) << 4, 0])
    adc_out = ((r[1]&3) << 8) + r[2]
    return adc_out

while True:
    x = analog_read(0)
```

[*9] 訳注：MCP3008はスイッチサイエンス（http://www.switch-science.com/catalog/1514/）などから購入できる。3軸加速度センサー ADXL335モジュールは、秋月電子（http://akizukidenshi.com/catalog/g/gK-07234/）やスイッチサイエンス（http://www.switch-science.com/catalog/216/）などから購入できる。
ブレッドボードとジャンパ線については、レシピ8.10を参照してほしい。

```
    y = analog_read(1)
    z = analog_read(2)
    print("X=%d\tY=%d\tZ=%d" % (x, y, z))
    time.sleep(1)
```

このプログラムは、単純に3軸方向にかかる力を読み出して、プリントアウトする。

```
$ sudo python adc_accelerometer.py
X=508 Y=503 Z=626
X=508 Y=504 Z=624
X=506 Y=505 Z=627
X=423 Y=517 Z=579
X=411 Y=513 Z=548
X=532 Y=510 Z=623
X=609 Y=518 Z=495
X=607 Y=521 Z=496
X=610 Y=513 Z=499
```

最初の3つの数値は、加速度センサーが水平の場合の値だ。次の3つは、ブレッドボード全体を一定の方向へ傾けて測定したものだ。Xの数値が減少していることがわかるだろう。反対側に傾けると、Xの数値は増加する。

▶ 解説

加速度センサーは、傾きを検知するために最もよく使われる。それは、Z軸にかかる力が主に重力によるものだからだ（図12-15）。

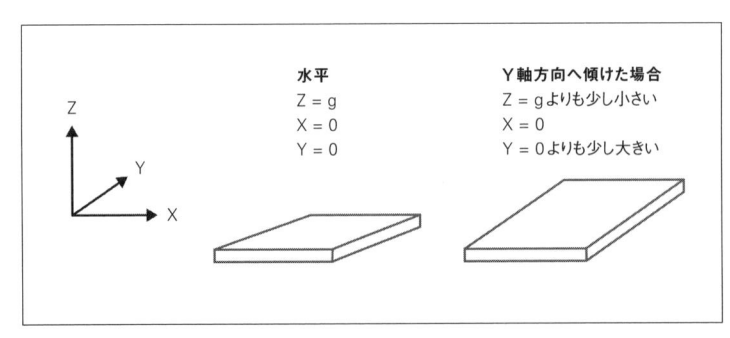

図12-15
加速度センサーで傾きを検出する

加速度センサーをある方向に傾けると、垂直にかかる重力が、加速度センサーのZ軸以外の軸にも影響する。

この原理を使って、傾きが一定のしきい値を超えたことを検出できる。次のプログラム（tilt.py）は、このポイントを説明するためのものだ。

```
import spidev, time
spi = spidev.SpiDev()
spi.open(0,0)
```

```python
def analog_read(channel):
    r = spi.xfer2([1, (8 + channel) << 4, 0])
    adc_out = ((r[1]&3) << 8) + r[2]
    return adc_out

while True:
    x = analog_read(0)
    y = analog_read(1)
    z = analog_read(2)
    if x < 450:
        print("Left")
    elif x > 550:
        print("Right")
    elif y < 450:
        print("Back")
    elif y > 550:
        print("Forward")
    time.sleep(0.2)
```

このプログラムを実行すると、傾いている方向を示すメッセージが出力されるようになる。これを使ってローバーロボットを制御したり、ウェブカムにモーターを取り付けてパンやチルトさせたりできるだろう。

```
$ sudo python tilt.py
Left
Left
Right
Forward
Forward
Back
Back
```

◉ 参考

このモジュールに使われている加速度センサーのデータシートはhttp://www.analog.com/jp/mems-sensors/mems-inertial-sensors/adxl335/products/product.html にある。

これ以外にも、入手可能な加速度センサーモジュールはたくさんある。[*10] 加速度センサーによって、測定結果が異なる可能性もある。なお、アナログ出力が3.3Vを超えないことを確認してから使うようにしてほしい。

---

*10 訳注：ADXL335よりも安い値段でデジタル（I2CまたはSPI）インタフェースの3軸加速度センサーモジュール（秋月電子の http://akizukidenshi.com/catalog/g/gM-06724/ など）が入手できるので、実用的にはこれを使ったほうがよいかもしれない（MCP3008が必要なくなる）。もちろん、プログラムは書き換える必要がある。

レシピ12.9：デジタルセンサーを使って温度を測定する

◯解説
精度の高いデジタルセンサーを使って温度を測定したい。

◯解決
デジタル温度センサー DS18B20 を使う。このデバイスは、レシピ12.7で使ったTMP36よりも精度が高く、また1ワイヤインタフェースを利用するのでADCチップが必要ない。

1ワイヤといっても、これはデータピンの本数を示すものだ。このデバイスとの接続には、少なくとも、もう1本のワイヤが必要だ。

このレシピの製作には、次のものが必要だ。[*11]

- ブレッドボードとジャンパ線（348ページの「プロトタイピング用機材」を参照）
- 温度センサー DS18B20（349ページの「IC」を参照）
- 4.7kΩの抵抗（348ページの「抵抗とコンデンサ」を参照）

図12-16の実体配線図に示すように、ブレッドボード上で部品を配置する。DS18B20の向きに注意してほしい。

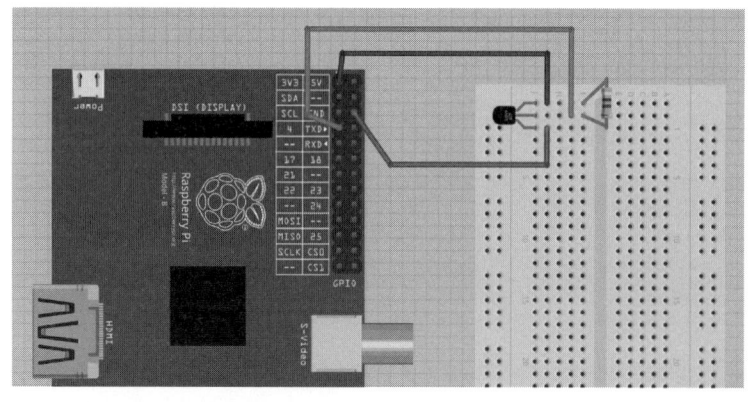

図12-16
DS18B20をRaspberry Piに接続する

OccidentalisとRaspbianの最新バージョンは、いずれもDS18B20で使用する1ワイヤインタフェースが有効となっている。これから紹介するプログラムがうまく動作しない場合、

[*11] 訳注：いずれも秋月電子（DS18B20：http://akizukidenshi.com/catalog/g/gI-05276/、4.7kΩ抵抗 100本入り：http://akizukidenshi.com/catalog/g/gR-25472/）などで購入できる。
ブレッドボードとジャンパ線については、レシピ8.10を参照してほしい。

```
$ sudo apt-get upgrade
```

としてみてほしい。

　エディタ（nanoまたはIDLE）を開き、次のコードを貼り付ける。この本の他のプログラム例と同様に、このプログラムもhttp://www.raspberrypicookbook.comのコードセクションからtemp_DS18B20.pyという名前でダウンロードできる。

```python
import os, glob, time

os.system('modprobe w1-gpio')
os.system('modprobe w1-therm')

base_dir = '/sys/bus/w1/devices/'
device_folder = glob.glob(base_dir + '28*')[0]
device_file = device_folder + '/w1_slave'

def read_temp_raw():
    f = open(device_file, 'r')
    lines = f.readlines()
    f.close()
    return lines

def read_temp():
    lines = read_temp_raw()
    while lines[0].strip()[-3:] != 'YES':
        time.sleep(0.2)
        lines = read_temp_raw()
    equals_pos = lines[1].find('t=')
    if equals_pos != -1:
        temp_string = lines[1][equals_pos+2:]
        temp_c = float(temp_string) / 1000.0
        temp_f = temp_c * 9.0 / 5.0 + 32.0
        return temp_c, temp_f

while True:
    print("temp C=%f\ttemp F=%f" % read_temp())
    time.sleep(1)
```

このプログラムを実行すると、1秒に1回、温度が摂氏と華氏の両方で報告される。

```
$ sudo python temp_DS18B20.py
temp C=25.187000 temp F=77.336600
temp C=25.125000 temp F=77.225000
temp C=25.062000 temp F=77.111600
temp C=26.312000 temp F=79.361600
temp C=27.875000 temp F=82.175000
temp C=28.875000 temp F=83.975000
```

◉ 解説

最初にこのプログラムを見たとき、ちょっと変なことに気づいただろうか。DS18B20へのインタフェースは、ファイルシステムと同じようなものが使われている。このデバイスへのファイルインタフェースは、常に/sys/bus/w1/devices/フォルダに存在し、その中のサブディレクトリの名前は28で始まるが、その後はセンサーごとに異なっている。

このコードは、1つのセンサーしか存在しないと仮定して、まず28で始まる最初のサブディレクトリを見つける。サブディレクトリの中にはw1_slaveという名前のファイルがあるので、そのファイルを開く。ファイルを開いて読めば温度がわかる。

このセンサーは、実際には次のようなテキスト列を返す。

```
81 01 4b 46 7f ff 0f 10 71 : crc=71 YES
81 01 4b 46 7f ff 0f 10 71 t=24062
```

残りのコードは、このメッセージから温度の部分を抜き出すためのものだ。温度はt=の後に、摂氏1/1000度を単位として報告される。

read_temp関数は、華氏での温度を計算して、両方の単位で温度を返す。

DS18B20は、基本的なチップのバージョンの他に、堅牢で防水のプローブに封入されたバージョンも購入できる。

◉ 参考

測定値のロギングについては、レシピ12.12を参照してほしい。

このレシピは、Adafruitのチュートリアル（https://learn.adafruit.com/adafruits-raspberry-pi-lesson-11-ds18b20-temperature-sensing/）を元にしたものだ。

少し精度の低いTMP36アナログセンサーを使って温度を測定する方法については、レシピ12.7を参照のこと。

DS18B20のデータシートは、http://datasheets.maximintegrated.com/en/ds/DS18B20.pdfにある。

レシピ12.10：距離を測定する

◉ 解説

超音波測距センサーを使って、距離を測定したい。

◉ 解決

低コストの測距センサー SR-04 を使う。このデバイスには2本のGPIOピンが必要で、片方は超音波のパルスを発生させるために、もう片方はそのエコーが返ってくるまでの時間を測定するために使う。

このレシピの製作には、次のものが必要だ。[*12]

- ブレッドボードとジャンパ線（348ページの「プロトタイピング用機材」を参照）
- 測距センサー SR-04（eBay）
- 470Ωの抵抗（348ページの「抵抗とコンデンサ」を参照）
- 270Ωの抵抗（348ページの「抵抗とコンデンサ」を参照）

図12-17の実体配線図に示すように、ブレッドボード上で部品を配置する。2本の抵抗は、測距センサーのecho出力を5Vから3.3Vへ変換するために必要だ（レシピ8.12を参照）。

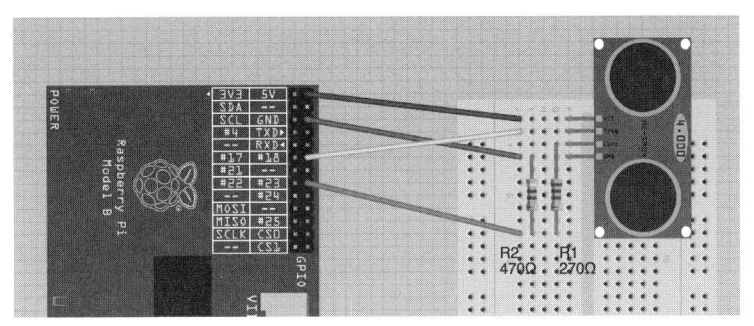

図12-17
測距センサー SR-04 を Raspberry Pi に接続する

エディタ（nanoまたはIDLE）を開き、次のコードを貼り付ける。この本の他のプログラム例と同様に、このプログラムもhttp://www.raspberrypicookbook.comのコードセクションからranger.pyという名前でダウンロードできる。

```python
import RPi.GPIO as GPIO
import time

trigger_pin = 18
echo_pin = 23

GPIO.setmode(GPIO.BCM)
GPIO.setup(trigger_pin, GPIO.OUT)
GPIO.setup(echo_pin, GPIO.IN)

def send_trigger_pulse():
    GPIO.output(trigger_pin, True)
    time.sleep(0.0001)
    GPIO.output(trigger_pin, False)

def wait_for_echo(value, timeout):
    count = timeout
    while GPIO.input(echo_pin) != value and count > 0:
```

---

*12 訳注：SR-04 測距センサーはアマゾン（http://www.amazon.co.jp/dp/B008YB3D6A/）やスイッチサイエンス（http://www.switch-science.com/catalog/1606/）などから購入できる。抵抗は秋月電子などから購入できる。270Ωは http://akizukidenshi.com/catalog/g/gR-25271/、470Ωは http://akizukidenshi.com/catalog/g/gR-25471/（いずれも100本入り）。
ブレッドボードとジャンパ線については、レシピ8.10を参照してほしい。

```
            count = count - 1

    def get_distance():
        send_trigger_pulse()
        wait_for_echo(True, 10000)
        start = time.time()
        wait_for_echo(False, 10000)
        finish = time.time()
        pulse_len = finish - start
        distance_cm = pulse_len / 0.000058
        distance_in = distance_cm / 2.5
        return (distance_cm, distance_in)

    while True:
        print("cm=%f\tinches=%f" % get_distance())
        time.sleep(1)
```

このプログラムの動作については、「解説」の項で説明する。プログラムは実行されている間、センチメートルとインチの両方の単位で1秒に1回距離を報告する。自分の手などの障害物を使って、測定値が変化することを確かめてほしい。

```
$ sudo python ranger.py
cm=154.741879 inches=61.896752
cm=155.670889 inches=62.268356
cm=154.865199 inches=61.946080
cm=12.948595 inches=5.179438
cm=14.087249 inches=5.634900
cm=13.741954 inches=5.496781
cm=20.775302 inches=8.310121
cm=20.224473 inches=8.089789
```

● 解説

さまざまな超音波測距センサーが入手できるが、ここでは使いやすく低コストのものを使用した。これは超音波のパルスを送出して、そのエコーを受信するまでにかかる時間を計測している。デバイスの正面にある丸い超音波トランスデューサの一方が送信、他方が受信用だ。

このプロセスは、Raspberry Piから制御されている。今回使ったようなデバイスともっと高価なデバイスとの違いは、高価なデバイスにはマイクロコントローラーが組み込まれていて、そのプロセッサがタイミングを測定してI2Cやシリアルインタフェースで最終的な測定値を報告するといった仕事を全部やってくれるということだ。

このセンサーをRaspberry Piで使う場合、測距センサーのtrig入力をGPIO出力へ、測距センサーのecho出力を、5Vから安全な3.3Vに変換してからRaspberry PiのGPIO入力へ接続する。

図12-18に、このセンサーの動作をオシロスコープで測定したものを示す。上側（赤）

はtrigを、下（黄色）はechoに対応する。はじめの部分で、trigが短いパルスでハイになっていることがわかるだろう。それから少し遅れてechoがハイになる。この信号は、センサーからの距離に比例した時間だけ、ハイの状態を保つ。

　このセンサー用のコードは、まず（send_trigger_pulse関数を使って）トリガーパルスを生成する。それからechoピンがハイになるまで待ち、echoピンがハイになっている時間を測定している。

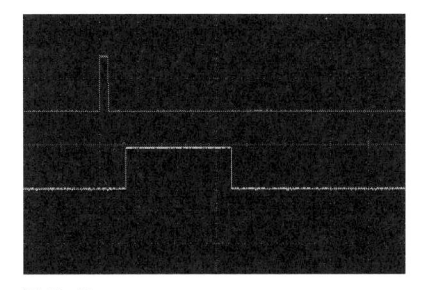

図12-18
トリガーとエコーのオシロスコープでの測定結果

　次に、エコーパルスの時間と音速から、距離を計算している。

　wait_for_echo関数は、最初の引数に応じてechoピンがハイまたはローになるまで待つ働きをする。2番目の引数は、何らかの理由でechoピンの状態が変化しなかった場合、無限ループに陥ることを防ぐためのタイムアウトに使われる。

▶参考

　この超音波測距センサーのデータシートは、http://users.ece.utexas.edu/~valvano/Datasheets/HCSR04b.pdfにある。

レシピ12.11： センサーの値を表示する

▶解説

　Raspberry Piと接続されたセンサーの数値を、画面上に大きくデジタル表示したい。

▶解決

　Tkinterライブラリを使ってウィンドウをオープンし、大きなフォントで数値を表示する（図12-19）。

　この例では、レシピ12.10の超音波測距センサーからデータを表示している。したがって、このコード例を試すにはまずレシピ12.10を完成させてほしい。

　測距センサーの値を表示するために、エディタ（nanoまたはIDLE）を開き、次のコードを貼り付ける。この本の他のプログラム例と同様に、このプログラムもhttp://www.raspberrypicookbook.comのコードセクションからgui_sensor_reading.pyという名前でダウンロードできる。超音波センサーを使って距離を測定するためのコードはレシピ12.10と同じなので、ここには値の表示に関係するコードの部分だけを示す。[13]

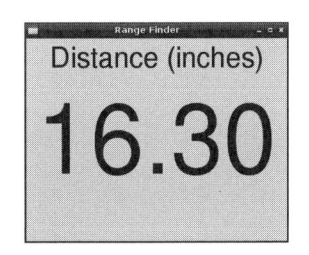

図12-19
Tkinterを使ってセンサーの値を表示する

```
class App:

    def __init__(self, master):
        self.master = master
        frame = Frame(master)
        frame.pack()
        label = Label(frame, text='Distance (inches)',
font=("Helvetica", 32))
        label.grid(row=0)
        self.reading_label = Label(frame, text='12.34',
font=("Helvetica", 110))
        self.reading_label.grid(row=1)
        self.update_reading()

    def update_reading(self):
        cm, inch = get_distance()
        reading_str = "{:.2f}".format(inch)
        self.reading_label.configure(text=reading_str)
        self.master.after(500, self.update_reading)

root = Tk()
root.wm_title('Range Finder')
app = App(root)
root.geometry("400x300+0+0")
root.mainloop()
```

> 解説

このレシピでは測距センサーを使ったが、この章で取り上げた他のセンサーでも、センサーから値を取得するメソッドとラベルを変えるだけで、同様にうまく動くはずだ。

> 参考

特定の桁数に数値をフォーマットする方法については、レシピ7.1を参照してほしい。

レシピ12.12： USBフラッシュドライブにログを書き込む

> 解説

USBフラッシュデバイスに、センサーで測定したデータのログを保存したい。

---

*13 訳注：具体的な手順は、次のとおりだ。
1. まず先ほどの`ranger.py`を`gui_sensor_reading.py`にコピーする。
2. 次に、先頭に以下の1行を付け加える。
   `from Tkinter import *`
3. また、最後の3行（`while True:` 以降）を削除する。
4. 最後に、上記のコードをファイルの末尾に貼り付ける。これで完成だ。
   あるいは、http://www.raspberrypicookbook.com から`gui_sensor_reading.py`をダウンロードしてもよい。また、当然のことだが、このコードはRaspberry Piのデスクトップ環境、あるいはVNC経由で起動する必要がある。

◉解決

USBフラッシュドライブ上のファイルへデータを書き込むPythonプログラムを書く。CSVフォーマットでファイルを書き込めば、Raspberry Pi上のGnumeric（レシピ4.2）などのスプレッドシートへ直接インポートできるようになる。

ここで紹介するプログラム例は、DS18B20から記録された温度の測定値を書き込むものだ。したがって、このコード例を試してみたければ、まずレシピ12.9を完成させてほしい。

エディタ（nanoまたはIDLE）を開き、次のコードを貼り付ける。この本の他のプログラム例と同様に、このプログラムもhttp://www.raspberrypicookbook.comのコードセクションからtemp_log.pyという名前でダウンロードできる。

```python
import os, glob, time, datetime

log_period = 10 # seconds

logging_folder = glob.glob('/media/*')[0]
dt = datetime.datetime.now()
file_name = "temp_log_{:%Y_%m_%d}.csv".format(dt)
logging_file = logging_folder + '/' + file_name

os.system('modprobe w1-gpio')
os.system('modprobe w1-therm')

base_dir = '/sys/bus/w1/devices/'
device_folder = glob.glob(base_dir + '28*')[0]
device_file = device_folder + '/w1_slave'

def read_temp_raw():
    f = open(device_file, 'r')
    lines = f.readlines()
    f.close()
    return lines

def read_temp():
    lines = read_temp_raw()
    while lines[0].strip()[-3:] != 'YES':
        time.sleep(0.2)
        lines = read_temp_raw()
    equals_pos = lines[1].find('t=')
    if equals_pos != -1:
        temp_string = lines[1][equals_pos+2:]
        temp_c = float(temp_string) / 1000.0
        temp_f = temp_c * 9.0 / 5.0 + 32.0
        return temp_c, temp_f

def log_temp():
    temp_c, temp_f = read_temp()
    dt = datetime.datetime.now()
    f = open(logging_file, 'a')
```

```
        f.write('\n"{:%H:%M:%S}",'.format(dt))
        f.write(str(temp_c))
        f.close()

print("Logging to: " + logging_file)
while True:
    log_temp()
    time.sleep(log_period)
```

　このプログラムは、10秒ごとに温度のデータをログファイルに書き込むように設定されている。書き込みの間隔は、`log_period`の値を変えることによって変更できる。

●解説

　Raspberry PiにUSBフラッシュドライブを差し込むと、自動的に/media配下にマウントされる。ドライブが2台以上ある場合、このプログラムは/mediaの中で最初に見つかったフォルダを使うことになる。ログファイルの名前は、現在の日付から作成される。

　OpenOfficeのようなスプレッドシートアプリでファイルを開けば、直接編集できるはずだ。プログラムによっては、開く際にデータのセパレーターが何か聞かれるかもしれない。その場合には、コンマを指定する。

　図12-20に、このレシピを利用して取り込んだデータセットと、そのファイルをRaspberry Pi上で動作しているGnumericスプレッドシートで開いた様子を示す。

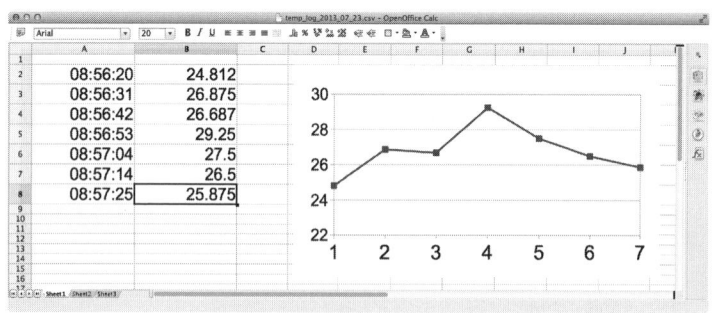

図12-20
データをグラフ化したところ

●参考

　このプログラムは、光センサー（レシピ12.2）や加速度センサー（レシピ12.8）など、他の種類のセンサーにも簡単に応用できるはずだ。

13章 ディスプレイ

Raspberry Piはディスプレイとしてモニターやテレビを使うこともできるが、より小さな専用のディスプレイを使いたいこともある。この章では、Raspberry Piに接続できるさまざまなディスプレイを紹介し、その使い方を学んでいく。

ほとんどのレシピでは、ハンダ付け不要のブレッドボードと、オス—メスやオス—オスのジャンパ線を使う必要がある（レシピ8.10を参照）。

レシピ13.1：4桁のLEDディスプレイを使う

ぜひ、このレシピのビデオを http://razzpisampler.oreilly.com で見てほしい。

▶ 課題

昔ながらの7セグメントLEDディスプレイに、4桁の数字を表示したい。

▶ 解決

I2C LEDモジュールを使う。Raspberry Piとブレッドボード経由で接続した一例を、図13-1に示す。

このレシピの製作には、次のものが必要だ。[*1]

- ブレッドボードとジャンパ線（348ページの「プロトタイピング用機材」を参照）
- AdafruitのI2C通信4×7セグメントLED（350ページの「モジュール」を参照）

図13-2に、ブレッドボード上の実体配線図を示す。

このレシピを動かすためには、Raspberry PiでI2Cを使えるように設定する必要があるので、まずレシピ8.4にしたがってこれを行ってほしい。

このディスプレイには、Adafruitの作成したPythonライブラリが付属する。これは**本**

[*1] 訳注：AdafruitのI2C通信4×7セグメントLEDは、スイッチサイエンス（http://www.switch-science.com/catalog/1639/）などから購入できる。
ブレッドボードとジャンパ線については、レシピ8.10を参照してほしい。

図 13-1
7セグメントLEDディスプレイとRaspberry Pi

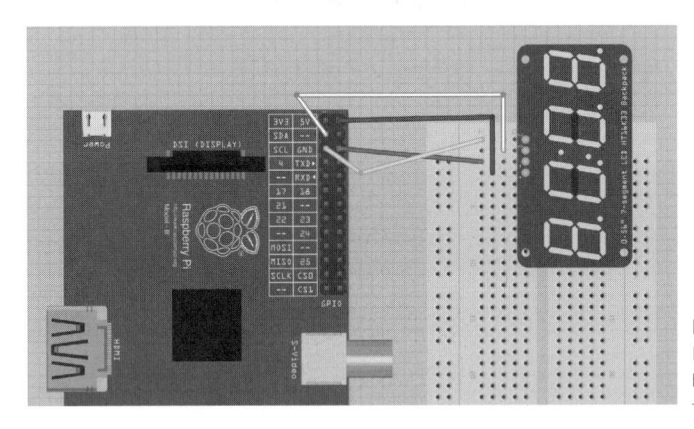

図 13-2
LEDディスプレイとRaspberry Piの実体配線図

物のライブラリとしてインストールされるわけではないので、使うにはフォルダ構造ごとダウンロードする必要がある。まだGitをインストールしていなければ、次のコマンドを実行してインストールしてほしい（レシピ3.19参照）。

```
$ sudo apt-get install git
```

GitHubからフォルダ構造をダウンロードできる。

```
$ git clone https://github.com/adafruit/Adafruit-Raspberry-Pi-Python-Code.git
```

Adafruitのコードへディレクトリを変更する。

```
$ cd Adafruit-Raspberry-Pi-Python-Code
$ cd Adafruit_LEDBackpack
```

このフォルダに、時刻を表示するテストプログラムがある。次のコマンドで実行してみよう。

```
$ sudo python ex_7segment_clock.py
```

● 解説

コード例のファイル ex_7segment_clock.py を nano で開くと、次の行が見えるはずだ。

```
from Adafruit_7Segment import SevenSegment
```

この行は、ライブラリのコードをプログラムにインポートするという重要な働きをする。次に、コードの次の行にあるように SevenSegment のインスタンスを作成する必要がある。引数のアドレスには、I2Cのアドレスを指定する（レシピ8.4を参照）。

すべてのI2Cスレーブデバイスは、アドレス番号を持っている。LEDボードの裏側にはハンダ付けジャンパがあり、必要があればこれをハンダでブリッジさせてアドレスを変更する。これは、1台のRaspberry Piに複数のディスプレイを接続する場合などに必要だ。

```
segment = SevenSegment(address=0x70)
```

実際に特定の桁の内容をセットするには、次のようにする。

```
segment.writeDigit(0, int(hour / 10))
```

最初の引数（0）は桁の位置だ。これは0、1、3、4のいずれかで設定することに注意してほしい。桁の位置2は、ディスプレイの中央にある2個のドットのために予約されているからだ。

2番目の引数には、表示する数を指定する。

● 参考

Adafruitのライブラリについて詳しくは https://learn.adafruit.com/matrix-7-segment-led-backpack-with-the-raspberry-pi/using-the-adafruit-library を参照してほしい。

レシピ13.2：I2C LEDマトリクスにメッセージを表示する

● 解説

マルチカラーLEDマトリクスディスプレイのピクセルを制御したい。

● 解決

I2C LEDモジュールを使う。Raspberry Piとブレッドボード経由で接続した一例を、図13-3に示す。図13-4の実体配線図に示したLEDは写真と少し違っているが、ピン配置は同じだ。

図13-3
LEDマトリクスディスプレイ
とRaspberry Pi

このレシピの製作には、次のものが必要だ。[*2]

- ブレッドボードとジャンパ線（348ページの「プロトタイピング用機材」を参照）
- AdafruitのI2C通信2色LEDマトリクス（350ページの「モジュール」を参照）

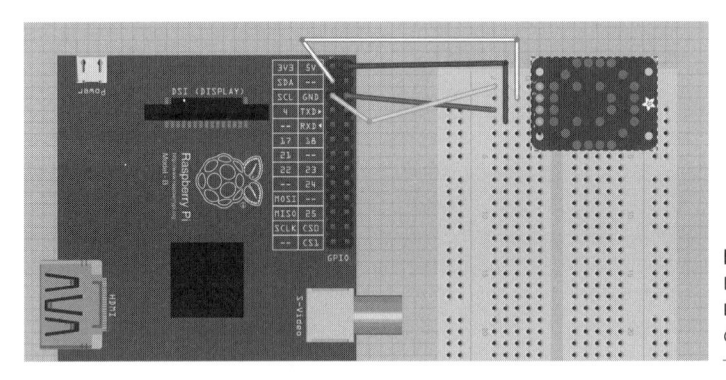

図13-4
LEDマトリクスディスプレイとRaspberry Piの実体配線図

このレシピを動かすためには、Raspberry PiでI2Cを使えるように設定する必要があるので、まずレシピ8.4にしたがってこれを行ってほしい。

このディスプレイには、Adafruitの作成したPythonライブラリが付属する。これは**本物のライブラリとしてインストールされるわけではない**ので、使うにはフォルダ構造ごとダウンロードする必要がある。まだGitをインストールしていなければ、次のコマンドを実行してインストールしてほしい（レシピ3.19参照）。

```
$ sudo apt-get install git
```

GitHubからフォルダ構造をダウンロードできる。

```
$ git clone https://github.com/adafruit/Adafruit-Raspberry-Pi-Python-
```

[*2] 訳注：AdafruitのI2C通信2色LEDマトリクスは、スイッチサイエンス（http://www.switch-science.com/catalog/1498/）などから購入できる。
ブレッドボードとジャンパ線については、レシピ8.10を参照してほしい。

```
Code.git
```

Adafruitのコードへディレクトリを変更する。

```
$ cd Adafruit-Raspberry-Pi-Python-Code
$ cd Adafruit_LEDBackpack
```

このフォルダに、色を変えながらピクセルを塗りつぶすテストプログラムがある。次のコマンドで実行してみよう。

```
$ sudo python ex_8x8_color_pixels.py
```

● 解説

このプログラムは、各ピクセルについてすべての色を順番に表示していく。コメントの一部と、必要のないimportを削除したコードを次に示す。

```python
import time
from Adafruit_8x8 import ColorEightByEight

grid = ColorEightByEight(address=0x70)

iter = 0

# Continually update the 8x8 display one pixel at a time
while(True):
  iter += 1

  for x in range(0, 8):
    for y in range(0, 8):
      grid.setPixel(x, y, iter % 4 )
      time.sleep(0.02)
```

importの後、`ColorEightByEight`のインスタンスが作成されている。次の行で、引数として与えているのはI2Cアドレスだ（レシピ8.4を参照）。

```
grid = ColorEightByEight(address=0x70)
```

すべてのI2Cスレーブデバイスは、アドレス番号を持っている。LEDボードの裏側にはハンダ付けジャンパがあり、必要があればこれをハンダでブリッジさせてアドレスを変更する。これは、1台のRaspberry Piに複数のディスプレイを接続する場合などに必要だ。

`while`ループを回るごとに変数`iter`が1ずつ加算されていく。`grid.setPixel`メソッドは、最初の2つの引数としてx座標とy座標を取る。最後の引数は、ピクセルに設定する色だ。これは0から3までの数値（0がオフ、1が緑、2が赤、そして3がオレンジ）となる。

変数`iter`は、%演算子を使って0から3までの数値を作成するために使われる。%は、剰余演算子だ（つまり、`iter`を4で割ったときの余りを返す）。

◉参考

この製品の詳しい説明は、http://www.adafruit.com/products/902 を見てほしい。

レシピ 13.3：Pi-Liteを使う

◉解説

Pi-Liteを使って、9×14のLEDアレイにテキストメッセージを表示したい。

◉解決

Pi-LiteをRaspberry PiのGPIOポートに接続し、シリアル接続経由で、表示するメッセージを送信するPythonプログラムを作成する。

Pi-Liteはシリアルポートを使ってRaspberry Piと通信するので、まずレシピ8.7の指示にしたがってRaspberry Piのシリアルコンソールを無効にする必要がある。それから、レシピ8.8の指示によりPySerialをインストールする。

Pi-Liteは強力なボードで、Raspberry Piをほとんど覆い隠してしまう大きさがある(図13-5)。

図13-5
Pi-LiteとRaspberry Pi

Pi-Lite（350ページの「モジュール」を参照）には独自のプロセッサが搭載されていて、これが9×14のLEDアレイを制御してくれる。このプロセッサへシリアルコマンドを送れば、簡単にテキストが表示できる。デフォルトでは、水平方向にスクロールしながらテキストが表示される。

Raspberry Piの電源を切り、Pi-Liteボードを接続する。Raspberry Piの電源を再投入すると、ボード上のLEDは短いセルフテスト表示を行う。

Minicom（レシピ8.9）を使って、このボードを試すことができる。まず、Minicomをインストールする。

```
$ sudo apt-get install minicom
```

そして、次のコマンドでMinicomセッションをオープンする。

```
# minicom -b 9600 -o -D /dev/ttyAMA0
```

何かテキストを入力すると、LEDアレイにスクロール表示されるはずだ。

● 解説

Minicomではなく、Pythonからメッセージを送ることも簡単にできる。しかしその前に、次のコマンドでPythonシリアルライブラリ（レシピ8.8）をインストールしておく必要がある。

```
$ sudo apt-get install python-serial
```

エディタ（nanoまたはIDLE）を開き、次のコードを貼り付ける。この本の他のプログラム例と同様に、このプログラムもhttp://www.raspberrypicookbook.comのコードセクションからpi_lite_message.pyという名前でダウンロードできる。

```python
import serial

ser = serial.Serial('/dev/ttyAMA0', 9600)

while True:
    message = raw_input("Enter message: ")
    ser.write(message)
```

このプログラムはメッセージのプロンプトを表示し、入力されたテキストをPi-Liteへ送信する。

```
$ sudo python pi_lite_message.py
Enter message: Hello
Enter message:
```

スクロールしながらテキストを表示させるほか、ディスプレイのピクセルごとの制御や棒グラフなどのモードへの変更も可能だ（「参考」セクションの公式ガイドへのリンクを参照してほしい）。

次のコード例は、ピクセルをランダムにオン・オフするものだ（pi_lite_rain.py）。

```python
import serial
import random

ser = serial.Serial('/dev/ttyAMA0', 9600)

while True:
    col = random.randint(1, 14)
    row = random.randint(1, 9)
    ser.write("$$$P%d,%d,TOGGLE\r" % (col, row))
```

▶参考

Pi-Liteのユーザーズガイドはhttp://www.openmicros.org/index.php/articles/94-ciseco-product-documentation/raspberry-pi/280-b040-pi-lite-beginners-guideにある。

Pi-Lite上でのライフゲームのデモがhttps://www.youtube.com/watch?v=bVavjoeHuakで見られる。

レシピ13.4： アルファニューメリックLCD上に メッセージを表示する

▶解説

アルファニューメリックLCDディスプレイに、テキストを表示したい。

▶解決

HD44780互換LCDモジュールを使い、GPIOコネクタに接続する。

低コストのLCDモジュールはさまざまなものが市販されている。Raspberry Piに接続した一例を図13-6に示す。ピンは16本あるが、幸いなことにこれらをすべてGPIOピンに接続する必要はない。

図13-6
16×2行表示のLCDディスプレイをRaspberry Piへ接続する

この種のモジュールにはさまざまなサイズのものがあり、何文字を何行に表示できるかを示す数字が明記されている。たとえば、このレシピで使ったモジュールは16×2で、16文字を2行表示できる。よくあるサイズは8×1、16×1、16×2、20×2、そして20×4だ。

このレシピの製作には、次のものが必要だ。[3]

---

*3 訳注：いずれも秋月電子などから購入できる。16×2行表示HD44780互換LCDモジュールはhttp://akizukidenshi.com/catalog/g/gP-02985/（ヘッダピンも付いているが、ピン配置が特殊なのとバックライト端子に抵抗が入っていないので注意が必要）、10kΩの半固定抵抗はhttp://akizukidenshi.com/catalog/g/gP-06110/。
ブレッドボードとジャンパ線については、レシピ8.10を参照してほしい。

- ブレッドボードとジャンパ線（348ページの「プロトタイピング用機材」を参照）
- 16×2行表示HD44780互換LCDモジュール（350ページの「モジュール」を参照）
- 1列×16本のヘッダピン（351ページの「その他」を参照）
- 10kΩの半固定抵抗（348ページの「抵抗とコンデンサ」を参照）

図13-7に、ブレッドボードを使ったこれらの実体配線図を示す。[*4]

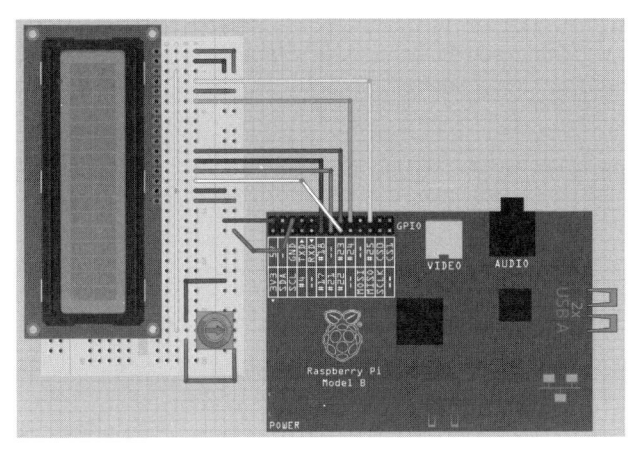

図13-7
LCDディスプレイとRaspberry Piの実体配線図

GitHubからダウンロードできるAdafruitのRaspberry Pi用のサンプルコードには、HD44780でLCDディスプレイを使うためのライブラリが含まれている。なお、このライブラリをインストールする前に、レシピ8.3を参照してRPi.GPIOをインストールしておくこと。

Adafruitのライブラリファイルは**本物**のライブラリとしてインストールされるわけではないので、使うにはフォルダ構造ごとダウンロードする必要がある。まだGitをインストールしていなければ、次のコマンドを実行してインストールしてほしい（レシピ3.19参照）。

```
$ sudo apt-get install git
```

GitHubからフォルダ構造をダウンロードできる。

```
$ git clone https://github.com/adafruit/Adafruit-Raspberry-Pi-Python-Code.git
```

ディレクトリを変更する。

```
$ cd Adafruit-Raspberry-Pi-Python-Code
$ cd Adafruit_CharLCD
```

[*4] 訳注：秋月通商のLCDモジュールを接続する際には、バックライトの配線（図13-7では一番上の2本）を変更する必要がある。まず、ピン配置が特殊なので、配線をそれに合わせて変更する（ピン15と16が14の隣ではなく1の隣にある）。またバックライトに抵抗が入っていないので、ピン15は+5Vに直接ではなく、付属の100Ωを介して接続する。

このフォルダに、時刻とIPアドレスを表示するテストプログラムがある。しかしその前に、Raspberry PiモデルBリビジョン2を使っている場合には、ファイルAdafruit_CharLCD.pyを編集する必要がある。

```
$ nano Adafruit_CharLCD.py
```

次の行を探す。

```
def __init__(self, pin_rs=25, pin_e=24, pins_db=[23, 17, 21, 22], GPIO = None):
```

21を27に変更し、ファイルを保存してエディタを終了する。

```
def __init__(self, pin_rs=25, pin_e=24, pins_db=[23, 17, 27, 22], GPIO = None):
```

次のコマンドで、プログラム例を実行してみよう。[*5]

```
$ sudo python Adafruit_CharLCD_IPclock_example.py
```

❯ 解説

この種のディスプレイは、4ビットまたは8ビットのデータバスと、3本の制御ピンを利用する。ピンは表13-1のとおりだ。[*6]

LCDモジュールのピン	GPIOのピン	備考
1	GND	0V
2	+5V	5Vロジック電源
3	未接続	コントラスト調整
4	25	RS: レジスタ選択
5	GND	RW: 読み出し／書き込み（常に書き込み）
6	24	EN: イネーブル
7-10	未接続	8ビットモードでのみ使用
11	23	D4: データ線4
12	17	D5: データ線5
13	21	D6: データ線6
14	22	D7: データ線7
15	+5V	LEDバックライト＋
16	GND	LEDバックライトー

表13-1
Raspberry PiとLCDディスプレイのピン接続

[*5] 訳注：このプログラムは現在の時刻を1行目に、IPアドレスを2行目に表示する。プログラムの中身を見るとわかるが、IPアドレスを取得するインタフェースがeth0に決め打ちされているため、WiFiドングル経由でネットワークに接続している場合には表示されない。

[*6] 訳注：HD44780互換LCDモジュールでも、ピン配置が違う場合があるので注意してほしい。

AdafruitのライブラリファイルAdafruit_CharLCD.pyは、データピンへ値を設定してディスプレイモジュールへ送信するという役割を担っている。次の関数が提供されているので、プログラムを書く際にはこれを使えばよい。

- `home()`
  左上隅に移動する。
- `clear()`
  ディスプレイからすべてのテキストを消去する。
- `setCursor(column, row)`
  カーソルの位置を設定する。
- `cursor()`
  カーソルの表示をオンにする。
- `noCursor()`
  カーソルの表示をオフにする。
- `message(text)`
  現在のカーソル位置から、テキストを書き込む。

次の最小限のプログラム例では、ライブラリを使ってシンプルなメッセージを簡単に表示する方法を示している。

```
from Adafruit_CharLCD import Adafruit_CharLCD
from time import sleep

lcd = Adafruit_CharLCD()
lcd.begin(16,2)

i = 0

while True:
    lcd.clear()
    lcd.message('Counting: ' + str(i))
    sleep(1)
    i = i + 1
```

▶ 参考

このレシピは、Adafruitのチュートリアルhttps://learn.adafruit.com/drive-a-16x2-lcd-directly-with-a-raspberry-pi/overviewを元にしたものだ。

Adafruitでは、このレシピと互換性のあるLCDディスプレイを備えたプラグインシールドも販売している。

14章 | ArduinoとRaspberry Pi

PiFace（レシピ8.16）などのインタフェースボードを使う代わりに、図14-1に示すようなArduinoボードをRaspberry Piへ接続することもできる。

図14-1
Arduino Unoボード

● 課題

Arduinoボードは、基本的に小型のコンピューターだという点ではRaspberry Piに似ている。しかし、ArduinoがRaspberry Piと大きく異なる点もいくつかある。

- キーボードやマウス、あるいはディスプレイのインタフェースを持っていない。
- わずか2KBのRAMと、プログラム保存用の32KBのフラッシュメモリしか搭載していない。
- プロセッサの動作クロックは、たった16MHzだ（Raspberry Piは700MHz）。

これを読んで、こんな貧相なボードを使う理由があるのだろうか、Raspberry Piを直接使えばいいのに、と疑問に思った人もいるかもしれない。

その答えは、Arduino UnoをはじめとするArduinoボードが、外部の電子回路との橋渡しをRaspberry Piよりも得意としているためだ。たとえば、Arduinoボードには次のような特徴がある。

- 14本のデジタル入出力ピン。これらはRaspberry PiのGPIOピンと同じようなものだが、ピン1本あたりRaspberry Piでは3mAしか流せない電流が、40mA流せる。このため、電子回路を追加しなくても、より多くのデバイスへ電流を供給できる。
- 6本のアナログ入力ピン。これにより、アナログセンサーの接続がはるかに容易となる（12章を参照）。
- 6本のPWM出力ピン。これらの出力はハードウェアでタイミングが制御されており、Raspberry Piよりもはるかに正確なPWM信号が出力されるので、サーボモーターの制御には最適だ。
- モーター制御やさまざまな種類のLCDディスプレイなど、多岐にわたるプラグインシールドが利用できる。

Raspberry PiにArduinoを接続して低レベルの作業を行わせることは、さまざまな点で両方のボードの強みを生かせる、理想的な組み合わせだといえるだろう。これを極限まで進化させたのが、GPIOコネクタを持ちArduino互換のハードウェアを搭載した、aLaModeのようなインタフェースボードだ（レシピ14.13）。

レシピ14.1：Raspberry PiからArduinoをプログラムする

ぜひ、このレシピのビデオをhttp://razzpisampler.oreilly.comで見てほしい。

▶課題

Raspberry Pi上でArduino IDEを実行し、プログラムを書いてArduinoへアップロードしたい。

▶解決

Raspberry PiでもArduino IDEは使える。多少遅いが、安定はしている。次のコマンドでインストールしてみよう。

```
$ sudo apt-get update
$ sudo apt-get install arduino
```

この本を書いている時点でインストールされるバージョンは1.0.1で、これは最新バージョンではないがArduino Unoに対応している。しかしバージョン1.0.1で作成したプログラムは、LeonardoやDueなどの、より新しいボードでは動かない。これらのボードもRaspberry Piで使えるが、Raspberry Piへ接続する前に、別のコンピューターを使ってプログラムする必要がある。

インストール後、プログラムメニューに「電子工学」（Electronics）グループが作成さ

れているはずだ。

　Arduino IDEは、Raspberry PiとArduinoをUSBケーブルで接続してプログラムする。この接続を行うためには、シリアルコンソールを無効にしておくことも必要だ。レシピ8.7にしたがってこれを行うこともできるが、もう1つの選択肢として、シリアルコンソールの無効化だけでなく、シリアルポートとArduinoプロファイルの設定を一度に行ってくれるKevin Osbornが作成したスクリプトを実行する方法もある。またこのスクリプトには、aLaModeボードを使えるようにセットアップしてくれるという利点もある（レシピ14.13）。

　このスクリプトをダウンロードして実行するには、次の手順に従う。

```
$ wget https://github.com/wyolum/alamode/blob/master/bundles/alamode-setup.tar.gz?raw=true -O alamode-setup.tar.gz
$ tar -xvzf alamode-setup.tar.gz
$ cd alamode-setup
$ sudo ./setup
```

　シリアルコンソールが無効になっていない状態で、上記のスクリプトでコンソールを無効にしたい場合には、変更を有効にするためにリブートする必要がある。

```
$ sudo reboot
```

　これで、ArduinoをRaspberry Piと接続できるようになった。Arduino IDEを起動して、［ツール］（Tools）メニューから［マイコンボード］（Board）を開き、ボードの種類を［Arduino Uno］に設定する（図14-2）。そして［Serial Port］オプションから、/dev/ttyUSB0を選択する。ArduinoのLEDをチカチカさせるテストプログラムをアップロードするには、［ファイル］（File）メニューから［スケッチの例］（Examples）を選択して［01.Basics］をクリックし、最後に［Blink］をクリックする。ツールバーの右矢印をクリックするとコンパイルが始まり、その後アップロードが行われる。すべてうまくいけば、IDEウィンドウの下部にあるステータス領域に「マイコンボードへの書き込みが完了しました（Done Uploading）」というメッセージが表示されるはずだ。

> Arduinoが接続されているのにデバイス/dev/ttyUSB0が表示されない場合には、Arduino IDEを再起動してみてほしい。これでもうまくいかなければ、Raspberry Piをリブートする必要があるかもしれない。Arduinoを接続したままリブートし、それからArduino IDEを再び立ち上げてみてほしい。

▶解説

　Raspberry PiからArduinoを最大限活用するためには、Arduinoのプログラミングを学ぶ必要がある。『Programming Arduino: Getting Started with Sketches』（McGraw-

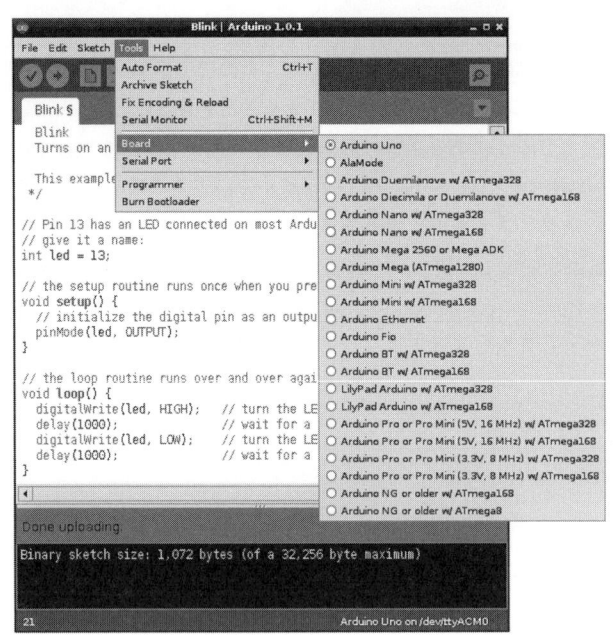

図14-2
Raspberry Pi上でArduino IDEを使う

Hill/Tab Books）がお勧めだ。

しかし、PyFirmataというプロジェクトを利用すれば、Arduino側のコードを一切書かなくても、Arduinoを活用できる。レシピ14.3では、PyFirmataの使い方を説明している。

❯ 参考

Arduino IDE設定スクリプトは、ブログ「Bald Wisdom」（http://baldwisdom.com/simplified-setup-for-arduino-on-raspberry-pi/）に掲載されていたものだ。

レシピ14.2：シリアルモニターを使ってArduinoと通信する

❯ 課題

Arduinoから送られてくるメッセージを表示したい。

❯ 解決

Arduino IDEには**シリアルモニタ**という機能が含まれている。これは、USBケーブル経由でArduinoへテキストメッセージを送信したり、Arduinoからのメッセージを表示するためのものだ。

これを実行するためには、まず非常に短いArduinoプログラム（Arduinoの世界では、プログラムのことを**スケッチ**という）を書く必要がある。このスケッチは、1秒に1回ずつメッセージを繰り返すという単純なものだ。

このArduinoスケッチは、この本の他のプログラム例と同様に、http://www.raspberrypicookbook.comのコードセクションからダウンロードできる。このスケッチはArduinoHelloというフォルダの中に入っている。

メニューから［ファイル］（File）→［新規ファイル］（New）を選択して新しいスケッチを作成し、次のテキストを貼り付けて、Arduinoへアップロードする。

```
void setup()
{
  Serial.begin(9600);
}
void loop()
{
  Serial.println("Hello Raspberry Pi");
  delay(1000);
}
```

スケッチがArduinoへアップロードされるとすぐに、シリアル経由で「Hello Raspberry Pi」というメッセージの送信が始まる。このメッセージを見るには、ツールバーの右側にある拡大鏡のアイコンをクリックしてシリアルモニタを開く必要がある（図14-3）。

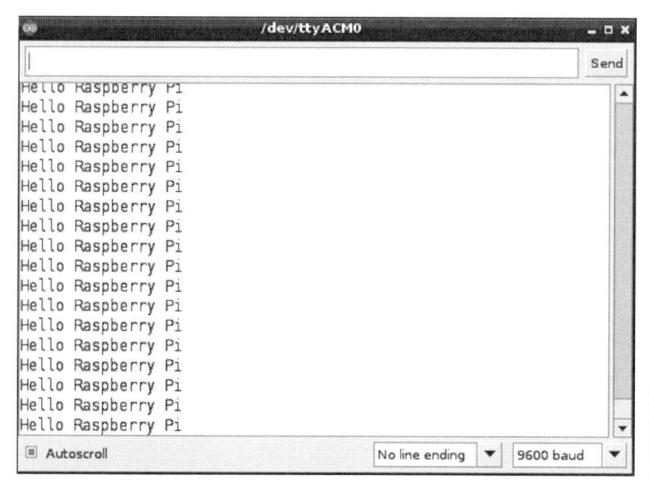

図14-3
シリアルモニタでメッセージを表示する

シリアルモニタの右下にはドロップダウンリストがあり、ここでボーレート（通信速度）を選択できる。9600に設定されていなければ、その値に設定してほしい。

● 解説

この章の後のほうのレシピ（レシピ14.10と14.11）では、Arduino IDEが動作していなくても通信できる、Raspberry Pi上で動作するPythonプログラムの作成方法を説明する。

もっと汎用性のあるアプローチとしてPyFirmataを使う方法があり、これを使うとArduino上でのプログラミングが必要なくなる。詳しくはレシピ14.3を参照してほしい。

◯ 参考

Arduinoは、とてもやさしく学ぶことができる。初心者向けの参考書とオンライン資料へのリンクを以下に示す。

- Simon Monk 著『Programming Arduino: Getting Started with Sketches』(Tab Books)
- The official Arduino Getting Started Guide (http://arduino.cc/en/Guide/HomePage)
- The Adafruit Arduino lesson series (https://learn.adafruit.com/category/learn-arduino)
- Michael Margolis 著『Arduino Cookbook』(O'Reilly)

レシピ 14.3：PyFirmataを設定してRaspberry PiからArduinoを制御する

◯ 課題

Raspberry PiのインタフェースボードとしてArduinoを使いたい。

◯ 解決

ArduinoをRaspberry PiのUSBポートへ接続し、通信を可能とするとともにArduinoへ電源を供給する。

次に、ArduinoへFirmataスケッチを、Raspberry PiへPyFirmataをインストールする。これにはArduino IDEのインストールが必要なので、まだ行っていない場合にはレシピ14.1にしたがってほしい。

Arduino IDEにはFirmataが含まれているので、ArduinoへFirmataをインストールするにはそのスケッチをアップロードすればよい。［ファイル］(File) → ［スケッチの例］(Examples) → ［Firmata］ → ［StandardFirmata］ と選択する。

Firimataがインストールされると、ArduinoはRaspberry Piからの通信待ち状態となる。次に、Raspberry Pi側のPyFirmataをインストールする必要がある。これにはPySerialライブラリが必要となるので、レシピ8.8にしたがってインストールしてほしい。PyFirmataライブラリはGitHub上でメンテナンスされているので、`sudo apt-get install git`としてGitをインストールする必要もある（レシピ3.19）。

その後、次のコマンドでPyFirmataをダウンロードし、インストールする。

```
$ git clone https://github.com/tino/pyFirmata.git
$ cd pyFirmata
$ sudo python setup.py install
```

PyFirmataライブラリはPythonコンソールから試してみることができる。次のコマンドを入力すると、Arduinoのピン13に接続されたボード上のLED（Lとマーキングされ

ている）が点灯し、そして、再度消灯するはずだ。

```
$ sudo python
Python 2.7.3 (default, Jan 13 2013, 11:20:46)
[GCC 4.6.3] on linux2
Type "help", "copyright", "credits" or "license" for more information.
>>> import pyfirmata
>>> board = pyfirmata.Arduino('/dev/ttyUSB0')
>>> pin13 = board.get_pin('d:13:o')
>>> pin13.write(1)
>>> pin13.write(0)
>>> board.exit()
```

● 解説

　このコードでは、まずPyFirmataライブラリをインポートし、それからboardという名前のArduinoのインスタンスを、USBインタフェース（/dev/ttyUSB0）を引数として作成している。

　次にArduinoのピン（この場合には13）の参照を取得し、デジタル出力に設定している。dはデジタル、13はピン番号、そしてoは出力の意味だ。

　出力ピンをハイに設定するにはwrite(1)を、ローに設定するにはwrite(0)を使う。また1と0の代わりに、TrueとFalseを使うこともできる。

　図14-4に、Arduinoボードの両側の接続ピンを示す。

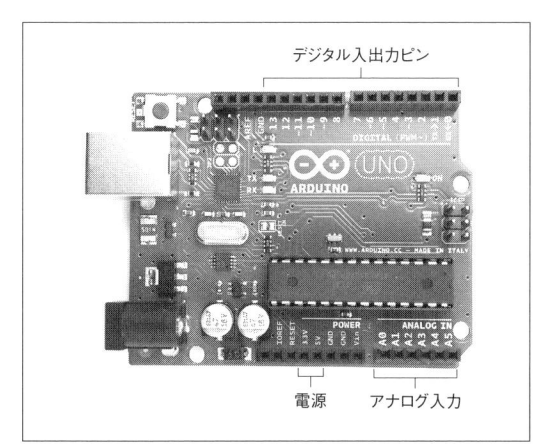

図14-4
Arduino Uno上の入出力ピン

　図14-4の上側にある、0〜13とラベルの付いたピンはデジタル入力または出力として使用できる。これらのピンの一部は、他の用途にも使われる。ピン0と1はシリアルインタフェースとして使われ、またUSBポートが使われる際にも占有される。ピン13は、ボード上のLとラベルの付いたLEDに接続されている。デジタル入出力ピン3、5、6、9、10、そして11には~記号がついており、これらのピンがPWM出力として使えることを示している。

ボードの反対側には、5Vと3.3Vの電源を供給するコネクタと、A0〜A5と印の付いた6本のアナログ入力ピンがある。

Arduino Uno自体は約50mAの電流を消費するが、Raspberry Pi自体ではおそらくその10倍ほどの電流を消費するため、Raspberry PiのUSB接続からArduinoの電源を供給することは十分に可能だ。しかし、Arduinoに多数の外部電子回路を接続して消費電流が増加した場合には、専用の電源アダプタからArduinoへDCソケット経由で電源を供給することを考えたほうがよいだろう。ArduinoのDCソケットには、7Vから12VまでのDC電源を接続する。

Firmataを使うことの実質上唯一の短所は、すべての指令がRaspberry Piから行われるため、独立に動作できるというArduinoの能力を十分に活用できないことだ。高度なプロジェクトでは、Raspberry Piから指令を受け取ったりRaspberry Piへメッセージを送信したりしながら他の仕事もするようなArduinoコードを自分で書く必要があるだろう。

▶参考

以降14.4、14.6、14.7、14.8、そして14.9のレシピでは、PyFirmataを使ってArduinoのさまざまなピンの機能を利用する方法を示している。

PyFirmataの公式ドキュメントは、GitHubのPyFirmataのリポジトリ（https://github.com/tino/pyFirmata/blob/master/README.rst）にある。

レシピ14.4：Arduinoのデジタル出力をRaspberry Piから制御する

▶課題

Arduinoのデジタル出力を、Raspberry Pi上のPythonから制御したい。

▶解決

レシピ14.3では、Arduinoボード上のLED（Lと印が付いている）を点滅させた。ここでは、それを発展させて外部に接続したLEDを点滅させる短いPythonプログラムを書いてみよう。

このレシピの製作には、次のものが必要だ。[*1]

- Arduino Uno（350ページの「モジュール」を参照）
- ブレッドボードとジャンパ線（348ページの「プロトタイピング用機材」を参照）

[*1] 訳注：Arduino Unoは秋月電子（http://akizukidenshi.com/catalog/g/gM-07385/）やスイッチサイエンス（http://www.switch-science.com/catalog/789/）、270Ωの1/4W抵抗は秋月電子 http://akizukidenshi.com/catalog/g/gR-25271/（100本入り）、5mm赤色LEDも秋月電子 http://akizukidenshi.com/catalog/g/gI-00624/（100個入り）などから購入できる。
ブレッドボードとジャンパ線については、レシピ8.10を参照してほしい。

- 270Ωの抵抗（348ページの「抵抗とコンデンサ」を参照）
- LED（350ページの「光エレクトロニクス」を参照）

ブレッドボード上の部品とArduinoの実体配線図を図14-5に示す。

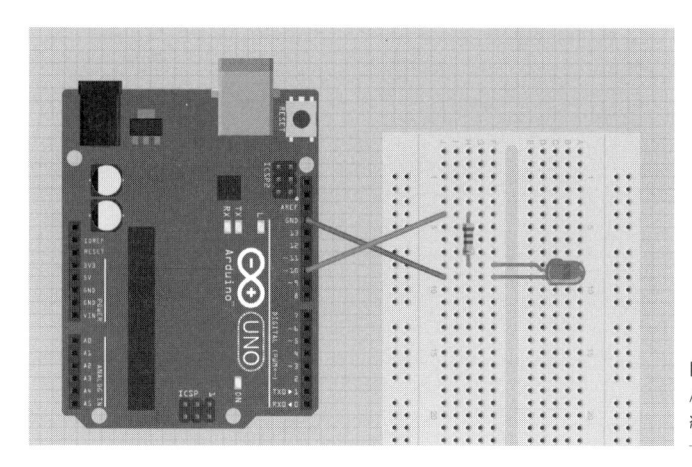

図14-5
ArduinoとLEDの実体配線図

まだPyFirmataを設定していなければ、レシピ14.3にしたがって行ってほしい。

次のPythonスクリプトは、約1HzでLEDを点滅させるものだ。エディタ（nanoまたはIDLE）を開き、以下のコードを貼り付ける。この本の他のプログラム例と同様に、このプログラムもhttp://www.raspberrypicookbook.comのコードセクションからardu_flash.pyという名前でダウンロードできる。この本のリンクをたどり、Codeのリンクをクリックしてほしい。[2]

```
import pyfirmata
import time

board = pyfirmata.Arduino('/dev/ttyUSB0')
led_pin = board.get_pin('d:10:o')

while True:
    led_pin.write(1)
    time.sleep(0.5)
    led_pin.write(0)
    time.sleep(0.5)
```

▶解説

これは、Raspberry PiへLEDを接続するレシピとほとんど同じだ（レシピ9.1）。しかし、Arduinoの出力はRaspberry Piよりもはるかに大きな電流を流せるため、小さな

---

[2] 訳注：コードをダウンロードした場合、PyFirmataに渡すデバイス名が/dev/ttyACM0となっているが、/dev/ttyUSB0に変更してほしい。

値の抵抗が使えてLEDも少し明るくできる。ま
たArduinoの出力は3.3Vではなく5Vなので、
LEDに流れる電流はレシピ9.1の約4倍となる。

レシピ9.7のような（そして図14-6に示すよ
うな）LEDを制御するユーザインタフェース
が必要ならば、そのコードを修正するのは簡単
だ。修正済みのプログラムは、`ardu_gui_switch.py`という名前で用意してある。[*3] た
だ、このプログラムはSSHコマンドライン経由では動作しないことに注意してほしい。ユー
ザインタフェースを表示させるためには、Raspberry Piのグラフィック環境へのアクセ
スが必要だ。

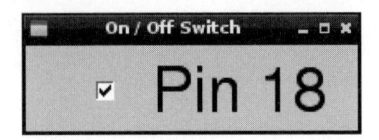

図14-6
デジタル出力をオン・オフするユーザインタ
フェース

◆参考

Raspberry Piから直接LEDを制御する方法については、レシピ9.1を参照してほしい。

レシピ14.5：TTLシリアルでPyFirmataを使う

◆課題

USBではなく、シリアル接続（GPIO上のRxDとTxD）でPyFirmataを使いたい。

◆解決

レベルコンバーターを使って、Raspberry PiのRxDピンをArduinoのTxと接続し、
Raspberry PiのTxDピンをArduinoのRxピンと接続する。

このレシピの製作には、次のものが必要だ。[*4]

・Arduino Uno（350ページの「モジュール」を参照）
・ブレッドボードとジャンパ線（348ページの「プロトタイピング用機材」を参照）
・270Ωと470Ωの抵抗（348ページの「抵抗とコンデンサ」を参照）、または双方向レ
ベル変換モジュール（350ページの「モジュール」を参照）

レベル変換モジュールを使った場合のブレッドボード上の部品とArduinoの実体配線
図を図14-7に示す。

[*3] 訳注：ダウンロードしたコードには、PyFirmataに渡すデバイス名が /dev/ttyACM0 となっているが、/dev/ttyUSB0
に変更してほしい。

[*4] 訳注：Arduino Uno は秋月電子（http://akizukidenshi.com/catalog/g/gM-07385/）やスイッチサイエンス（http://
www.switch-science.com/catalog/789/）、270Ωと470Ωの1/4W抵抗は秋月電子（270Ω：http://akizukidenshi.com/
catalog/g/gR-25271/、470Ω：http://akizukidenshi.com/catalog/g/gR-25471/、いずれも100本入り）、双方向レベル変
換モジュールはスイッチサイエンス（http://www.switch-science.com/catalog/1193/）などから購入できる。
ブレッドボードとジャンパ線については、レシピ8.10を参照してほしい。

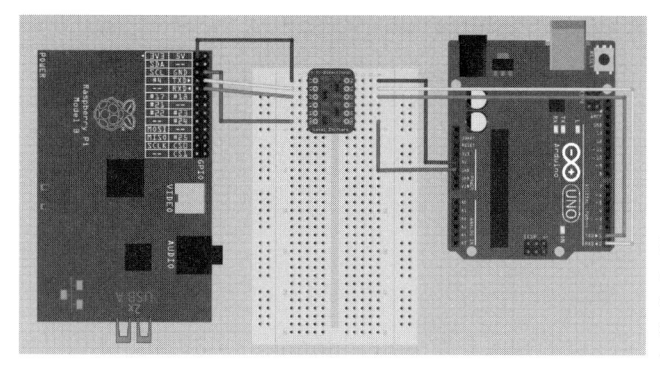

図14-7
Arduinoとのシリアル通信にレベル変換モジュールを使用した場合の実体配線図[*5]

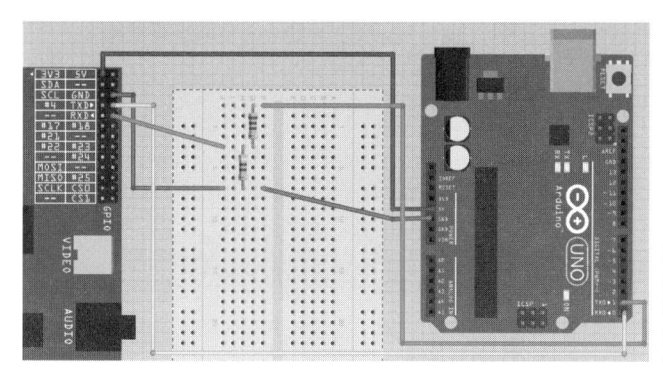

図14-8
Arduinoとのシリアル通信に抵抗を2本使用した場合の実体配線図[*6]

　また、抵抗を2本使う場合の実体配線図を図14-8に示す。

　ArduinoのRx入力は、Raspberry PiのTxDピンからの3.3V信号を問題なく受信できる。しかし、ArduinoのTxピンからの5V信号は、Raspberry Piが受けられる3Vに電圧を落とさなくてはならない。

　PyFirmataを設定する必要もある（レシピ14.3を参照）。Arduino側はレシピ14.4と全く同じで、USBがシリアル通信に代わっているだけだ。Raspberry Pi上で実行するPythonプログラムには1か所変更が必要だ。シリアルポートのデバイス名がUSBインタフェースの場合とは違うため、デバイス名を/dev/ttyUSB0から/dev/ttyAMA0に変更してほしい。

　次のPythonスクリプトは、約1HzでLEDを点滅させるものだ。エディタ（nanoまたはIDLE）を開き、次のコードを貼り付ける。この本の他のプログラム例と同様に、このプログラムもhttp://www.raspberrypicookbook.comのコードセクションからardu_flash_ser.pyという名前でダウンロードできる。

```
import pyfirmata
import time
```

[*5] 訳注：この図の構成の場合、Arduinoの電源は別に用意する必要がある。Raspberry Piの5VからArduinoの電源を取ることもできる（Raspberry PiとArduinoの5Vどうしを接続する）。

[*6] 訳注：この図には間違いがある。この図ではArduinoの5VがRaspberry Piの3.3Vに接続されているが、実際には5Vへ接続しなくてはならない。

```
board = pyfirmata.Arduino('/dev/ttyAMA0')
led_pin = board.get_pin('d:13:o')

while True:
    led_pin.write(1)
    time.sleep(0.5)
    led_pin.write(0)
    time.sleep(0.5)
```

> **解説**

レベル変換が必要なのは、Raspberry PiのシリアルX接続端子TxDとRxDは3.3Vなのに対して、Arduino Unoは5Vで動作しているためだ。5VのArduinoは3Vの信号を受けられるが、その逆は成り立たない。3VのRxDに5V信号をそのまま接続すると、Raspberry Piを壊してしまうおそれがある。

> **参考**

PyFirmataを使う他のレシピ（レシピ14.6から14.9）も、Pythonプログラム中のデバイス名を変更するだけで、USB接続からシリアル接続に変更できる。

レシピ14.6：PyFirmataを使ってArduinoのデジタル入力を読み出す

> **課題**

Raspberry Pi上のPythonプログラムから、Arduinoのデジタル入力を読み出したい。

> **解決**

PyFirmataを使って、Arduinoのデジタル入力を読み出す。
このレシピの製作には、次のものが必要だ。[*7]

- Arduino Uno（350ページの「モジュール」を参照）
- ブレッドボードとジャンパ線（348ページの「プロトタイピング用機材」を参照）
- 1kΩの抵抗（348ページの「抵抗とコンデンサ」を参照）
- 押しボタンスイッチ（351ページの「その他」を参照）

ブレッドボード上の部品とArduinoの実体配線図を図14-9に示す。
まだPyFirmataを設定していなければ、レシピ14.3にしたがって行ってほしい。

[*7] 訳注：Arduino Unoは秋月電子（http://akizukidenshi.com/catalog/g/gM-07385/）やスイッチサイエンス（http://www.switch-science.com/catalog/789/）、1kΩの1/4W抵抗は秋月電子 http://akizukidenshi.com/catalog/g/gR-25102/（100本入り）、押しボタンスイッチも秋月電子 http://akizukidenshi.com/catalog/g/gP-03647/などから購入できる。ブレッドボードとジャンパ線については、レシピ8.10を参照してほしい。

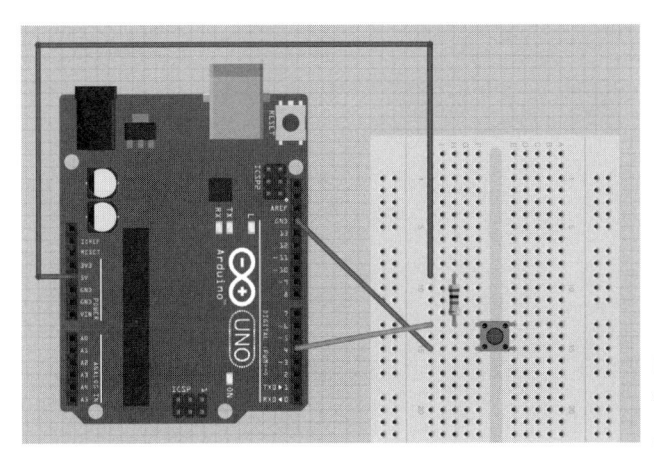

図14-9
Arduinoと押しボタンスイッチの実体配線図

次のPythonスクリプトは、スイッチが押されるたびにメッセージを出力するもので、レシピ11.1のプログラム（switch.py）と非常によく似ている。エディタ（nanoまたはIDLE）を開き、次のコードを貼り付ける。この本の他のプログラム例と同様に、このプログラムもwww.raspberrypicookbook.comのコードセクションからardu_switch.pyという名前でダウンロードできる。この本のリンクをたどり、Codeのリンクをクリックしてほしい。[*8]

```python
import pyfirmata
import time

board = pyfirmata.Arduino('/dev/ttyUSB0')
switch_pin = board.get_pin('d:4:i')
it = pyfirmata.util.Iterator(board)
it.start()
switch_pin.enable_reporting()

while True:
    input_state = switch_pin.read()
    if input_state == False:
        print('Button Pressed')
        time.sleep(0.2)
```

このプログラムを実行しても、Firmataスケッチが起動してRaspberry Piとの通信を確立する1、2秒の間は何も起こらない。しかし起動した後は、ボタンを押すたびにメッセージが出力される。

[*8] 訳注：コードをダウンロードした場合、PyFirmataに渡すデバイス名が/dev/ttyACM0となっているが、/dev/ttyUSB0（USB接続の場合）または/dev/ttyAMA0（シリアル接続の場合）に変更してほしい。

```
$ sudo python ardu_switch.py
Button Pressed
Button Pressed
Button Pressed
```

●解説

PyFirmataは、Iterator（イテレータ）を使ってArduinoの入力ピンを監視している。この理由は、Firmataの実装と深くかかわっている。実は、Arduinoの入力ピンの値を要求に応じて**読み出す**ことはできない。そのため、次のコマンドを使ってスイッチの値を監視するIteratorスレッドを個別に作成する必要がある。

```
it = pyfirmata.util.Iterator(board)
it.start()
```

また、次のコマンドを使って対象となるピンに変化があれば報告してもらうようにする必要もある。

```
switch_pin.enable_reporting()
```

このようなメカニズムを使う副作用として、Ctrl-Cを使ってプログラムを抜けようとしても抜けられないという問題がある。Iteratorスレッドを停止させるには、別のターミナルウィンドウかSSHセッションを開いてそのプロセスをkillする（レシピ3.24）以外に、うまい方法がないのだ。

動作中のPythonプロセスがこのプログラムだけであれば、次のコマンドでkillできる。

```
$ sudo killall python
```

単純にArduinoをRaspberry Piから切り離し、通信リンクを切断することによってもPythonプログラムを終了させることができる。[*9]

●参考

これはRaspberry Piに直接スイッチを接続する（レシピ11.1）方法と非常によく似ている。スイッチが1個しかない場合、わざわざArduinoを使ってこのようなことをする意味はないだろう。

---

*9 訳注：訳者が試したところでは、この方法ではうまくいかず、プロセスをkillする必要があった。

レシピ14.7: PyFirmataを使って Arduinoのアナログ入力を読み出す

◉ 課題
Raspberry Pi上のPythonプログラムから、Arduinoのアナログ入力を読み出したい。

◉ 解決
PyFirmataを使って、Arduinoのアナログ入力を読み出す。
このレシピの製作には、次のものが必要だ。[*10]

- Arduino Uno（350ページの「モジュール」を参照）
- ブレッドボードとジャンパ線（348ページの「プロトタイピング用機材」を参照）
- 10kΩの半固定抵抗（348ページの「抵抗とコンデンサ」を参照）

ブレッドボード上の部品とArduinoの実体配線図を図14-10に示す。

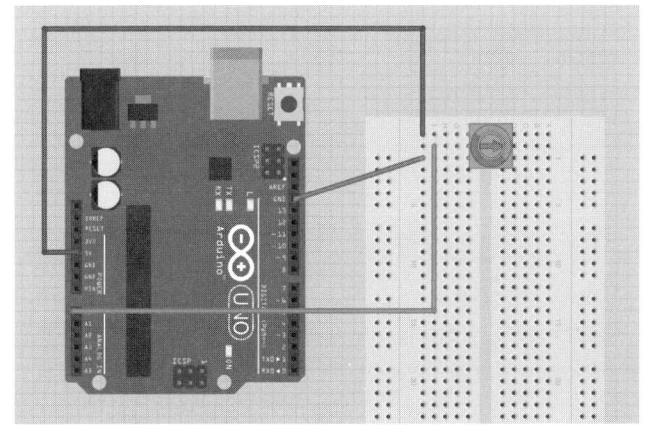

図14-10
Arduinoと半固定抵抗の実体配線図

まだPyFirmataを設定していなければ、レシピ14.3にしたがって行ってほしい。
次のPythonスクリプト（ardu_adc.py）は、アナログ入力の生の測定値とアナログ入力の電圧の両方を表示するもので、レシピ12.4のプログラム（adc_test.py）と非常によく似ている。
エディタ（nanoまたはIDLE）を開き、次のコードを貼り付ける。この本の他のプログ

[*10] 訳注：Arduino Unoは秋月電子（http://akizukidenshi.com/catalog/g/gM-07385/）やスイッチサイエンス（http://www.switch-science.com/catalog/789/）、10kΩの半固定抵抗は秋月電子 http://akizukidenshi.com/catalog/g/gP-06110/などから購入できる。
ブレッドボードとジャンパ線については、レシピ8.10を参照してほしい。
[*11] 訳注：コードをダウンロードした場合、PyFirmataに渡すデバイス名を/dev/ttyUSB0（USB接続の場合）または/dev/ttyAMA0（シリアル接続の場合）に変更してほしい。

ラム例と同様に、このプログラムもhttp://www.raspberrypicookbook.comのコードセクションからardu_adc.pyという名前でダウンロードできる。[*11]

```
import pyfirmata
import time

board = pyfirmata.Arduino('/dev/ttyUSB0')
analog_pin = board.get_pin('a:0:i')
it = pyfirmata.util.Iterator(board)
it.start()
analog_pin.enable_reporting()

while True:
    reading = analog_pin.read()
    if reading != None:
        voltage = reading * 5.0
        print("Reading=%f\tVoltage=%f" % (reading, voltage))
        time.sleep(1)
```

アナログの測定値は、0.0から1.0までの値となる。

```
$ sudo python ardu_adc.py
Reading=0.000000 Voltage=0.000000
Reading=0.165200 Voltage=0.826000
Reading=0.784000 Voltage=3.920000
Reading=1.000000 Voltage=5.000000
```

◉ 解説

このプログラムは、レシピ14.6と非常によく似ている。Iteratorを使う必要があり、またプログラムの停止時には同様の問題がある。

if文が必要なのは、アナログ入力から実際に値が読み出される前に最初のreadが実行されてしまうと、数値ではなくNoneが返るためだ。このif文は、無効な測定値をすべて無視する役割をしている。

◉ 参考

デジタル入力については、レシピ14.6を参照してほしい。

レシピ14.8：PyFirmataでアナログ出力（PWM）を使う

◉ 課題

ArduinoのPWMを使って、LEDの明るさを制御したい。

◯ **解決**

PyFirmataを使ってArduinoへコマンドを送信し、PWM信号を発生させる。
このレシピの製作には、次のものが必要だ。[*12]

- Arduino Uno（350ページの「モジュール」を参照）
- ブレッドボードとジャンパ線（348ページの「プロトタイピング用機材」を参照）
- 270Ωの抵抗（348ページの「抵抗とコンデンサ」を参照）
- LED（350ページの「光エレクトロニクス」を参照）

ブレッドボード上の部品とArduinoの実体配線図を図14-11に示す。これは、レシピ14.4と同じものだ。

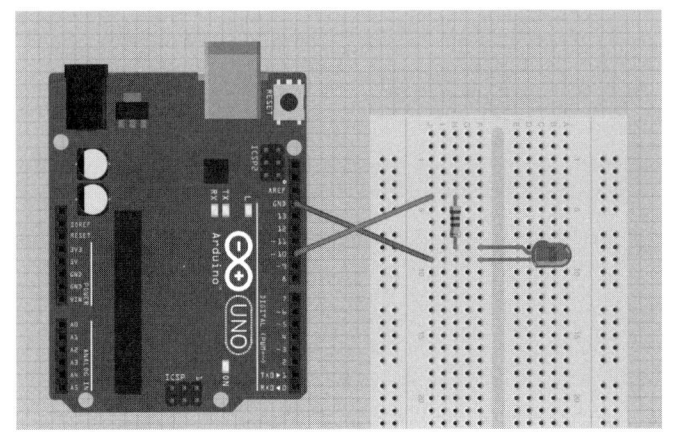

図14-11
ArduinoでLEDをPWM制御する実体配線図

まだPyFirmataを設定していなければ、レシピ14.3にしたがって行ってほしい。

次のPythonスクリプト（`ardu_pwm.py`）は、PWM出力の値を入力するプロンプトを出力し、それにしたがってLEDの明るさを設定するものだ。これは、レシピ9.2のプログラムと非常によく似ている。

エディタ（nanoまたはIDLE）を開き、次のコードを貼り付ける。この本の他のプログラム例と同様に、このプログラムもhttp://www.raspberrypicookbook.comのコードセクションから`ardu_pwm.py`という名前でダウンロードできる。[*13]

```
import pyfirmata

board = pyfirmata.Arduino('/dev/ttyUSB0')
led_pin = board.get_pin('d:10:p')
```

[*12] 訳注：部品の入手先については、レシピ14.4を参照してほしい。
[*13] 訳注：コードをダウンロードした場合、PyFirmataに渡すデバイス名を`/dev/ttyUSB0`（USB接続の場合）または`/dev/ttyAMA0`（シリアル接続の場合）に変更してほしい。

```
    while True:
        duty_s = raw_input("Enter Brightness (0 to 100):")
        duty = int(duty_s)
        led_pin.write(duty / 100.0)
```

値として100を入力すると、LEDは最大の明るさとなる。数を減らすにしたがって、明るさも減少していく。

```
$ sudo python ardu_pwm.py
Enter Brightness (0 to 100):100
Enter Brightness (0 to 100):50
Enter Brightness (0 to 100):10
Enter Brightness (0 to 100):5
Enter Brightness (0 to 100):
```

●解説

このスケッチは、非常に単純明快だ。次のコマンドで、ArduinoのピンをPWM出力に設定している。

```
led_pin = board.get_pin('d:10:p')
```

pはPWMを意味する。しかし、~のマークのあるArduinoのピンでしかこのコマンドは使えないことに注意してほしい。

レシピ9.8のスライダー（図14-12）を修正して、PiFirmataで使うこともできる。このスケッチは、`ardu_gui_slider`という名前でダウンロードできる。[*14]

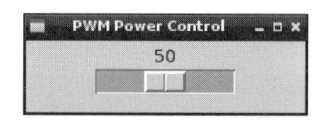

図14-12
PWMを制御するためのユーザインタフェース

●参考

Arduinoは、Raspberry PiのGPIOピンの約10倍の40mAを出力に供給できるが、それでもモーターや大電力LEDモジュールを直接ドライブするには不足だ。そのためにはレシピ9.4で説明した回路を（Raspberry PiのGPIOピンをArduino出力ピンに置き換えて）使う必要がある。

レシピ14.9：PyFirmataを使ってサーボを制御する

●課題

Arduinoを使って、サーボモーターの角度を制御したい。

[*14] 訳注：ダウンロードしたコードでは、PyFirmataに渡すデバイス名を`/dev/ttyUSB0`（USB接続の場合）または`/dev/ttyAMA0`（シリアル接続の場合）に変更してほしい。

◉ 解決

PyFirmataを使ってArduinoの出力にコマンドを送信し、サーボモーターの角度を制御するために必要なパルスを発生させる。

このレシピの製作には、次のものが必要だ。[15]

・Arduino Uno（350ページの「モジュール」を参照）
・ブレッドボードとジャンパ線（348ページの「プロトタイピング用機材」を参照）
・5Vのサーボモーター（351ページの「その他」を参照）

ブレッドボード上の部品とArduinoの実体配線図を図14-13に示す。

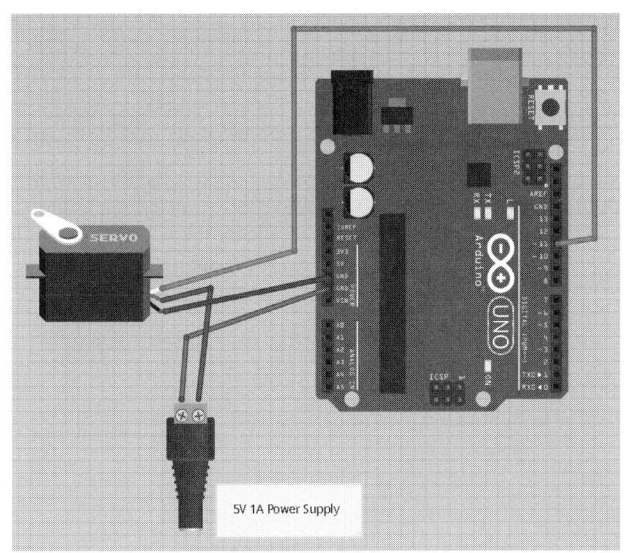

図14-13
Arduinoでサーボモーターを制御する実体配線図

まだPyFirmataを設定していなければ、レシピ14.3にしたがって行ってほしい。

次のPythonスクリプト（`ardu_servo.py`）は、サーボの角度を入力するプロンプトを出力し、それにしたがってサーボモーターのアームを設定するものだ。

エディタ（nanoまたはIDLE）を開き、次のコードを貼り付ける。この本の他のプログラム例と同様に、このプログラムもhttp://www.raspberrypicookbook.comのコードセクションから`ardu_servo.py`という名前でダウンロードできる。[16]

```
import pyfirmata
```

---

[15] 訳注：Arduino Unoは秋月電子（http://akizukidenshi.com/catalog/g/gM-07385/）やスイッチサイエンス（http://www.switch-science.com/catalog/789/）、5Vのスタンダードサーボモーターも秋月電子 http://akizukidenshi.com/catalog/g/gM-06837/ などから購入できる。
ブレッドボードとジャンパ線については、レシピ8.10を参照してほしい。

[16] 訳注：コードをダウンロードした場合、PyFirmataに渡すデバイス名を、/dev/ttyUSB0（USB接続の場合）または/dev/ttyAMA0（シリアル接続の場合）に変更してほしい。

```
board = pyfirmata.Arduino('/dev/ttyUSB0')
servo_pin = board.get_pin('d:11:s')

while True:
    angle_s = raw_input("Enter Angle (0 to 180):")
    angle = int(angle_s)
    servo_pin.write(angle)
```

値として0を入力すると、サーボは可動範囲の片側に動くはずだ。これを180に変えると反対側に、90では中間あたりになる。

```
$ sudo python ardu_servo.py
Enter Angle (0 to 180):0
Enter Angle (0 to 180):180
Enter Angle (0 to 180):90
```

◉ 解説

このスケッチは、非常に単純明快だ。次のコマンドで、Arduinoのピンをサーボ出力に設定している。

```
led_pin = board.get_pin('d:11:s')
```

sはサーボを意味する。これは、Arduinoのすべてのデジタルピンに使用できる。

レシピ10.1を試してみた人は、そのときと比べてArduinoを使ったほうがサーボにジッタが少ないことに気づくだろう。

◉ 参考

Raspberry Piのみでサーボモーターを制御する方法については、レシピ10.1で説明した。

Arduinoを使う代わりに、レシピ10.2で説明したようにサーボモジュールを使ってサーボモーターをたくさん制御することもできる。

レシピ14.10：TTLシリアルでArduinoとカスタム通信を行う

◉ 課題

PyFirmataを使わずに、Arduinoと双方向シリアル通信でデータをやり取りしたい。

◉ 解決

レベルコンバーターまたは2本の抵抗を使って、Raspberry PiのRxDピンをArduinoのTxと接続し、Raspberry PiのTxDピンをArduinoのRxピンと接続する。

このレシピの製作には、次のものが必要だ。[*17]

- Arduino Uno（350ページの「モジュール」を参照）
- ブレッドボードとジャンパ線（348ページの「プロトタイピング用機材」を参照）
- 270Ωと470Ωの抵抗（348ページの「抵抗とコンデンサ」を参照）、または双方向レベル変換モジュール（350ページの「モジュール」を参照）
- 10kΩの半固定抵抗（348ページの「抵抗とコンデンサ」を参照）

　レベル変換モジュールを使った場合のブレッドボード上の部品とArduinoの実体配線図を図14-14に示す。

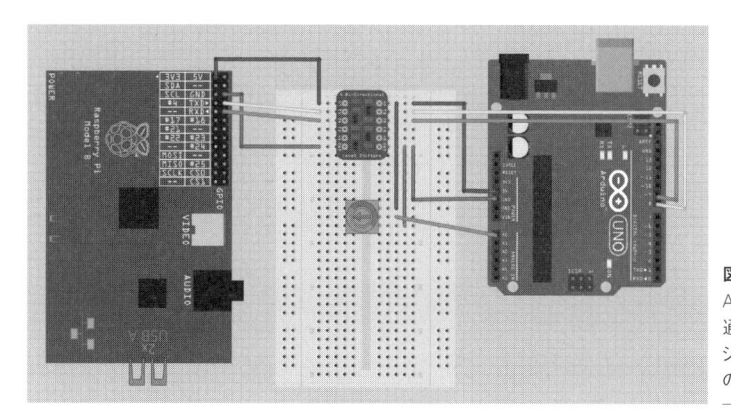

図14-14
Arduinoとのシリアル通信にレベル変換モジュールを使用した場合の実体配線図

　また、抵抗を2本使う場合の実体配線図を図14-15に示す。

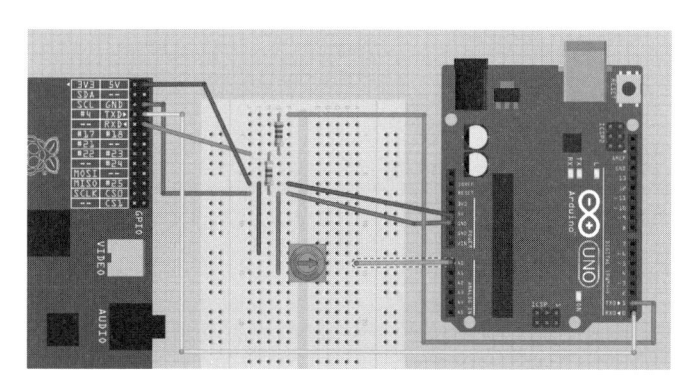

図14-15
Arduinoとのシリアル通信に抵抗を2本使用した場合の実体配線図

　ArduinoのRx入力は、Raspberry PiのTxDピンからの3.3V信号を問題なく受信できる。しかし、ArduinoのTxピンからの5V信号は、Raspberry Piが受けられる3Vに電圧を落

---

*17 訳注：Arduino Unoは秋月電子（http://akizukidenshi.com/catalog/g/gM-07385/）やスイッチサイエンス（http://www.switch-science.com/catalog/789/）、双方向レベル変換モジュールはスイッチサイエンス（http://www.switch-science.com/catalog/1193/）、270Ωと470Ωの1/4W抵抗は秋月電子（270Ω：http://akizukidenshi.com/catalog/g/gR-25271/、470Ω：http://akizukidenshi.com/catalog/g/gR-25471/、いずれも100本入り）、10kΩの半固定抵抗は秋月電子 http://akizukidenshi.com/catalog/g/gP-06110/などから購入できる。
ブレッドボードとジャンパ線については、レシピ8.10を参照してほしい。

とさなくてはならない。

シリアルポートコンソールを無効にし、PySerialをインストールする必要もある。それぞれレシピ8.7と8.8にしたがってほしい。

次のPythonスクリプト（`ardu_pi_serial.py`）は、lかrの入力を求めるプロンプトを表示する。lを入力した場合、ArduinoのLEDが点滅する。一方、rを入力した場合には、アナログ入力A0から読み出した値を0から1023までの数値で報告する。

エディタ（nanoまたはIDLE）を開き、次のコードを貼り付ける。この本の他のプログラム例と同様に、このプログラムもhttp://www.raspberrypicookbook.comのコードセクションから`ardu_pi_serial.py`という名前でダウンロードできる。

```python
import serial

ser = serial.Serial('/dev/ttyAMA0', 9600)

while True:
    command = raw_input("Enter command: l - toggle LED, r - read A0 ")
    if command == 'l' :
        ser.write('l')
    elif command == 'r' :
        ser.write('r')
        print(ser.readline())
```

また、スケッチArduinoSerialをArduino Unoへアップロードする必要もある。[*18] 次のコードを新しいスケッチウィンドウに貼り付ければよい。他のプログラム例と同様に、ダウンロードすることもできる。

```
#include "SoftwareSerial.h"

int ledPin = 13;
int analogPin = A0;

SoftwareSerial ser(8, 9); // RX, TX

boolean ledOn = false;

void setup()
{
  ser.begin(9600);
  pinMode(ledPin, OUTPUT);
}
```

[*18] 訳注：いままでのレシピでは、Raspberry PiとArduinoとの通信にシリアルを使うため、シリアルポート経由でプログラムの書き込みも可能だったが、このレシピではSoftwareSerialというライブラリを使うため、シリアルポートを経由してプログラムを書き込むことはできない。
別途USBケーブルを使ってRaspberry PiとArduinoを接続し、Arduino IDEを立ち上げて［ツール］（Tools）→［シリアルポート］（Serial Port）から`/dev/ttyUSB0`を選択して、Arduinoスケッチを書き込んでほしい。一度書き込んでしまえば、USBケーブルを外してもかまわない。

```
void loop()
{
  if (ser.available())
  {
    char ch = ser.read();
    if (ch == 'l')
    {
      toggleLED();
    }
    if (ch == 'r')
    {
      sendAnalogReading();
    }
  }
}

void toggleLED()
{
  ledOn = ! ledOn;
  digitalWrite(ledPin, ledOn);
}

void sendAnalogReading()
{
  int reading = analogRead(analogPin);
  ser.println(reading);
}
```

このプログラムを実行し、lを入力してL（ボード上のLED）が点滅することを確かめてみよう。そして半固定抵抗を動かして、rを入力してアナログ入力値を読み取ってみよう。

```
$ sudo python ardu_pi_serial.py
Enter command: l - toggle LED, r - read A0 l
Enter command: l - toggle LED, r - read A0 l
Enter command: l - toggle LED, r - read A0 r
0
Enter command: l - toggle LED, r - read A0 r
540
Enter command: l - toggle LED, r - read A0 r
1023
```

● 解説

このレシピのPythonプログラムでは、PySerialライブラリを使ってシリアルポート上の通信をオープンしている。プログラムのメインループは繰り返し入力のプロンプトを出力し、入力された文字に応じて1文字のコマンドをシリアルに出力するという処理を行う。rが入力された場合には、シリアルから値を読み取ってそれを出力するという処理も行う。

見かけとは違って、`serial.readline`の結果は文字列であることに注意してほしい。

これを数値に変換したければ、たとえば次のように、int関数を使って変換すればよい。

```
line = ser.readline()
value = int(line)
```

一方、Arduinoスケッチはこれよりも多少複雑だが、簡単に変更して、より多くの入力を読み出したり、受け付けるコマンドを増やしたりできる。

このスケッチはArduinoのハードウェアシリアルポートを使っていない。これは通常USB接続に使われるからだ。その代わり、SoftwareSerialというライブラリを使ってピン8と9をそれぞれRxとTxとして使っている。

すべてのArduinoスケッチは、Arduinoが起動した際に一度だけ実行されるsetup関数と、繰り返し呼び出されるloop関数を持たなくてはならない。

setup関数はシリアル通信を開始し、ボード上のLEDに接続されているピン（Arduinoのピン13）を出力に設定する。

loop関数はまず、シリアルメッセージが来ているかどうかをser.available関数を呼び出してチェックする。処理すべきメッセージがあれば、その文字を読み出し、それ以降のif節で適切なヘルパー関数を呼び出してコマンドを処理する。

▶参考

SoftwareSerialライブラリについてさらに詳しく理解するには、http://arduino.cc/en/Reference/SoftwareSerial を参照してほしい。

通信を行うカスタムコードを自分で書く代わりに、PyFirmataを使うこともできる（レシピ14.3）。

シリアル通信と同様に、I2Cを使ってArduinoと通信することもできる（レシピ14.11）。

レシピ14.11：I2CでArduinoとカスタム通信を行う

▶課題

I2Cインタフェースを使ってArduinoとデータをやり取りしたい。

▶解決

I2Cバスには、マスターデバイスとスレーブデバイスという概念がある。1つのマスターデバイスが制御するバスには、いくつものスレーブデバイスを接続することができ、それぞれのスレーブデバイスは独自のアドレスを持っている。

Arduinoには、スレーブデバイスとして動作させるためのスケッチをアップロードする。Raspberry PiではSMBusというPythonライブラリを使ってI2C通信を行うプログラムを書く。両方のデバイスのSDAとSCL、そしてGNDは相互に接続する必要がある。Arduinoの電源は別に用意してもいいし、Raspberry Piの5Vから供給してもいい。

このレシピの製作には、次のものが必要だ。[*19]

・Arduino Uno（350ページの「モジュール」を参照）
・オス—メスのジャンパ線（348ページの「プロトタイピング用機材」を参照）

ブレッドボード上の部品とArduinoの実体配線図を図14-16に示す。

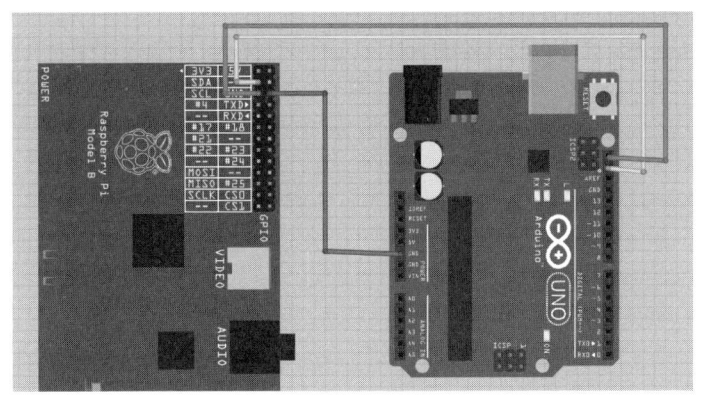

図14-16
ArduinoとRaspberry PiをI2Cで接続する実体配線図

ここで使用しているArduinoは、最新のArduino Uno R3だ。古いボードを使っていてSDAとSCLの専用ピンがない場合には、Raspberry PiのSDAとSCLピンをArduinoのピンA4とA5に接続すればよい。

次のスケッチを、Arduinoへアップロードする。[*20] これはArduinoI2Cという名前でhttp://www.raspberrypicookbook.comからダウンロードできる。

```
#include <Wire.h>

int SLAVE_ADDRESS = 0x04;
int ledPin = 13;
int analogPin = A0;

boolean ledOn = false;

void setup()
{
    pinMode(ledPin, OUTPUT);
    Wire.begin(SLAVE_ADDRESS);
    Wire.onReceive(processMessage);
```

[*19] 訳注：Arduino Unoは秋月電子（http://akizukidenshi.com/catalog/g/gM-07385/）やスイッチサイエンス（http://www.switch-science.com/catalog/789/）などから購入できる。
ジャンパ線については、レシピ8.10を参照してほしい。
[*20] 訳注：レシピ12.10のSoftwareSerialと同様に、I2Cを経由してプログラムを書き込むことはできない。別途USBケーブルを使ってRaspberry PiとArduinoを接続し、Arduino IDEを立ち上げて［ツール］(Tools) →［シリアルポート］(Serial Port)から/dev/ttyUSB0を選択して、Arduinoスケッチを書き込んでほしい。一度書き込んでしまえば、USBケーブルを外してもかまわない。

```
    Wire.onRequest(sendAnalogReading);
}

void loop()
{
}

void processMessage(int n)
{
    char ch = Wire.read();
    if (ch == 'l')
    {
        toggleLED();
    }
}

void toggleLED()
{
  ledOn = ! ledOn;
  digitalWrite(ledPin, ledOn);
}

void sendAnalogReading()
{
  int reading = analogRead(analogPin);
  Wire.write(reading >> 2);
}
```

レシピ8.4にしたがって、Raspberry PiのI2C通信を設定する必要がある。

エディタ（nanoまたはIDLE）を開き、次のコードを貼り付ける。この本の他のプログラム例と同様に、このプログラムもhttp://www.raspberrypicookbook.comのコードセクションからardu_pi_i2c.pyという名前でダウンロードできる。

```
import smbus
import time

# for RPI revision 1, use "bus = smbus.SMBus(0)"
bus = smbus.SMBus(1)

# This must match in the Arduino Sketch
SLAVE_ADDRESS = 0x04

def request_reading():
    reading = int(bus.read_byte(SLAVE_ADDRESS))
    print(reading)

while True:
    command = raw_input("Enter command: l - toggle LED, r - read A0 ")
    if command == 'l' :
```

```
            bus.write_byte(SLAVE_ADDRESS, ord('l'))
        elif command == 'r' :
            request_reading()
```

このテストプログラムは、レシピ14.10でシリアル通信のデモに使ったプログラムと非常によく似ている。このプログラムは、双方向通信ができることを示すように設計してある。lを入力した場合にはArduinoのLEDが点滅し、rを入力した場合にはアナログ入力A0から読み出した値を報告する。オス―オスのジャンパ線を使ってArduinoのA0入力を3.3Vや5V、あるいはGNDに接続して、値が変化することを確かめてほしい。

```
$ sudo python ardu_pi_i2c.py
Enter command: l - toggle LED, r - read A0 l
Enter command: l - toggle LED, r - read A0 l
Enter command: l - toggle LED, r - read A0 r
184
Enter command: l - toggle LED, r - read A0
```

◯解説

このレシピではArduinoはI2Cスレーブとして動作するので、Raspberry Pi上で動作するマスターが、接続されたスレーブを認識できるように**アドレス**を割り当てる必要がある。ここでは、アドレスは0x04に設定され、SLAVE_ADDRESS変数に含まれている。

Arduinoのsetup関数では、使用する2つのコールバック関数を設定している。関数processMessageは、onReceiveイベントが発生するたびに呼び出される。つまり、Raspberry Piからコマンドが発行されるたびに呼び出されるということだ。もう1つのコールバック関数sendAnalogReadingは、onRequestイベントと関連付けられている。これはRaspberry Piがデータを要求した際に発生し、アナログ値を読み出して1バイトに収まるように4で割ってからRaspberry Piへ送り返している。

このスケッチの相手方のPythonプログラムでは、まずSMBusの新しいインスタンスをbusという名前で作成している。このとき、唯一の引数には1を指定している。これは使用すべきRaspberry Pi上のI2Cポートで、ごく初期のRaspberry Piを使っていない限り1を指定すればよい。リビジョン1のボードを使っている場合には、引数として0を指定する。リビジョン1と2以降では、GPIOコネクタ上で使用するI2Cポートが入れ替わっているからだ。

このプログラムは、ユーザにlまたはrのコマンドを入力するプロンプトを表示する。コマンドlが入力されたらArduinoに文字lを送信する。これによって、Arduino側ではonReceiveハンドラ（processMessage）が呼び出され、toggleLEDが呼び出される。

また、ユーザがrを入力した場合にはrequest_reading関数が呼び出される。これはSMBusのread_byteメソッドを呼び出し、それによってArduinoスケッチのonRequestが呼び出される。

シリアル通信のときにはレベル変換モジュールが必要だったのに（レシピ14.5を参照）、それなしでArduinoの5V出力をRaspberry PiのI2Cピンへ直接接続して大丈夫なのだ

ろうか、と心配な読者もいるかもしれない。これが大丈夫な理由は、I2Cバス標準では
SDAとSCL信号に接続されたプルアップ抵抗の電圧で動作することになっているためだ。
この例の場合、Arduino Uno側ではI2C信号にプルアップ抵抗は接続されていない。プ
ルアップ抵抗はRaspberry Pi側で3.3Vに接続されている。

> ⚠️ ArduinoではI2C信号にプルアップ抵抗は接続されていないが、これはすべてのI2Cデバ
> イスについていえることではない。したがって、5Vで動作するI2Cデバイスを使う場合には、
> プルアップ抵抗が接続されていないことを確認するようにしてほしい（もしプルアップ抵
> 抗がある場合でも、比較的簡単に取り除くことができるはずだ）。

▶参考
I2Cの代わりにシリアルを使う方法については、レシピ14.10を参照してほしい。

レシピ14.12：小型のArduinoをRaspberry Piに接続する

▶課題
ArduinoボードをRaspberry Piへ接続して使いたいが、もう少しコンパクトなものが
ほしい。

▶解決
小さなブレッドボードでも十分に使える、小型のArduinoボードを使う。

図14-17に、Arduino Pro Miniボードを示す。このようなボードには、プロジェクト
に必要な他の部品と一緒にブレッドボードへ直接差し込むことができるという大きな利
点がある。このPro Miniボードは3.3Vバージョンも市販されているため、これを使えば
Raspberry Piとの接続にレベル変換の必要がなくなる。

図14-17
Arduino Pro MiniとUSB
シリアル変換アダプタ

▶ 解説

図14-17に示したPro Miniのようなボードは、USBシリアル変換アダプタが必要だ。プログラミングはRaspberry Piから行うこともできるし、それがうまくいかない場合は別のコンピューターから行うこともできる。

小型のArduinoにも公式のArduinoボード以外に、さまざまな低コストのクローンボードが存在する。

▶ 参考

他に検討すべきボードは次のとおりだ。

- Teensy（http://www.pjrc.com/teensy/）
- Arduino Micro（http://arduino.cc/en/Main/ArduinoBoardMicro）
- Arduino Nano（http://arduino.cc/en/Main/ArduinoBoardNano）

レシピ14.13：aLaModeボードとRaspberry Piを使う

▶ 課題

Raspberry Piと外部電子回路とのインタフェースとして、aLaModeボードを使いたい。

▶ 解決

図14-18に示すaLaModeボード（350ページの「モジュール」を参照）は、いわばRaspberry PiのGPIOソケットが付いたArduino Unoだ。aLaModeボードはRaspberry Piの上にぴったりと収まるし、追加配線なしでArduinoシールドを使うこともできる。

図14-18
aLaModeインタフェースボード

図14-18に示すボードには、Arduinoシールドの接続に必要なピンソケットが実装されていないことに注意してほしい。

レシピ14.1のインストール指示にしたがえば、aLaModeボードもArduino環境にセッ

トアップできる。Arduino IDEの［ツール］（Tools）メニューから［マイコンボード］（Board）
を開き、ボードの種類を［ALaMode］に設定する（図14-19）。

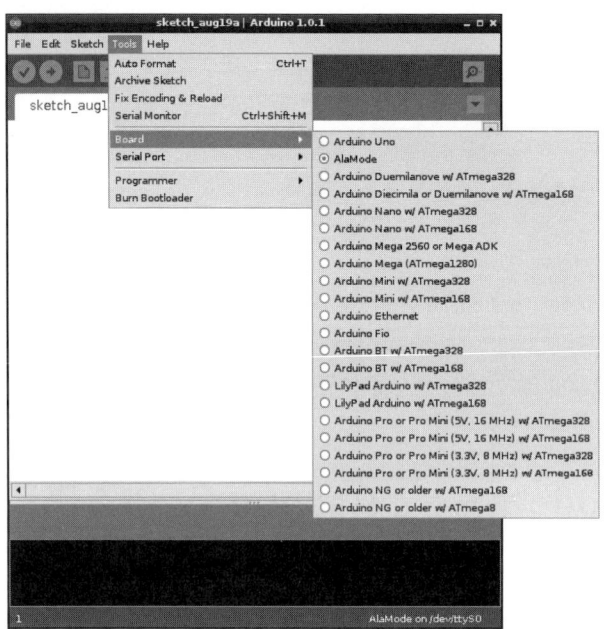

図14-19
Arduino IDE上でaLaModeボードタイプを設定できる

また、aLaModeボードプログラミングを始める前にシリアルポートを/dev/ttyS0
に設定する必要もある。このため、シリアルコンソールを無効にしておくことも必要だ（レ
シピ8.7）。

> **解説**

この章のすべてのFirmataレシピや、レシピ14.10のカスタムシリアル通信は
aLaModeでも動作する。唯一必要な変更は、aLaModeと通信するPythonプログラムで
は、USBポートではなくシリアルポートを使わなくてはならないことだ。

aLaModeはレシピ14.5と同様の構成でArduinoのTxピンとRxピンが配線されている
が、レベル変換回路が組み込まれている。

Firmataを使う際には、次のようにシリアルポートを/dev/ttyACM0から/dev/
ttyAMA0に変更する必要がある。

    board = pyfirmata.Arduino('/dev/ttyAMA0')

同様に、自分でカスタムコードを書く場合には、シリアル接続をオープンする行を次の
ように変更する必要がある。

    ser = serial.Serial('/dev/ttyAMA0', 9600)

aLaModeを試すには、aLaModeにStandard Firmataスケッチをアップロードしてか

ら、Pythonプログラムardu_flash_ser.py（レシピ14.5）を実行してみてほしい。
aLaModeボードの興味深い機能をいくつか紹介しておこう。

- 5V電源は、Raspberry PiのGPIOコネクタから、あるいはマイクロUSBソケットに接続した5V電源アダプタから供給できる。
- RTCは、ボードのArduino側ではなく、Raspberry Pi側に直接接続されている。
- Arduinoシールドを接続でき、高い互換性が確保されている（レシピ14.14参照）。
- I2Cスレーブとして動作可能。シリアルリンクを使わず、aLaModeとRaspberry PiをI2Cで接続することもできる（レシピ14.11）。
- マイクロSDカードリーダーが付いている。
- サーボモーターと直接接続できるヘッダピンがある（レシピ14.9）。

> aLaModeには、1つの小さな設計ミスがある。Arduinoシールド用のピンソケットをハンダ付けすると、A0からA5までのアナログ入力がRaspberry PiのRJ45イーサネットソケットのむき出しの金属部分と簡単に接触してしまうのだ。これを防ぐには、aLaModeを接続する前に、Raspberry Piのイーサネットソケットの上に絶縁テープを何枚か貼っておくのがよいだろう（図14-20）。

図14-20
Raspberry PiのRJ45コネクタに絶縁テープを貼る

●参考

aLaModeの公式ドキュメントは、https://docs.google.com/document/d/1HBvd3KNmcs632ZgO6t_u37B-qwV6P9o9FQe62IGkumM/editから入手できる。

レシピ14.14：Raspberry PiとaLaModeボードでArduinoシールドを使う

◯課題
Raspberry PiでArduinoシールドを使いたい。

◯解決
aLaModeインタフェースボードを使う。Arduinoと同じピンソケットを、ボードにハンダ付けする必要があるかもしれない。

例として、Arduino LCDシールドをaLaModeに接続してみよう。

このレシピの製作には、次のものが必要だ。[21]

- aLaModeボード（350ページの「モジュール」を参照）
- Arduino LCDシールド（350ページの「モジュール」を参照）

この本の他のプログラム例と同様に、このプログラムもhttp://www.raspberrypicookbook.comのコードセクションからAlaModeShieldという名前でダウンロードできる。

```
#include <LiquidCrystal.h>

// pins for Freetronics LCD Shield

LiquidCrystal lcd(8, 9, 4, 5, 6, 7);

void setup()
{
  lcd.begin(16, 2);
  lcd.print("Counting!");
}
void loop()
{
  lcd.setCursor(0, 1);
  lcd.print(millis() / s1000);
}
```

このスケッチをaLaModeにアップロードすると、ディスプレイの上の行に「Counting!」というメッセージが、下の行には秒数が表示されるはずだ（図14-21）。

---

[21] 訳注：日本国内でaLaModeボードの入手先を見付けることはできなかった。

図 14-21
aLaModeボードとArduino LCD
シールドを使う

● 解説

ここでは、Freetronics LCDシールドを使用した。他にも数多くのLCDディスプレイシールドがあり、またピン配置が違っている場合もある。違うモジュールを使う場合には、次の行を変更する必要があるだろう。

```
LiquidCrystal lcd(8, 9, 4, 5, 6, 7);
```

これらのパラメータには、LCD信号（rs、enable、d4、d5、d6、そしてd7）に使うArduinoのピンを上記の順番で指定する。

● 参考

ArduinoのLiquidCrystalライブラリの参考資料は、http://arduino.cc/en/Reference/LiquidCrystalから入手できる。

レシピ 14.15 : GertboardをArduinoインタフェースとして使う

● 課題

Gertboard上のATmegaチップをArduinoのように使ってプログラムしたい。

● 解決

この詳細なチュートリアル（https://projects.drogon.net/raspberry-pi/gertboard/）にしたがって、Arduino IDE、Raspberry Pi、そしてGertboardをセットアップし、Gertboardのプロセッサを Arduinoのように使ってプログラムできるようにする。

● 解説

GertboardのATmegaプロセッサは3.3Vで動作するので、レベル変換の必要はない。

> **参考**

Gertboardの基本的な紹介については、レシピ8.17 を参照してほしい。

Gertboardのマニュアル（http://www.automaticon.pl/nowosci2013/doc/Gertboard%20Assembled.pdf）は、さまざまなところから入手できる。

付録A　パーツと機材

パーツ

以下の表は、この本で使われるパーツを探すために役立ててほしい。複数の販売店から入手可能な部品には、それぞれの製品コードを示しておく。

現在では、Makerや電子工作の愛好家にも数多くの電子部品販売店が利用できるようになった。そのいくつかを、表A-1と表A-2に示す。

表A-1　米国の販売店

販売店	ウェブサイト	注記
Adafruit	http://www.adafruit.com	モジュールが充実している
Digikey	http://www.digikey.com/	さまざまな部品を取り扱っている
MakerShed	http://www.makershed.com/	モジュールやキット、ツールが充実
MCM Electronics	http://www.mcmelectronics.com/	さまざまな部品を取り扱っている
Mouser	http://www.mouser.com	さまざまな部品を取り扱っている
RadioShack	http://www.radioshack.com/	リアル店舗
SeedStudio	http://www.seeedstudio.com/	低コストモジュールが興味深い
SparkFun	http://www.sparkfun.com	モジュールが充実している

米国の販売店の多くはウェブサイトを持っていて、海外への発送が可能なことも多い。

表A-2　その他の販売店[*1]

販売店	ウェブサイト	注記
CPC	http://cpc.farnell.com/	英国に拠点、モジュールが充実
Ciseco	http://shop.ciseco.co.uk	PiLite、Humble Piなどの販売元
Farnell	http://www.farnell.com	国際的、さまざまな部品を取り扱っている
Maplins	http://www.maplin.co.uk/	英国に拠点、リアル店舗
Proto-pic	http://proto-pic.co.uk/	英国に拠点、SparkFunやAdafruitのモジュールを取り扱っている
SK Pang	http://www.skpang.co.uk	英国に拠点

販売店	ウェブサイト	注記
秋月電子通商	http://akizukidenshi.com/	秋葉原と埼玉に店舗、さまざまな部品を取り扱っている
千石電商	http://www.sengoku.co.jp	秋葉原と大阪に店舗、電子部品やツールが充実
スイッチサイエンス	http://www.switch-science.com	SparkFunやAdafruitのモジュールを取り扱っている

他にeBayからも多くの部品が入手できる[*2]。

部品を探すのは時間がかかり、面倒なことも多い。Octopart部品検索エンジン（http://octopart.com/）は、部品を探すのにとても役に立つ。

プロトタイピング用機材

この本のハードウェアのプロジェクトでは、さまざまなジャンパ線を使うことが多い。特に、オス―メスのジャンパ線（Raspberry PiのGPIOコネクタとブレッドボードの接続に使われる）とオス―オス（ブレッドボード上の接続に使われる）は役に立つ。メス―メスのジャンパ線は、GPIOピンへ直接モジュールを接続する際に便利だ。3インチ（75mm）よりも長いリード線が必要になることはあまりないだろう。表A-3に、ジャンパ線とブレッドボードの入手先の例を示す。

表A-3　試作用機材

名称	入手先
オス―オスのジャンパ線	秋月電子（http://akizukidenshi.com/catalog/g/gC-05159/）、千石電商（http://www.sengoku.co.jp/mod/sgk_cart/detail.php?code=EEHD-4DBK）
オス―メスのジャンパ線	千石電商（http://www.sengoku.co.jp/mod/sgk_cart/detail.php?code=4DL6-VHDX）
メス―メスのジャンパ線	千石電商（http://www.sengoku.co.jp/mod/sgk_cart/detail.php?code=3DM6-UHDA）
ブレッドボード	秋月電子（http://akizukidenshi.com/catalog/g/gP-00285/）
Pi Cobbler	スイッチサイエンス（http://www.switch-science.com/catalog/1536/、http://www.switch-science.com/catalog/1258/）

抵抗とコンデンサ

表A-4に、このクックブックで使われる抵抗とコンデンサを、入手先の例とともに示す。

[*1] 訳注：これ以降、日本の販売店の情報は訳者が加筆した。
[*2] 訳注：日本ではeBayよりもアマゾン（http://www.amazon.co.jp）のほうが便利である。

表A-4　抵抗とコンデンサ

名称	入手先
270Ωの1/4W抵抗	秋月電子（http://akizukidenshi.com/catalog/g/gR-25271/）
470Ωの1/4W抵抗	秋月電子（http://akizukidenshi.com/catalog/g/gR-25471/）
1kΩの1/4W抵抗	秋月電子（http://akizukidenshi.com/catalog/g/gR-25102/）
3.3kΩの1/4W抵抗	秋月電子（http://akizukidenshi.com/catalog/g/gR-25332/）
4.7kΩの1/4W抵抗	秋月電子（http://akizukidenshi.com/catalog/g/gR-25472/）
10kΩの1/4W抵抗	秋月電子（http://akizukidenshi.com/catalog/g/gR-25103/）
10kΩの半固定抵抗	秋月電子（http://akizukidenshi.com/catalog/g/gP-06110/）
光抵抗センサー	秋月電子（http://akizukidenshi.com/catalog/g/gI-05858/）
0.1μFのコンデンサ	秋月電子（http://akizukidenshi.com/catalog/g/gP-00090/）
0.22μFのコンデンサ	秋月電子（http://akizukidenshi.com/catalog/g/gP-03096/）
100μF電源用コンデンサ	秋月電子（http://akizukidenshi.com/catalog/g/gP-02724/）

トランジスタとダイオード

表A-5に、このクックブックで使われるトランジスタとダイオードを、入手先の例とともに示す。

表A-5　トランジスタとダイオード

名称	入手先
FQP30N06 NチャネルMOSFET （代替品：2SK2232）	秋月電子（http://akizukidenshi.com/catalog/g/gI-02414/）
2N3904 NPNバイポーラトランジスタ	秋月電子（http://akizukidenshi.com/catalog/g/gI-05962/）
1N4001ダイオード（代替品：1N4007）	秋月電子（http://akizukidenshi.com/catalog/g/gI-00934/）

IC

表A-6に、このクックブックで使われるICを、入手先の例とともに示す。

表A-6　IC

名称	入手先
7805 三端子レギュレータ	秋月電子（http://akizukidenshi.com/catalog/g/gI-01373/）
L293D モータードライバ （代替品：SN754410）	秋月電子（http://akizukidenshi.com/catalog/g/gI-05277/）
ULN2803 ダーリントンドライバ （代替品：TD62083APG）	秋月電子（http://akizukidenshi.com/catalog/g/gI-01516/）

名称	入手先
DS18B20温度センサー	秋月電子（http://akizukidenshi.com/catalog/g/gI-05276/）
MCP3008 8チャネルADC	スイッチサイエンス（http://www.switch-science.com/catalog/1514/）
TMP36温度センサー（代替品：MCP9700）	秋月電子（http://akizukidenshi.com/catalog/g/gI-03286/）

光エレクトロニクス

表A-7に、このクックブックで使われる光エレクトロニクス部品を、入手先の例とともに示す。

表A-7 光エレクトロニクス

名称	入手先
5mm赤色LED	秋月電子（http://akizukidenshi.com/catalog/g/gI-00624/）
RGBカソードコモンLED	秋月電子（http://akizukidenshi.com/catalog/g/gI-02476/） 抵抗と拡散キャップ付きのセットは（http://akizukidenshi.com/catalog/g/gI-00729/）

モジュール

表A-8に、このクックブックで使われるモジュールを、入手先の例とともに示す。

表A-8 モジュール

名称	入手先
Raspberry Piカメラモジュール	アールエスコンポーネンツ（http://jp.rs-online.com/web/p/video-modules/7757731/）、スイッチサイエンス（http://www.switch-science.com/catalog/1432/）
Arduino Uno	秋月電子（http://akizukidenshi.com/catalog/g/gM-07385/）、スイッチサイエンス（http://www.switch-science.com/catalog/789/）
レベル変換モジュール4チャネル	スイッチサイエンス（http://www.switch-science.com/catalog/1193/）
レベル変換モジュール8チャネル	スイッチサイエンス（http://www.switch-science.com/catalog/1192/）
LiPo昇圧レギュレータモジュール	スイッチサイエンス（http://www.switch-science.com/catalog/1007/）
PowerSwitch tail	Adafruit: 268
16チャネルサーボコントローラー	スイッチサイエンス（http://www.switch-science.com/catalog/961/）
デュアルモータードライバ	千石電商（http://www.sengoku.co.jp/mod/sgk_cart/detail.php?code=EEHD-4CCR）、スイッチサイエンス（http://www.switch-science.com/catalog/385/）
RaspiRobotボード	千石電商（http://www.sengoku.co.jp/mod/sgk_cart/detail.php?code=EEHD-4EWS）、スイッチサイエンス（http://www.switch-science.com/catalog/1239/）
PiFaceデジタルインタフェースボード	スイッチサイエンス（http://www.switch-science.com/catalog/1301/）

名称	入手先
Humble Pi	MCM: 83-14637、CPC: SC12871
Pi Plate	Adafruit: 801
Gertboard	MCM: 83-14460、CPC: SC12828
パドルターミナル付きのブレークアウトボード	MCM: 83-14876, CPC: SC12885
PIR センサーモジュール	秋月電子 (http://akizukidenshi.com/catalog/g/gM-05426/)
GPS モジュール	スイッチサイエンス (http://www.switch-science.com/catalog/1085/)
メタンガスセンサー（変換ボード付き）	スイッチサイエンス (http://www.switch-science.com/catalog/362/)
3 軸加速度センサー ADXL335 モジュール	秋月電子 (http://akizukidenshi.com/catalog/g/gK-07234/)、スイッチサイエンス (http://www.switch-science.com/catalog/216/)
I2C 通信 4×7 セグメント LED	スイッチサイエンス (http://www.switch-science.com/catalog/1639/)
I2C 通信 2 色 LED マトリクス	スイッチサイエンス (http://www.switch-science.com/catalog/1498/)
PiLite インタフェースボード	Ciseco, CPC: SC13018
aLaMode インタフェースボード	Makershed: MKWY1, Seeedstudio: ARD10251P
Freetronics Arduino LCD シールド	www.freetronics.com
RTC モジュール	スイッチサイエンス (http://www.switch-science.com/catalog/213/)
16×2 行表示 HD44780 互換 LCD モジュール	秋月電子 (http://akizukidenshi.com/catalog/g/gP-02985/)

その他

表 A-9 に、このクックブックで使われるその他の機材を、入手先の例とともに示す。

表 A-9　その他

名称	入手先
LiPo 電池	千石電商 (https://www.sengoku.co.jp/mod/sgk_cart/detail.php?code=5DNB-SELD)、スイッチサイエンス (http://www.switch-science.com/catalog/48/)
5V リレー	秋月電子 (http://akizukidenshi.com/catalog/g/gP-07342/)
5V アナログパネルメーター	千石通商 (https://www.sengoku.co.jp/mod/sgk_cart/detail.php?code=EEHD-4CRM)
サーボモーター	秋月電子 (http://akizukidenshi.com/catalog/g/gM-06837/)
5V 1A 電源アダプタ	アールエスコンポーネンツ (http://jp.rs-online.com/web/p/plug-in-power-supply/7646782/)、スイッチサイエンス (http://www.switch-science.com/catalog/1409/)
ギアモーター	スイッチサイエンス (http://www.switch-science.com/catalog/1393/)
0.1 インチピッチのヘッダピン	秋月電子 (http://akizukidenshi.com/catalog/g/gC-00167/)
ユニポーラステッピングモーター	秋月電子 (http://www.akizukidenshi.com/catalog/g/gP-05708/)
バイポーラステッピングモーター	秋月電子 (http://akizukidenshi.com/catalog/g/gP-05372/)
Magician chassis（ギアモーター付き）	SparkFun: ROB-10825

名称	入手先
押しボタンスイッチ	秋月電子 (http://akizukidenshi.com/catalog/g/gP-03647/)
小型スライドスイッチ	秋月電子 (http://akizukidenshi.com/catalog/g/gP-02736/)
中点オフのトグルスイッチ	秋月電子 (http://akizukidenshi.com/catalog/g/gP-02400/)
ロータリーエンコーダー	秋月電子 (http://akizukidenshi.com/catalog/g/gP-00292/)
4×3のキーパッド	千石電商 (http://www.sengoku.co.jp/mod/sgk_cart/detail.php?code=EEHD-0G4H)
圧電ブザー	秋月電子 (http://akizukidenshi.com/catalog/g/gP-01251/)、 スイッチサイエンス (http://www.switch-science.com/catalog/472/)

索引

[記号・数字]

. ……………………………………………… 052
[ ] 記法 ……………………… 123, 124, 128, 133
[:] 記法 ……………………………… 112, 130
{ } 記法 ……………………………………… 132
* ………………………………………… 051, 059
& …………………………………………………… 080
< …………………………………………………… 078
> ………………………………… 057, 078, 079, 080
>> ………………………………………………… 057
| …………………………………………………… 079
1N4001（ダイオード） ……………………… 223
1ワイヤインタフェース ……………………… 292
2N3904（トランジスタ） …………………… 196
2SK2232（MOSFET） ……………………… 194
3軸加速度センサー …………………………… 288
5V小型リレー ………………………………… 196
7805（三端子レギュレータ） ……………… 169
7セグメントLEDディスプレイ …………… 302

[A]

AbiWord …………………………………… 045, 088
Adafruit I2C通信2色LEDマトリクス … 304
Adafruit I2C通信4×7セグメントLED … 301
Adafruit_CharLCD.py ………………………… 311
ADC ……………………………………………… 273
ADCチップ …………………………………… 280
aLaMode ……… 272, 314, 315, 341, 344
aliasコマンド ………………………………… 081
append関数（Python） ……………………… 125
apt-getコマンド ……………………… 065, 066
　apt-get autoremove …………………… 067
　apt-get clean …………………………… 067
　apt-get install ………………………… 065
　apt-get remove ………………………… 066
　apt-get search ………………………… 066
　apt-get update ………………………… 065
Arduino ………………………………………… 313
Ardiono IDE …………………………………… 314
Arduino LCDシールド ……………………… 344
Arduino Pro Mini …………………………… 340
Arduino Uno ………………………………… 313
Arduino Unoの入出力ピン ………………… 318
Arduinoシールド ……………………… 341, 344
ArduinoのDCソケット ……………………… 320
Arduinoのアナログ出力 ……………………… 328
Arduinoのアナログ入力 ……………………… 327
Arduinoのデジタル出力 ……………………… 320
Arduinoのデジタル入力 ……………………… 324
argvプロパティ（Python） ………………… 151
asキーワード（Python） ……………… 147, 149
ATmega328 ………………………………… 177
ATmegaチップ ………………………………… 344

[B]

/boot/config.txt ………………… 014, 015, 017
bottleライブラリ（Python）
……………………………………… 153, 212, 213
bouncing ……………………………………… 251
break文（Python） …………………………… 119

[C]

catコマンド …………………………… 057, 078
CCTVモニタ …………………………………… 015
cdコマンド ……………………………………… 049
Charlieplexing ……………………………… 205
chmodコマンド ……………………………… 062
chownコマンド ……………………………… 063
Chromium …………………………………… 089
closeメソッド（Python） …………… 143, 144
Common Unix Printing System …… 045
cpコマンド ……………………………………… 053
　cp -r ………………………………………… 053
crontab ………………………………………… 071
Ctrl-C …………………………………………… 073
Ctrl-V …………………………………………… 055
Ctrl-W …………………………………………… 055
Ctrl-X …………………………………… 055, 056
Ctrl-Y …………………………………………… 055
CUPS …………………………………………… 045

[D]

dateコマンド ……………………………… 082
DCモーターの速度を制御する ………… 223
DCモーターを制御する ………………… 225
Debian Linux ……………………………… 069
debounce …………………………………… 251
def (Python) ……………………………… 119
/dev/null ………………………………… 072, 080
dfコマンド ………………………………… 082
DHCP ……………………………………… 027
Dillo ………………………………………… 045
DPDT ……………………………………… 250
DS1307 (RTCチップ) …………………… 269
DS18B20 (温度センサー) ……… 286, 292

[E]

echoコマンド ……………………………… 057
elinux ……………………………………… 014
else節 (Python) ………………………… 147
enumerate関数 (Python) ……………… 128
/etc/hostname …………………………… 031
/etc/hosts ………………………………… 032
/etc/init.d ………………………………… 069
/etc/inittab ……………………………… 162
/etc/modprobe.d/raspi-blacklist.conf
 …………………………………… 158, 161, 172
/etc/modules …………………… 158, 161, 271
/etc/motion/motion.conf ……………… 091
/etc/network/interfaces ……………… 030
/etc/samba/smb.conf ………………… 043
Exception (Python) …………………… 147
exceptセクション (Python) …………… 147
extend関数 (Python) …………………… 125

[F]

FAT ………………………………………… 008
Fedora ARMインストーラ ……………… 010
fgコマンド ………………………………… 080
finally節 (Python) ……………………… 147
findコマンド ……………………………… 072

find関数 (Python) ……………………… 112
Firmata …………………………………… 318
float関数 (Python) ……………………… 110
FMトランスミッター ……………………… 096
formatメソッド (Python) ……………… 137
for文 (Python) ……… 118, 127, 128, 134
FQP30N06 (MOSFET) ………………… 194
Freetronics LCDシールド ……………… 344

[G]

gerpコマンド ……………………………… 074
Gertboard ………………………… 176, 344
GIMP ……………………………… 064, 097
gitコマンド ………………………………… 068
　　git clone ……………………………… 068
Git ………………………………………… 068
GitHub …………………………………… 068
GNU Image Manipulation Program
 …………………………………………… 097
Gnumeric ………………………………… 088
GPIO ……………………………… 155, 156
GPIO.input ……………………………… 245
GPIO.PWM ……………………………… 191
GPIO.setup ……………………………… 244
GPIOコネクタ …………………… 187, 195
GPIOのピン配置 ………………………… 155
GPIOピン ………………………………… 243
GPIOブレークアウトボード …………… 185
GPIO出力をウェブインタフェースで制御する
 …………………………………………… 212
gpsd (Python) …………………………… 263
GPSモジュール …………………………… 262
grepコマンド ……………………………… 079
gunzipコマンド …………………………… 076

[H]

haltコマンド ……………………………… 022
HD44780互換LCDモジュール ………… 308
HDMIコネクタ …………………………… 013
HDMI接続 ………………………………… 014

355

/home/pi	048
HTTPリクエスト	150
Humble Pi	180
Hブリッジ	225
Hブリッジチップ	225, 234
Hブリッジの動作	229
Hブリッジモジュール	225

[I]

I2C	158
I2C LEDモジュール	301, 303
i2c-tools	159
i2cDetect	160
I2Cアドレスを確認する	159
I2Cインタフェース	336
I2Cスレーブデバイス	336, 339
I2Cバス	336
I2Cマスターデバイス	336
I2Cモジュール	159
Iceweasel	045, 089
IDLE (Python)	102, 103, 104
ifconfig	029
if文 (Python)	115
import文 (Python)	148
init.d	069
initスクリプト	069
input (Python)	107
insert関数 (Python)	125
int関数 (Python)	110
IPアドレス	029
IPアドレスを静的に設定する	030
Iterator	326

[K]

| killコマンド | 075, 076 |
| killallコマンド | 076 |

[L]

L293D (Hブリッジチップ)	225
LANポート	027
LED	187, 188, 205
LEDアレイ (9×14)	306
LEDディスプレイ (4桁)	301
LEDの直列抵抗	188
len関数 (Python)	111, 124
lessコマンド	057
LibreOffice	088
Linuxオペレーションシステム	047
Linuxディストリビューション	005
LiPo電池パック	171
LiPo電池充電・昇圧レギュレータモジュール	171
LM2940 (三端子レギュレータ)	170
lower関数 (Python)	114
lsコマンド	050
ls -a	052
ls -l	061
lsusbコマンド	077, 091
LXTerminal	048

[M]

Macで画面を共有	041
Magician Charssis	238, 239
Mame	094
manコマンド	065
/media	300
MCP3008	288
MCP3008 (ADCチップ)	280, 282, 285
Midori	045, 088
Minecraft	094
Minicom	163, 306
mkdirコマンド	058
moreコマンド	057
MOSFET	194, 195
motion	091
MOUSEBUTTONDOWN	268
MOUSEBUTTONUP	268
MOUSEMOTIONイベント	268
mvコマンド	054

[N]

nano ································· 055
NAS ································· 042
netatalkコマンド ··············· 039
NOOBS ···················· 006, 015

[O]

Occidentalis ······················ 005
OpenArena ······················· 095
OpenElec ························· 087
openメソッド（Python）··········· 143, 144
（OSイメージの）SDカードへの書き込み ···· 006
（OSイメージの）SDカードへの書き込み [Linux]
　································· 011
（OSイメージの）SDカードへの書き込み [Mac]
　································· 008
（OSイメージの）SDカードへの書き込み
　[Windows] ······················· 010

[P]

passwdコマンド ··············· 020
Pi Cobbler ················ 165, 166
Pi Plate ··················· 181, 185
Pi Store ··························· 090
Pi-Lite ····························· 306
Pi-View ···························· 014
PiFace ····························· 172
PiFaceデジタルエミュレータ ···· 174
pifmライブラリ ·················· 096
pop関数（Python）········ 126, 134
PowerSwitch Tail ·············· 198
PowerSwitch Tail II ··········· 198
print（Python）················· 106
psコマンド ······················· 076
PSEマーク ······················· 198
Putty ······························ 035
pwdコマンド ··············· 049, 050
PWM ···················· 189, 190, 200
PWM／サーボドライバー ········ 220
PWMチャネル ··················· 223

PWM周波数 ················ 190, 220
PWM出力 ··················· 318, 328
py-spidev ························ 161
PyFirmata ···· 316, 318, 322, 323, 324,
　　　　326, 327, 328, 329, 330
Pygame ······················ 266, 268
PySerial ······················ 162, 306
PySerialライブラリ ········ 162, 335
Python（Python）········ 104, 105
Python ···························· 101
Python 2 ·························· 101
Python 3 ·························· 101
Python I2Cライブラリ ········· 158
Python Shell ···················· 102
Python Wiki ····················· 102
python-dev ······················ 161
python-gps（Python）········ 263
Python3（Python）······ 104, 105
Pythonコンソール ·············· 104
Pythonシリアルライブラリ ···· 307
Pythonのモジュール ··········· 148
Pythonのライブラリ ············ 148
Pythonフォーマット言語 ······ 138
Pythonリファレンスマニュアル ·········· 109

[R]

randamライブラリ（Python）······ 149
Raspberry Pi ···················· 001
Raspberry Pi GPIOピン ········ 188
Raspberry Pi ステータスLED ······ 027
Raspberry Pi モデルA ········ 001, 002
Raspberry Pi モデルB ··········· 001
Raspberry Pi モデルB リビジョン1 ······ 002
Raspberry Pi モデルB リビジョン2
　························ 001, 002, 019
Raspberry Pi カメラモジュール ········ 023
Raspberry Pi クイックスタートガイド ···· 013
Raspberry Pi デスクトップ環境 ········ 021
Raspberry Pi のパフォーマンス ········ 018
Raspberry Pi の電源 ············ 003

Raspberry Pi用T型I/O延長基板 …… 166
Raspbian …………………………… 005
Raspbmc …………………………… 086
raspi_config ……… 007, 016, 017, 018,
　　　　　　　　　020, 021, 024, 036
RaspiCam …………………………… 025
RaspiRobot ………… 178, 236, 238, 239
raspistillコマンド ………………… 025
raspividコマンド ………………… 025
raw_input (Python) ……………… 107
RBG LED …………………………… 202
readlineメソッド (Python) ……… 144
readメソッド (Python) …………… 144
RealVNC …………………………… 037
replace関数 (Python) ……… 112, 112
return (Python) …………………… 121
RIPセンサーモジュール ………… 261
RJ45コネクタ ……………………… 027
rmコマンド ………………………… 058
root権限 …………………………… 060
RPi.GPIO …………………… 176, 243
RPi.GPIOのPWM機能 …………… 190
RPI.GPIOライブラリ ……… 157, 189
RTC …………………………… 071, 082
RTCモジュール …………………… 269

[S]

Samba ……………………………… 042
scrotコマンド ……………………… 064
　scrot -d ………………………… 064
　scrot -s ………………………… 064
self. (Python) ……………………… 142
send_email関数 (Python) ……… 152
SMBus ……………………………… 336
smtplibライブラリ (Python) …… 152
SMTPライブラリ ………………… 152
SN754410 (Hブリッジチップ) …… 226
sort関数 (Python) ………………… 129
SPDT ……………………………… 250
SPI ………………………………… 158

SPIバス …………………………… 160
SPIを有効にする ………………… 172
split文字列関数 (Python) ……… 127
SPST ……………………………… 250
SR-04 (測距センサー) …………… 294
SSH ………………………………… 036
Stella ……………………………… 093
str関数 (Python) ………………… 110
sudoコマンド ………………… 059, 091
sudoeditコマンド ………………… 091
sys.stdin.read関数 (Python) …… 265

[T]

tarコマンド ………………………… 076
TightVNC Server ………………… 037
tkinterライブラリ (Python) …… 200, 201
Tkinterライブラリ (Python)
　………………………… 199, 201, 297
TMP36 (温度センサー) …… 286, 288
topコマンド ……………………… 075
touchコマンド …………………… 058
try/except構造 …………… 144, 146
TTLシリアル ……………… 322, 332

[U]

Ubuntu ImageWriter …………… 011
ULN2803 (ユニポーラステッピングモーター)
　………………………………… 230
upper関数 (Python) ……………… 114
USB WiFiアダプタ ……………… 002
USBウェブカム …………………… 025
USBシリアル変換アダプタ ……… 340
USBフラッシュドライブ …… 298, 299, 300

[V]

vim ………………………………… 056
VLCメディアプレイヤー ………… 098
VNC …………………………… 037, 041

[W]
wgetコマンド ・・・・・・・・・・・・・・・・・・・・・・・ 067
while文 (Python) ・・・・・・・・・・・・・・・・・・・ 119
WiFi Config ・・・・・・・・・・・・・・・・・・・・・・・・ 032
Wiring Pi ・・・・・・・・・・・・・・・・・・・・・ 157, 176
writeメソッド (Python) ・・・・・・・・・・・・・・ 143

[X]
XBian ・・・・・・・・・・・・・・・・・・・・・・・・・・・・・・ 087
XBMC ・・・・・・・・・・・・・・・・・・・・・・・・・・・・・ 085
xgps (Python) ・・・・・・・・・・・・・・・・・・・・・・ 264

[ア]
圧電ブザー ・・・・・・・・・・・・・・・・・・・・・・・・・ 192
アップリンクポート ・・・・・・・・・・・・・・・・・ 028
アナログ・デジタル変換 ・・・・・・・・・・・・・ 273
アナログ・デジタル変換器 ・・・・・・・・・・・ 280
アナログパネルメーター ・・・・・・・・・・・・・ 208
アナログ電圧計 ・・・・・・・・・・・・・・・・・・・・・ 209
アルカリ電池から電源を供給する ・・・・・ 169
アルファニューメリックLCDディスプレイ 308
アンピクル ・・・・・・・・・・・・・・・・・・・・・・・・・ 145
アーク放電 ・・・・・・・・・・・・・・・・・・・・・・・・・ 197

[イ]
一定間隔でコマンドを実行する ・・・・・・・ 071
インターネットと接続する ・・・・・・・・・・・ 027
インターネットラジオ ・・・・・・・・・・・・・・・ 098
インデックス (Python) ・・・・・・・・・・・・・・ 124
インデント ・・・・・・・・・・・・・・・・・・・・・・・・・ 103
イーサネットケーブル ・・・・・・・・・・・・・・・ 027

[ウ]
ウェブカムサーバ ・・・・・・・・・・・・・・・・・・・ 091
ウェブサーバ ・・・・・・・・・・・・・・・・・・・・・・・ 153
動きを検出 ・・・・・・・・・・・・・・・・・・・・・・・・・ 261

[エ]
エイリアス ・・・・・・・・・・・・・・・・・・・・・・・・・ 059
エイリアスの作成 ・・・・・・・・・・・・・・・・・・・ 081
エスケープ文字 (Python) ・・・・・・・・・・・・ 109
エディタ ・・・・・・・・・・・・・・・・・・・・・・・・・・・ 054
エミュレータ ・・・・・・・・・・・・・・・・・・・・・・・ 093
エラーメッセージ ・・・・・・・・・・・・・・・・・・・ 146

[オ]
大文字に変換する (Python) ・・・・・・・・・・ 114
押しボタンスイッチ ・・・・・・・・・ 243, 245, 248
温度を測定する ・・・・・・・・・・・・・・・・ 286, 292
オーバークロッキング ・・・・・・・・・・・ 018, 019
オーバースキャン ・・・・・・・・・・・・・・・・・・・ 017

[カ]
外部電源アダプタ ・・・・・・・・・・・・・・・・・・・ 195
外部プルアップ抵抗 ・・・・・・・・・・・・・ 253, 254
加速度センサー ・・・・・・・・・・・・・・・・・・・・・ 290
加速度を測定する ・・・・・・・・・・・・・・・・・・・ 288
カソードコモン ・・・・・・・・・・・・・・・・・・・・・ 202
画面サイズの調整 ・・・・・・・・・・・・・・・・・・・ 016
画面をキャプチャする ・・・・・・・・・・・・・・・ 064
関数の定義 (Python) ・・・・・・・・・・・・・・・・ 119

[キ]
ギアモーター ・・・・・・・・・・・・・・・・・・・・・・・ 227
疑似乱数列 ・・・・・・・・・・・・・・・・・・・・・・・・・ 149
起動時のコマンドの自動実行 ・・・・・・・・・ 069
距離を測定する ・・・・・・・・・・・・・・・・・・・・・ 294
金属酸化膜半導体電界効果トランジスタ 194
キーエラー ・・・・・・・・・・・・・・・・・・・・・・・・・ 133
キーパッド ・・・・・・・・・・・・・・・・・・・・・・・・・ 258
キーを取得する ・・・・・・・・・・・・・・・・・・・・・ 265

[ク]
クラスを定義する (Python) ・・・・・・・・・・ 139
クラス定義 (Python) ・・・・・・・・・・・・ 140, 141
クリップボード ・・・・・・・・・・・・・・・・・・・・・ 056
グループ ・・・・・・・・・・・・・・・・・・・・・・・・・・・ 061
クロスケーブル ・・・・・・・・・・・・・・・・・・・・・ 028
クロック周波数 ・・・・・・・・・・・・・・・・・・・・・ 018
グローバルIPアドレス ・・・・・・・・・・・・・・ 092

[ケ]

継承 …………………………………………… 142
権限 …………………………………………… 054

[コ]

コイル ………………………………………… 233
高電圧ACデバイスの制御 …………………… 198
コマンドヒストリー …………………………… 073
コマンド履歴 …………………………………… 073
小文字に変換する(Python) ………………… 114
コンストラクタメソッド(Python) ………… 140
コンソールケーブル …………………………… 034
コンデンサの充電と放電 ……………………… 276
コンポジットモニタ …………………………… 014

[サ]

サブクラスを作成する(Python) …………… 142
サブリストを作成する(Python) …………… 130
算術演算子(Python) ………………………… 108
三端子レギュレータ …………………………… 169
サーボモーター ………………………………… 217
サーボモーターの制御 ………………………… 330
サーボモーターの動作 ………………………… 219
サーボ制御モジュール ………………………… 220

[シ]

シャットダウン ………………………………… 022
ジャンパ線 ……………………………………… 187
出力の表示(Python) ………………………… 106
受動赤外線センサーモジュール ……………… 261
小電力トランジスタ …………………………… 195
シリアルコンソール …………………………… 035
シリアルポート …………………………… 161, 162
シリアルモニタ(Ardiono IDE) …………… 316
シリアル周辺機器インタフェースバス ……… 160
シリアル接続 ……………………………… 164, 322

[ス]

数字を文字列に変換する(Python) ………… 110
数値をフォーマットする(Python) ………… 137
スケッチ ………………………………………… 316
ステッピングモーター ………………………… 232
ステップレスポンス ……………………… 275, 278
ストレートケーブル …………………………… 028
スライドスイッチ(2ポジション) ……… 247, 248
スライドスイッチ(3ポジション) …………… 249
スーパークラス ………………………………… 143
スーパーユーザ …………………………… 054, 059

[セ]

静止画像のキャプチャ ………………………… 025
赤外線リモコン ………………………………… 087
セキュアシェル ………………………………… 036
絶対パス …………………………………… 049, 050
センサー ………………………………………… 273
センサーの値を表示する ……………………… 297

[ソ]

双極双投 ………………………………………… 250
相対パス …………………………………… 049, 050
双方向シリアル通信 …………………………… 332
双方向レベル変換モジュール …………… 168, 322
ソフトウェアのインストール ………………… 065
ソフトウェアの削除 …………………………… 066
ソースコード管理システム …………………… 068

[タ]

ダイオード ………………………………… 197, 223
ダイナミックオーバークロッキング ………… 018
代入演算子(Python) ………………………… 108
代入構文(Python) …………………………… 139
多重継承 ………………………………………… 143
タブキーを使った自動補完機能 ……………… 051
タプル(Python) ……………………………… 139
単極双投 ………………………………………… 250
単極単投 ………………………………………… 250
ターミナルセッション ………………………… 048
ダーリントンドライバ ………………………… 230

[チ]
チャタリング……………… 212, 251, 253
チャタリング除去 ……………………… 251
チャーリープレキシング …………… 205, 207
超音波測距センサー ………………… 294, 296
直交エンコーダー ……………………… 255
直交エンコーダーの動作 ……………… 257

[テ]
ディクショナリ（Python）………… 106, 131
ディクショナリから要素を削除する（Python）
　………………………………………… 134
ディクショナリの構造（Python）……… 132
ディクショナリ上での反復処理（Python）
　………………………………………… 134
抵抗性センサー ……………………… 273, 285
低ドロップアウト三端子レギュレータ …… 170
ディレクトリの移動 …………………… 049
ディレクトリを作成する ……………… 058
デジタル温度センサー ……………… 286, 292
デジタル出力 …………………………… 243
デジタル入力 …………………………… 243
テスター ………………………………… 196
デバウンス ……………………………… 251
デューティ比 …………………………… 223
電圧を測定する ………………………… 280
電圧を分圧する ………………………… 282
電源パック ……………………………… 169
電子回路 ………………………………… 187
電磁石 …………………………………… 233
電子メール ……………………………… 151

[ト]
動的ホスト構成プロトコル …………… 027
ドキュメント文字列（Python）……… 140
トグルスイッチ（2ポジション）…… 247, 248
トグルスイッチ（3ポジション）……… 249
トランジスタ ………………… 193, 196, 197

[ナ]
内包表記 ………………………………… 131

[ニ]
入力の読み込み（Python）…………… 107

[ネ]
ネットワークインタフェース …………… 029
ネットワーク共有（Mac）……………… 039
ネットワーク接続ストレージ …………… 042
ネットワークタイムサーバ ……………… 272
ネットワーク名を設定する …………… 031
ネットワークプリンタ ………………… 045

[ハ]
パイプ …………………………… 074, 079
バイポーラ ……………………………… 234
バイポーラステッピングモーター …… 234, 236
バウンシング …………………………… 251
パスワードの変更 ……………………… 020
バックグラウンドで実行する ………… 080
パッケージマネージャ ………………… 065
ハッシュテーブル ……………………… 132
ハッシュ関数 …………………………… 132
パドルターミナルブレークアウトボード …… 185
パルス幅 ………………………………… 219
パルス幅変調 …………………………… 189
パワーMOSFET ……………………… 199
パーミッション ………………… 054, 060, 061
パーティションサイズ ………………… 015
パーミッションの変更 ………………… 062

[ヒ]
比較演算子（Python）………………… 116
光アイソレータ ………………………… 198
光抵抗センサー ………………………… 277
光トライアック ………………………… 199
光を測定する …………………………… 277
引数（Python）………………………… 121
ピクリング機能 ………………………… 145

日付と時間のフォーマット……………… 082
ビッドバンギング ………………………… 161
ビデオのキャプチャ ……………………… 025
標準Pythonライブラリ ………………… 148
標準出力のリダイレクト ………………… 077
ヒートシンク ……………………………… 170

[フ]
ファイル・ディレクトリを削除する ………… 058
ファイルアーカイブ ……………………… 076
ファイルシステム ………………………… 049
ファイルのオープン（Python）………… 143
ファイルのクローズ（Python）………… 143
ファイルのコピー ………………………… 053
ファイルの閲覧 …………………………… 056
ファイルの検索 …………………………… 072
ファイルの取得 …………………………… 067
ファイルの所有者 ………………………… 061
ファイルの所有者の変更 ………………… 063
ファイルの書き込み（Python）………… 143
ファイルの連結 …………………………… 078
ファイルマネージャ ……………………… 047
ファイルモード（Python）………… 143, 144
ファイル名の変更 ………………………… 054
フォーマット指定子（Python）………… 137
フォーマット文字列（Python）…… 137, 138
プルアップ抵抗 ……………………… 245, 250
プルダウン抵抗 …………………………… 245
ブレッドボード ……………………… 164, 187
プロセスID ………………………………… 075
分圧回路 …………………………………… 167
分圧器 ………………………………… 282, 284
ブートオプションの変更 ………………… 021

[ヘ]
変数名（Python）………………………… 106

[ホ]
ポートフォワーディング ………………… 092
ホームディレクトリ ……………………… 048

ポーリング ………………………………… 211
ポール（極）……………………………… 250

[マ]
マイクロUSBコネクタ …………………… 171
マイクロUSBプラグ ……………………… 003
マウスの動きを検出する ………………… 267
マルチカラーLEDマトリクスディスプレイ .. 303

[ム]
無線LANに接続する ……………………… 032

[メ]
メソッドを定義する（Python）………… 141
メタンセンサー …………………………… 278
メタンを検出 ……………………………… 278
メディアセンター ………………………… 085
メンバ変数（Python）…………………… 140

[モ]
文字列からリストを作成する（Python）… 126
文字列定数（Python）…………………… 108
文字列変数（Python）……………… 108, 144
文字列の長さを取得する（Python）…… 111
文字列を検索する（Python）…………… 112
文字列を作成する（Python）…………… 108
文字列を数値に変換する（Python）…… 110
文字列を置換する（Python）…………… 112
文字列を抽出する（Python）…………… 112
文字列を連結する（Python）…………… 118
モニタへの接続 …………………………… 013
モーメンタリ ……………………………… 250

[ユ・ヨ]
有線LANに接続する ……………………… 027
ユニポーラステッピングモーター……… 230
容量を調べる ……………………………… 082

[ラ]
乱数 ･････････････････････････････ 149
乱数分布 ････････････････････････ 149

[リ]
リアルタイムクロック ･･････････ 071, 082
リアルタイムクロックモジュール ････････ 269
リスト (Python) ･･････････････ 106, 123
リストから要素を削除する (Python) ･･････ 126
リストに関数を適用する (Python) ･･････ 131
リストに要素を追加する (Python) ･･････ 125
リストの長さを取得する (Python) ･･････ 124
リストの要素にアクセスする (Python) ･･･ 124
リストを数える (Python) ････････････ 128
リストを作成する (Python) ･･･････････ 123
リストをソート (Python) ･････････････ 129
リストを分割する (Python) ･････････ 130
リスト上での反復処理 (Python) ･･･････ 127
リダイレクト ･････････････････････････ 057
リモート制御リレー ････････････････ 198
リレー ･･････････････････････ 195, 197
リレーの接点定格 ･･････････････････ 197

[ル]
ルックアップテーブル (Python) ･･････････ 131
ルート ･･････････････････････････ 060
ルートパーティション ･････････････ 016
ループから出る (Python) ･･････････ 119
ループ処理 (Python) ･･････････････ 118
ループ変数 (Python) ･････････････ 128

[レ]
例外 (Python) ･･････････････ 144, 146
例外オブジェクト (Python) ･････････ 147
例外クラスの階層構造 (Python) ･･････ 147
レベルコンバーター ････････････ 322, 332
レベル変換モジュール ･････････････ 168
連結演算子 (Python) ････････････ 118

[ロ]
ログを書き込む ････････････････ 298
ロボットシャーシキット ･･････････ 238
ロボットローバー ･･････････････ 238
論理演算子 (Python) ･････････････ 117
論理定数 (Python) ･･･････････････ 106
ローカルエコー ････････････････ 164
ロータリーエンコーダー ･･･････ 254, 255

[ワ]
ワイルドカード ･････････････ 051, 059
割り込み ･･･････････････････ 253
割り込み処理 ･･･････････････ 209

[著者]

Simon Monk（サイモン・モンク）

Simon Monk博士（英国Preston）は、サイバネティクスと計算機科学の学位と、ソフトウェアエンジニアリングの博士号を持っている。数年間の研究者生活の後、産業界に戻りMomote Ltd.というモバイルソフトウェア会社の共同創立者となった。彼は現在、Raspberry PiやArduinoを含めたオープンソースハードウェアに関するさまざまな記事や、一般的な電子工学の本を執筆している。著書についてはhttp://www.simonmonk.orgにより詳しい情報がある。Twitterのアカウントは@simonmonk2。

[訳者]

水原 文（みずはら ぶん）

技術者として情報通信機器メーカーや通信キャリアなどに勤務した後、フリーの翻訳者となる。訳書に『「もの」はどのようにつくられているのか？』『Cooking for Geeks』、『XBeeで作るワイヤレスセンサーネットワーク』など（ともにオライリー・ジャパン）、『1秒でわかる世界の「今」』『ビッグクエスチョンズ 宇宙』（ディスカバー・トゥエンティワン）など。趣味は浅く広く、フランス車（シトロエン）、カードゲーム（コントラクトブリッジ）、茶道（表千家など。ブリッジのパートナーとお茶の弟子を募集中。日夜Twitter（@bmizuhara）に没頭している。

Raspberry Pi クックブック

2014 年 8 月 26 日 初版第 1 刷発行

著者： Simon Monk（サイモン・モンク）
訳者： 水原 文（みずはら ぶん）

発行人： ティム・オライリー

編集協力： 大内 孝子
デザイン： 中西 要介
カバー写真撮影：ただ（ゆかい）

印刷・製本：日経印刷株式会社

発行所： 株式会社オライリー・ジャパン
〒160-0002 東京都新宿区坂町26番地27
インテリジェントプラザビル 1F
Tel（03）3356-5227 Fax（03）3356-5263
電子メール japan@oreilly.co.jp

発売元： 株式会社オーム社
〒101-8460 東京都千代田区神田錦町3-1
Tel（03）3233-0641（代表） Fax（03）3233-3440

Printed in Japan（ISBN978-4-87311-690-7）

乱丁、落丁の際はお取り替えいたします。
本書は著作権上の保護を受けています。
本書の一部あるいは全部について、株式会社オライリー・ジャパンから
文書による許諾を得ずに、いかなる方法においても無断で
複写、複製することは禁じられています。